KB105349

리질리언스 사고
Resilience Thinking

Resilience Thinking
Copyright © 2006 by Brian Walker, David Salt
Korean Translation Copyright © 2015 by **GEOBOOK** publishing co.

Korean edition is published by arrangement with Island Press
through Duran Kim Agency.

리질리언스 사고

Resilience Thinking

브라이언 워커, 데이비드 솔트 지음
고려대학교 오정에코리질리언스연구원 옮김

Sustaining Ecosystems and People in a Changing World
변화하는 세상에서 환경과 인간의 공존방식

한국어판 머리말

리질리언스resilience, 복원력, 회복탄력성라는 개념은 지난 몇 십년간 전 세계의 여러 분야로 빠르게 퍼져 나갔다. 이 분야는 대체로 생태학, 심리학, 경제학, 사회과학에서 다루었다. 이는 놀라운 일이 아니다. 갈수록 불거지는 식품-에너지-물 연쇄Food-Energy-Water nexus와 관련된 문제에 대해 많은 사람들이 걱정하고 있다. 더불어 항생제 저항성과 질병 발생 빈도의 증가, 심각한 기상 상황, 기타 질병들도 걱정거리에 더해지고 있다.

재난이 닥치면(닥치지 않는다고 해도) 많은 이들이 제기할 의문은 '우리가 재난에 대처할 수 있을까?'이다. 리질리언스란 바로 이러한 대처 능력을 강화하면서 힘을 키울 수 있는 분위기를 조성하는 데 점점 더 관심을 기울이는 능력이다.

현재 농업 생태계, 산림, 해양어장, 담수어장, 도시지역에서는 복원력 개념을 국지적 스케일에서 지역 스케일까지 적용하려는 노력이 이루어지고 있다. 리질리언스를 적용하려 할 때 흔히 맞닥뜨리는 걸림돌은 리질리언스의 원리에 대한 이해 부족이다.

리질리언스 동역학resilience dynamics을 뒷받침하는 이론 중에는 다소 복잡한 이론도 있다. 리질리언스 동역학이 복잡계의 동역학과 아주 흡사하기 때문에 그럴 수밖에 없다. 그러므로 이 이론에 문외한인 사람들이 쉽게 이해할 수 있는 방식으로 이론의 본질을 해석하고 제시할 수 있어야 한다. 이러한 필요성 때문에 나와 나의 동료인 과학 저술가 데이비드 솔트는 『리질리언스 사고』를 집필하게 되었다.

이 책은 리질리언스의 바탕이 되는 개념과 원리를 독자들이 쉽게 읽고 이해할 수 있게 하고자 집필되었다. 그래서 이제 이 책이 한국어로 번역되어 한국의 과학자, 경영자, 정책 입안자들이 리질리언스의 이론과 실제를 이해할 수 있게 되었다는 소식을 접하니 참으로 기쁘다. 이렇게 리질리언스를 적용하려고 노력하기 시작한 사람들과 이 책을 한국어로 옮기는 작업에 착수했던 번역자들에게 찬사를 보내며, 모든 독자들이 이 책을 읽고 즐거움도 누리고 도움도 받길 바란다.

2015년 4월 캔버라에서
브라이언 워커

리질리언스란 교란을 흡수하여 전과 다름없이 그 기본 기능과 구조를 유지하는 시스템의 능력이다. 이 문장을 보면 리질리언스가 비교적 간단해 보이겠지만 인간 사회와 생태계에 적용하면 엄청난 결과가 벌어진다.

『리질리언스 사고』Resilience Thinking라는 이 책은 도대체 리질리언스란 무엇인지, 자원 관리와 관련한 리질리언스 사고방식이 최근 실태와 어떻게 다른지에 대해 쉽게 써달라는 학계, 산업계 동료들의 호소 때문에 만들어졌다. "나한테 복잡한 이론 들이대지 말고, 좋은 사례연구 다섯 가지만 갖다 줘. 그럼 무슨 뜻인지 알아들을게."는 산업계에서 일하고 있는 어느 동료의 솔직한 부탁이었다. 그렇게 해서 우리는 이 책을 집필하기 시작하였다.

여러 각도로 원고를 되풀이해서 검토하고 수정한 끝에, 처음에 『다섯 가지 좋은 사례연구집』이라는 제목으로 알려졌던 책은 이제 여러분 앞에 놓인 책으로 거듭났다.

데이비드 솔트는 과학 저술가로 머리를 아프게 하는 전문 용어를 이용한 학술적인 서술이 아니라 평이한 문체로 이해하기 쉽게 내용을 서술하여 글에 활력을 불어 넣었다. 과학자인 브라이언 워커에게는 그의 어깨 너머로 지켜보며 근거 없는 문장이나 다듬어지지 못한 정의를 지적하는 매서운 동료들이 있었다. 하지만 그 어느 때보다도 리질리언스에 대해 폭넓게 이해하고 접근해야 했기 때문에 이러한 긴장 관계를 적절히 조율하고 싶었다.

우리의 복지수준well-being을 지탱할 수 있게끔 상품과 서비스를 제공해주는 공동체, 생태계, 지형landscapes의 능력에 갈수록 틈이 생기고 있다. 인구는 계속 늘어나지만, 우리의 자원 기반인 행성 지구는 오히려 줄어들고 있다. 사람들은 대부분, 무엇보다도 '전과 다를 바 없는' 방식, 다시 말해 '통제를 좀 더 강화하여 효율성을 높이자는' 방식 때문에 우리가 이런 상황에 처해있다고 생각한다.

리질리언스 사고는 우리 주변에 있는 세상을 이해하고 천연자원을 관리할 수 있는 색다른 방법을 제시한다. 또한 왜 효율성만 높아서는 자원문제가 해결될 수 없는지 설명하고, 선택권을 좁히기보다 넓히는 건설적 대안도 제시한다.

이 책은 복잡한 세상에 존재하는 위험을 다루는 데 흥미를 지닌 사람들이 읽어야 한다. 여기에는 기업가, 정책 입안자, 자원 관리자, 정치가가 포함된다. 또한 농업인, 환경보호론자, 지역사회 지도자, 과학자, 학생, 일반 국민도 포함되는데 이들은 지도자와 정치인을 선출하는 사람들이다. 리질리언스의 핵심은 위해성 risk 과 복잡성 complexity 이고, 우리 모두가 이것들에 영향을 받기 때문이다. 인간은 복잡한 세상에 살고 있다. 관리자가 리질리언스와 여기에 담긴 뜻을 좀 더 명확히 이해하는 사람이라면 세상을 더욱 잘 관리할 수 있을 것이다.

감사의 글 :

브라이언에게 연구비를 지원해준 제임스 S. 맥도널 재단James S. McDonnell Foundation과 이 책을 쓸 수 있게 해준 리질리언스 얼라이언스Resilience Alliance 의 동료 스티브 카펜터Steve Carpenter에게 감사드린다. 또한 더그 콕스Doug Cocks, 베리 골드Barry Gold, 린디 헤이워드Lindy Hayward, 존 미첼-아담스John Mitchell-Adams 등 검토자 네 명 덕택에 소중한 피드백을 얻을 수 있었고, 익명 의 검토자 세 명은 초기의 미완성 원고를 살펴봐주었다. 이들의 충고가 정말 도움이 되었다. 사례 지역의 지도를 만들고 책에 수록할 대부분의 그림을 준 비해준 이벳 솔트Yvette Salt에게도 감사드린다.

이 책은 리질리언스 얼라이언스를 비롯하여 생태학, 사회학, 경제학자들 과 관련 학술 단체의 합작품이다. 이 모든 사람이 '리질리언스 사고'라는 틀을 만들고 발전시켜왔다.

현재 리질리언스와 관련된 결과물은 학술논문 수백 편과 교과서 여러 권으 로 상당히 많은 편이다. 이들은 대부분 리질리언스 얼라이언스 회원들이 만들 어냈다. 하지만 지금까지 리질리언스에 대한 토의는 주로 학계에서만 이루어 졌다.

리질리언스 얼라이언스의 활동 영역은 학문의 발전과 그 발전의 내용을 소 통시키는 과학 커뮤니케이션 두 가지다. 이 책은 과학 커뮤니케이션을 위한 노력 가운데 하나로 우리는 이 책을 통해 리질리언스 사고에 관한 메시지와 견해를 많은 독자에게 전달하려 한다.

리질리언스 얼라이언스에 있는 모든 동료의 노고에 감사드리며, 사례연 구를 준비할 때 검토하면서 도움을 준 닉 아벨Nick Abel, 스티브 카펜터Steve Carpenter, 카를 폴케Carl Folke, 랜스 건더슨Lance Gunderson, 테리 휴즈Terry

Hughes, 게리 피터슨Garry Peterson, 페르 올손Per Olsson, 폴 라이언Paul Ryan에게 감사를 표한다. 그 중에서도 폴 라이언은 데이비드에게 리질리언스의 미묘한 뜻과 리질리언스에 의한 결과를 설명해주며 많은 시간을 함께 해주어 뭐라고 감사의 말을 표해야 할지 모르겠다.

특히 이 책에 언급된 개념의 대부분을 창안한, 과학자이자 감화를 주는 멘토이며 지도자인 C.S. "버즈" 홀링C.S. "Buzz" Holling에게 감사를 표하고 싶다.

마지막으로 책이 집필되는 동안 든든한 지원을 해주고 데이비드를 초청해준 CSIRO 지속가능생태계Commonwealth Scientific and Industrial Research Organization Sustainable Ecosystems(산하 출판부)에 감사를 표한다. 지금은 출판부 본부이지만 예전에는 큰 농장이었던 건가린 홈스테드Gungahlin Homestead는 사회·생태 시스템의 리질리언스와 지속가능성에 대한 글을 쓰는 데 자극이 되는 안성맞춤의 장소였다.

2005년 10월
브라이언 워커, 데이비드 솔트

인류는 빠르게 늘어나는 인구와 그 수요를 맞추기 위해 지구를 바꾸는 데 놀
라울 만한 성공을 거두어 왔다.

1960년에서 2000년까지 인구는 2배로 늘고 경제활동 규모는 6배로 불어
났다. 하지만 식량 생산량이 2.5배로 늘어난 덕분에 식품 가격이 하락했고 굶
주리는 사람도 줄어들었다. 인류는 늘어나는 수요에 맞추어 환경을 대대적으
로 바꾸어 놓았다. 그 결과 지표면의 4분의 1 이상이 농지로 변했고, 천연의
강이나 호수의 물보다 6배나 많은 양의 물을 인공 저수지에 가두어 놓았다.

그렇지만 지구 개조는 공짜로 얻어진 것이 아니었다. 21세기에 접어들면서
우리가 치를 대가가 빠르게 증가하고 있다. 이미 많은 사람들은 인류가 생물
권을 언제까지나 지금과 같은 상태로 이용할 수는 없다고 생각한다.

인간이 초래한 기후변화는 가장 잘 알려진 환경 위협이지만, 인류와 지구
에 일찍부터 악영향을 끼쳐온 수많은 환경문제 가운데 하나일 뿐이다. 전 세
계 농지의 10~20%는 황폐해져 그 토지에 의존하는 주민들의 수요를 충족시
킬 수 없게 되었다. 바다는 물고기들이 남획의 위기에 처해 있거나 이미 어장
으로서 가치를 상실하였다. 수십억 명에 달하는 사람들이 물 부족과 수질 악
화라는 문제에 직면해 있다. 게다가 세계 생태계 서비스(물을 정화하거나 해안
지대를 폭풍으로부터 보호하거나 홍수 규모를 줄이는 등, 생태계가 사람들에게 제공
하는 혜택들) 가운데 절반 이상이 훼손되어 버렸다.

잘못된 것은 무엇이며 어떻게 고쳐나갈 수 있을까? 문제들 가운데 명백한
하나는 바로 인류가 자원의 한계를 훨씬 넘어서서 이를 이용하며 생활한다는
사실이다. 수요가 공급을 초과하고 있다. 인류가 자원을 더 효율적으로 사용
하지 못한다면 (그리고 환경오염물질의 발생량을 줄이지 못한다면), 인간의 생존

을 궁극적으로 좌우할 자원 기반은 끊임없이 약화될 것이다.

최근 거의 모든 환경정책과 자원 관리정책은 이러한 문제를 인식하고 수요 공급의 균형을 재정립하고자 한다. 붕괴되기 쉬운 자원의 남용을 줄이기 위해서 어획할당과 같은 법이나 제도를 만들고, 자원을 효율적으로 사용할 수 있도록 점적관개drip irrigation 와 같은 새로운 기술들을 개발하며, 비료를 살포하여 자원 생산량을 늘리는 등 생태계를 관리할 새로운 방법을 모색하고 있다. 이러한 조치들이 모두 필요하지만 문제점이 있다. 바로 이러한 조치들로 문제가 해결되지는 않는다는 점이다.

여러분이 지금 파도가 잔잔한 항구에 정박된 배 위에서 물이 가득 담긴 컵을 엎지르지 않고 객실까지 재빨리 가져가려고 한다고 상상해 보라. 반면 같은 상황이지만 거친 바다 위에 있는 배를 타고 있다고 상상해 보라.

항구라면 답은 간단하다. 그저 빨리 걷되, 물이 엎질러지지 않을 정도로만 걸으면 된다. 하지만 거친 바다에서라면 속도는 둘째 문제. 이 상황에서 진짜 문제는 별안간 상하로 요동치는 배 위에서 몸의 중심을 잡는 일이다. 이 문제에 대한 답은 안전한 손잡이와 발판을 찾은 다음, 몸에 전해지는 충격을 줄이기 위해 무릎을 구부리는 것이다. 항구에서 답은 단순한 최적화였다(될 수 있으면 빨리 걷되 너무 빨리 걷지 않으면 된다). 하지만 바다에서는 교란을 흡수할 능력을 갖추는 것이 중요하다. 파도에 맞서 리질리언스를 키워야 한다.

농업혁명 이래로 사람들은 환경관리를 '항구에 떠 있는 배 위에서 물을 어떻게 나를까?'처럼 최적의 답을 찾는 문제라고 인식해왔다. 사람들은 생태계의 각 구성요소를 따로따로 관리하면서, 그 구성요소를 놓고 수요와 공급의 최적 균형점을 찾아낼 수 있으며, 그럴 경우 시스템의 다른 속성들은 시간이 흘러도 대체로 변하지 않을 것이라 생각해왔다.

하지만 우리가 생태계와 인류사회에 대해 더 많이 배우게 되면서 이러한 생각들은 산산조각 나 흩어져 버리고 있다. 생태계는 지극히 역동적이기 때문에 생태계의 거동은 거친 바다 위에 떠 있는 보트와 아주 흡사하다. 생태계는 폭풍, 해충 발생, 가뭄 같은 '놀라운' 상황과 항상 맞닥뜨린다. 어떤 해에 생태계가 최적의 상태에 있다고 해서 그 다음 해에도 그렇게 된다는 법은 없다. 더구나 생태계의 구조와 기능은 시간이 흐르면서 끊임없이 변한다(게다가 지구온난화가 점점 강력하게 변화를 몰고 오기 때문에 생태계는 앞으로 더 빨리 변할 것이다).

간단히 말해서 환경관리방법의 밑바탕이 되어왔던 기본 틀은 그동안 잘못된 가정에 그 뿌리를 두고 있었다. 생태계와 사회계가 역동적으로 바뀌고 있는 세상에서 시스템을 관리하여 리질리언스¹를 키우는 일은 특정 제품이 잘 공급되도록 관리하는 일 못지않게 중요하다. 즉, 우리는 '리질리언스 사고'를 적용해야만 한다.

엄밀히 따지면 리질리언스 사고는 새로운 개념이 아니다. 많은 전통사회와 영세농들은 위험을 줄이고 가뭄을 비롯한 여러 놀라운 상황에서 충격을 덜 입기 위해 무엇보다 환경을 관리해야 한다고 생각했다. 하지만 실상은 안타깝게

---

¹ 리질리언스(resilience) : 지금까지 심리학이나 공학분야에서 복원력, 회복탄력성 등으로 번역되어 왔지만, 생태학에서 다루는 시스템의 안정성이나 거동과 관련한 리질리언스라는 개념은 원래의 상태로 돌아가려는 것만을 의미하지 않는다. 어떤 시스템이 외부 충격을 흡수하여 기존 시스템 내에서 구성요소들 사이의 피드백과 기능을 원래 상태로 유지하려는 시스템의 능력(복원력, 회복탄력성이라고 번역해도 크게 무리가 없는 부분)과 그런 상황을 만들어내는 외부 충격과 시스템 내부의 대응방식 그리고 빠른 성장, 보존, 해체, 재구성이라는 단계를 포함하는 적응주기의 개념 등을 포함하므로 원어를 그대로 살려 리질리언스로 표기하고자 한다. 이 책을 통해서 리질리언스 개념과 그 사고방식에 대해 이해할 수 있을 것이다.

도 오늘날 대규모 자원관리 활동을 좌우하는 학계나 관리기관에서 리질리언스 사고라는 개념을 찾아볼 수 없다.

한 가지 주목할 예외가 있다면 15년을 넘어선 훨씬 전부터 리질리언스 얼라이언스라는 긴밀한 조직 내에서 리질리언스 사고를 연구하기 시작했던 생태학자와 사회과학자들이다. 이 조직에서 시작된 연구는 생물학과 사회과학의 짜릿하고 도발적인 연구성과의 하나로 급부상했다. 리질리언스 얼라이언스는 환경을 이해하고 관리하는 데 있어 완전히 새로운 패러다임으로 그 모습을 갖춰 나가는 뜨거운 불 속의 도가니와 같은 곳이다.

이 책을 통해 독자 여러분은 빠르게 생겨나는 리질리언스 연구 분야와 리질리언스 사고의 틀 속으로 빠져 들어갈 수 있다. 이 책의 지은이는 리질리언스 얼라이언스에 의해 수행된 여러 사례연구와 이곳에서 시작된 연구성과를 깊이 있게 다루면서도 이해하기 쉬운 매력적 문체로 서술하고 있다. 이 책에서 다루는 학술적 서술을 뺀 연구들은 리질리언스 사고를 현실 세계에 직접 적용하는 데 관심이 있는 일반인들에게 실용적 안내서가 되도록 쓰였다. 이 책에서 지은이는 많은 독자들을 위하여 충분히 이해하기까지 많은 시간이 필요한 개념을 소개하고 있다. 하지만 환경관리와 관련한 완전히 새로운 사고방식을 제시하고 있어 다른 책보다는 이해하기 쉬울 것이다.

무엇보다 『리질리언스 사고』는 환경문제의 해결책에 초점을 맞춘 책이다. 2005년에 지구 생태계 건강성에 관한 역대 평가 보고서 가운데 가장 방대한 「새천년 생태계 평가」Millennium Ecosystem Assessment가 출간되었다. 이 보고서에는 악화된 환경으로 인간이 치러야 할 대가가 점점 커지고 있는 참으로 걱정스러운 상황이 드러나 있다. 하지만 이렇게 악화되고 있는 환경이 인간사회가 지니고 있는 힘으로 개선될 수 있다는 사실도 함께 제시한다. 『리질리언스 사고』는 걱정스러운 환경문제들 가운데 몇 가지에 대한 현실적 해결책을 보여주고자, 사례연구 및 기타 환경관리 문제들에 대한 해결책도 지침으로 제시하고 있다. 우리가 직면한 환경문제에 대해 기존의 잘못된 접근방식으로는 분명 답이 안 보인다. 하지만 '리질리언스 사고'를 받아들인다면 해결할 수 있다.

월터 V. 레이드
유엔 새천년생태계평가단장, 스탠포드 대학 교수

이 책 『리질리언스 사고Resilience Thinking』의 내용을 한 마디로 요약하면 세상을 바라보고 해석하는 새로운 접근법에 관한 이야기이다. 사전적 의미로서 리질리언스는 '변화에 대응할 수 있는 시스템 능력'이라고 정의할 수 있다. 적용 분야별로 리질리언스는 약간 다르게 사용이 될 수 있는데, 재료공학에서는 외부에서 유입되는 에너지를 탄력적으로 흡수하거나 방출하여 물성이 변하지 않게 하는 재료의 능력, 심리학에서는 외부 스트레스에 적응하는 인간의 능력, 사회조직학에서는 교란을 예측하고 적응하고 지속성을 유지하는 조직의 능력, 생태학적 의미에서는 외부 교란에 대응하여 신속히 피해로부터 회복되는 생태계의 능력 등으로 사용된다. 즉, 리질리언스는 새로운 용어가 아니며 많은 분야에서 서로 다른 의미로 사용되어 왔고 공통적으로 '어떤 변화에 직면했을 때 본연의 기능을 유지하는 성질'이라는 수용력 개념을 공유하고 있다.

　『리질리언스 사고』의 지은이인 브라이언 워커와 데이비드 솔트는 리질리언스의 개념을 도입하여 사회·생태 시스템을 바라보는 새로운 패러다임을 제시하고자 하였다. 이 책의 지은이는 사람-사회-자연으로 구성된 사회·생태 시스템을 무수한 변화과정에 지속적으로 적응을 거듭해야 하는 복잡적응계로 인식하여, 이러한 변화과정에서 사회·생태 시스템이 지속성을 유지하기 위해서 지녀야 할 시스템의 속성이 어떤 것인지를 독자들에게 쉽게 설명하고자 하였다.

　18세기 기술혁신으로 촉발된 산업혁명 이후 사회 시스템은 비용-효율의 역학관계를 극대화시키는 변화를 거듭하였다. 이 책에서 지은이는 리질리언스 접근법이 기존 관행적 사고와 어떻게 다른지를 이야기하고 있다. 지구촌 몇 몇 지역에서 실제 발생했던 사례에 리질리언스의 개념을 적용해서 설명하였다. 이를 통해서 왜 단기효율이 좋은 제도와 정책이 궁극적인 문제를 해결하지 못한 채 장기적인 상황을 악화시키는 결과를 초래했는지에 대해 리질리언스 개념을 도입하여 설명을 첨가하였다.

국내에서는 2013년 12월 미래 위험의 대처방안으로 사회적 리질리언스를 주제로 국제 심포지엄이 개최된 바가 있으나 이는 금융위기 등 불확실한 경제 시스템에 초점을 두었을 뿐 아직 아직 사회·생태 시스템의 리질리언스 개념에 관한 연구기반은 미약하다. 국내 대학에서 생태학적 리질리언스 연구가 태동된 것은 2013년 6월 고려대학교 대학원 환경생태공학과 주관 BK21 플러스 사업 계획에서 국제화 전략의 일환으로 생태 리질리언스 연구소 설립을 제안한 것이 시초이다. 이후 2013년 가을학기 고려대학교에 안식년 차 방문했던 미국 퍼듀 대학의 수레쉬 라오Suresh Rao 박사가 연구 방향 설정에 조언을 주었다. 학술단체로서는 (사)응용생태공학회 산하에 'Eco-resilience 연구회'가 2014년 1월에 조직되었고, 여기에는 학회의 회원과 이 책의 옮긴이들이 참여하고 있다.

막연하게 제안서 상에서 미래 비전으로만 머물러 있던 생태 리질리언스 연구소는 지난 2014년 11월 오정에코리질리언스연구원OJERI, O-Jeong Eco-Resilience Institute 라는 이름으로 고려대학교에서 공식 기구로 출범하게 되었다. 모교 교수와 후학들이 세계 최고 수준의 연구교육기관으로 키워나갈 수 있도록 큰 연구기금을 지원해주신 자강산업의 민남규 회장님이 계셔서 가능했기에 감사의 말씀을 드리지 않을 수 없다. OJERI의 출범은 국내 기반이 매우 희박한 생태학적 리질리언스 연구가 고려대학교에서 학술적 연구범위로 자리매김하는 출발점이라는 의미가 있다.

이 책의 출간은 민남규 회장님의 지원을 비롯하여 많은 분의 도움이 있었기에 가능했다. 기꺼이 이 책의 머리를 장식할 한국 독자들을 위한 글을 써서 보내주신 브라이언 워커는 OJERI와 이 분야에서 세계적으로 앞서가 있는 스톡홀름 리질리언스 센터SRC, Stockholm Resilience Center 가 교류하도록 물꼬를 터주시는 등 물심양면으로 크게 지원해주셨고, 이에 감사의 말씀을 올린다. 원저의 초벌 번역을 맡아준 김대경 번역가와, 지난 6개월간 매주 월요일 저녁시간에 실시한 독회 모임에 참여하였던 김민석 군, 민현기 군, 이병주 군, 장석윤 군 등 대학원생은 물론이고 열띤 공부 시간을 함께했던 모두에게 감사의 말씀을 드린다. 이 책이 세상에 나올 수 있도록 마지막 편집과 출판을 맡아주신 지오북 황영심 대표께도 감사의 말씀을 전한다.

이 책은 생태공학, 환경공학, 토목공학, 도시공학 등을 연구대상으로 하는 이공계 학자뿐만 아니라, 미래창조과학부, 교육부, 농림축산식품부, 환경부, 국토교통부, 해양수산부 등 정부의 유관 부서에서 생태, 환경, 국토 개발 정책 입안에 관여하는 공공기관 종사자들에게도 사회 · 생태적 리질리언스 개념을 이해하는 데 큰 도움이 될 것이라 판단된다. 마지막으로, OJERI 창립기념 국제 심포지엄에 맞춰 출간되는 이 책이 국내 학자들에게 파급되어 생태학적 리질리언스 연구의 초석으로 자리매김할 수 있기를 바란다.

2015년 4월 25일
옮긴이 일동

차례

※이 책에서 각주로 설명한 글은, [지은이 주]로 표시한 것 외에는 모두 옮긴이 주이다.

복잡한
세상 속에서
살기

'리질리언스 사고'에
대한 소개

인생에는 놀라운 일들이 가득하다. 우리는 이런 놀라운 일들을 당연하게 받아들이기도 하지만, 그 놀라운 일들 때문에 어려운 상황을 겪기도 한다.

　다음 질문들을 한번 생각해보자. 기업의 경우, 경쟁사의 신제품 출시가 그저 사소한 일일 수도 있지만 자기 회사를 무너뜨릴 만큼 심각한 충격이 되기도 하는 이유는 무엇일까? 어느 정도 금리가 올라가도 산업이 성장하는데 아무런 지장을 받지 않기도 하지만, 금리가 아주 조금만 달라져도 기업들이 문을 닫는 이유는 무엇일까? 똑같은 가뭄이 닥쳐도 농장에 따라서 자원들이 심하게 훼손되기도 하고 거의 피해를 입지 않기도 하는 이유는 무엇일까?

　어느 시스템이든 충격이나 교란에 대한 반응은 그 조직 특유의 분위기, 상·하위 스케일을 가로지르는 연결들, 현재 상태에 따라 다르다. 모든 상황은 천차만별이며 늘 변하고 있다. 그래서 세상은 복잡한 것이다.

　시스템의 종류가 어떻든 우리는 모두 그 조직의 관리자이다. 여기서 시스템이란 가정일 수도 있고 회사일 수도 있으며 국가가 될 수도 있다. 여러분은 자연보호구역을 맡아서 관리할 수도 있고 광산을 개발할 수도 있으며 어획 할당량을 계획할 수도 있을 것이다. 그 시스템이 농장이든, 기업이든, 지역이든, 산업이든 우리는 모두 인간과 자연으로 구성된 시스템, 그러니까 사회·생태 시스템의 한 부분이다.

여러분은 이 복잡한 세상을 어떻게 관리하려고 하는가? 어제 일어났던 일들이 오늘도 똑같이 일어날 것이라고 생각하는가? 여러분의 일터가 뜻밖의 사소한 일 따위에는 지장 받지 않을 것이라 확신하는가? 시스템이 뜻밖의 혼란한 상황을 받아 들이려면 무엇이 필요한지 여러분은 알고 있는가?

이러한 질문들은 모두 리질리언스라는 개념과 관련이 있다. 리질리언스란 교란을 흡수하여 원래의 구조와 기능을 전과 다름없이 유지할 수 있는 시스템의 능력을 의미한다. 이 질문들은 지속가능성 개념을 비롯하여, 현재 시스템 내에 존재하는 수요를 충족시키면서 앞으로 존재할 수 있는 수요까지도 충족시킬 수 있는 시스템의 능력과 연관되어 있다. 우리가 살고 있는 요즘 시대는, 인구가 늘면서 자원 기반이 점점 줄어들고 있고 기후변화를 비롯한 여러 환경문제도 해결될 기미가 보이지 않는다. 이런 상황 속에서 우리는 우리 자신의 버팀목인 시스템들을 어떻게 복원할 수 있을까?

리질리언스의 과제들을 다루기에 앞서 지금 우리가 자원을 어떻게 관리하고 있는지 잠깐 짚고 넘어가자.

지속 불가능한 개발을 부추기는 요인들

지금 세계는 심각하게 고조되는 여러 환경문제에 직면하고 있다. 인간이 초래한 토양악화는 1950년대 이후 점점 심각해져 농지 가운데 약 85%가 토양침식, 염분 상승, 토양다짐¹을 비롯한 여러 가지 요인으로 퇴화되었다. 우드 Wood 등(2000)의 연구는 토양악화 때문에 지난 50년간 지구 농업생산성이 이미 15% 정도 감소했다고 추산한다. 지난 300년간의 표토가 유실되는 속도가 연간 3억 톤이었던 반면, 지난 50년간의 표토의 유실속도는 연간 7억 6천만 톤으로 2배 이상 빨라졌다.

---

1   토양다짐(soil compaction) : 토양이 압축되어 토양 공극률이 작아지는 현상으로, 토양이 너무 많이 다져질 경우 통기성이 불량해지고 뿌리의 성장과 배수가 나빠진다.

21세기로 접어든 지도 한참이 지난 요즘, 인류는 자원기반의 소실을 더 이상 감당할 수 없게 되었다. 현재 세계 인구는 연간 7천 5백만 명씩 늘어나고 있다. 인구 증가율은 감소하고 있지만 세계 인구는 2030년까지 연간 6천만 명씩 계속 늘어날 것이다. 유엔에서는 2025년이 되면 세계 인구가 80억에 이를 것이라고 전망하고 있다. 게다가 지금의 물 소비 양상이 전혀 달라지지 않는다면 2025년에는 세계 인구 가운데 절반이, 물이 부족한 하천 유역에서 살게 될 것이다.

유엔식량농업기구FAO, Food and Agriculture Organization of the United Nations 는 「2004년 기근 상황에 관한 연차 보고서」2004 Annual Hunger Report 에서 만성적 기근으로 고통을 겪고 있는 사람이 8억 5천만 명을 넘는다고 추산했다. 매년 기근 때문에 5백만 명에 달하는 어린이들이 죽어가고 있다.

세계의 유명한 어장들이 하나 둘씩 연이어 무너졌다. 예를 들어 캐나다 뉴펀들랜드Newfoundland의 대구 어장 그랜드뱅크스Grand Banks는 지속가능한 어장이라는 분명한 목표 아래 운영되어 왔지만 1992년에 결국 무너지고 말았다.[2] 생산성 높은 방목장들은 생산성 낮은 널따란 잡목 숲으로 바뀌고 있다. 세계 습지 가운데 절반이 바로 20세기에 사라져 버렸다. 호수와 강에는 영양분이 지나치게 많이 공급되어 녹조 현상을 비롯한 여러 가지 문제가 발생하고 있다.

세계자연보호기금WWF, World Wide Fund for Nature[3]에서는 2년마다 「살아있는 지구 보고서」Living Planet report를 통해 세계 150개 국가의 생태발자국[4]을 분석하고 있다. 2004년판 보고서에서는 세계의 평균 생태발자국 지수가 1인당

---

[2] 대구가 마구잡이로 수확되어 멸종위기에 놓이자, 캐나다 정부는 1992년 그랜드뱅크스의 대구 조업을 무기한 금지하는 조치를 발효했고, 3만 명에 달하는 어부들이 일자리를 잃었다.

[3] 세계자연보호기금(WWF) : 정식 명칭은 World Wildlife Fund for Nature이며, World Wildlife Fund라고도 한다. 자연보호를 위해 설립된 세계 최대 규모의 국제 비정부기구. 세계 최대의 환경단체로 90여 개국에서 500만 명의 회원이 활동하고 있다.

[4] 생태발자국(eco-footprint, ecological footprint) : 1996년 캐나다 경제학자 마티스 웨커네이걸(Mathis Wackernagel)과 윌리엄 리스(William Rees)가 개발한 개념으로 인간이 소비하는 에너지, 식량, 도로, 주택 등을 만들기 위해 자원을 생산하고 폐기물을 처리하는데 드는 비용을 토지로 환산한 것이다. 생태발자국 지수는 항목별 토지면적(ha)당 그 지역 생산량(kg)으로 1인당 항목별 소비량을 나눈 값이다.

2.2글로벌헥타르global hectare(s) 라고 추산했다. 글로벌헥타르란 생산성이 세계 평균 수준인 생물학적 생산 공간의 면적을 나타내는 단위이다. 하지만 1인당 이용할 수 있는 토지면적은 1.8글로벌헥타르에 지나지 않는다. 따라서 2.2글로벌헥타르는 기준 면적인 1.8글로벌헥타르를 초과한 값으로 사람들이 지구 1.2개 정도를 쓰고 있다는 뜻 또는 사람들이 1년 동안 사용하는 자원을 다시 만들어내려면 1년 2개월 정도가 걸린다는 뜻이 담겨 있다.

흠집이 난 음반이 전축 위에서 헛돌 듯, 환경문제들은 불쾌하리만치 되풀이해서 언급되고 있을 뿐이다(Box 1에서 이야기하는 '줄어들고 있는 세계에 관한 통계 몇 가지'도 살펴보자).

여러분은 위에 나오는 이야기들을 예전에 보거나 들어본 적이 있을 것이다. 하지만 이 책에서 그런 우울한 이야기를 담기보다 세상이 돌아가는 방식을 제대로 이해하고, 이러한 방식에 대한 여러 가지 대처 방법을 바탕으로 대안과 희망을 제시하려 한다. 우리는 세상에서 어떤 일이 벌어지고 있는지 꼭 염두에 두어야 하는데, 요지는 세상이 줄어들고 있다는 사실이다. 인구가 늘어날수록 자원 기반이 감소한다는 것이다.

이렇게 자원 기반이 줄어들고 있는 이유는 무엇일까? 근본 이유는 한두 가지가 아니지만 다음과 같이 세 가지 유형으로 분류될 수 있다. 다른 선택의 여지가 없어 자원 기반을 남용할 수밖에 없는 첫번째 유형, 의도적으로 자원 기반을 남용하는 두번째 유형, 착오로 부적절한 모델을 적용하여 지속 불가능하게 개발하는 세번째 유형이 있다.

첫번째 유형은 인구가 많아서 궁핍해지는 문제와 관련이 있다. 자원 남용이 생존과 직결되어 다른 대안이 없는 경우다.

하지만 고의로 자원을 줄여 자원을 의도적으로 남용하는 상황이 너무나도 자주 일어나고 있다. 규칙과 규정이 자원의 남용을 부추기는 사례로 가뭄에 시달리는 농부들을 위한 보조금 제도를 들 수 있다. 곤란에 빠지는 농부들은 대부분 불모지를 경작하거나 자원을 잘못 관리하여 피해를 입는데, 정부에서는 이들이 곤경에 처하지 않도록 정부 보조금 제도를 마련하여 지원한다. 그 밖에

줄어들고 있는 세계에 관한 통계 몇 가지

사람들은 지구가 줄어들고 있다고 생각한다. 인구는 늘고 있지만, 이렇게 늘어나는 사람들이 먹고 입고 지내는데 필요한 자원 기반은 늘지 못하고 있다. 여러 가지 예를 놓고 볼 때 오히려 자원 기반은 줄어들고 있다. 여기에 제시하는 통계 몇 가지는 2005년판 「새천년 생태계 평가 보고서」가 수록된 새천년생태계평가단 웹사이트 http://www.milleniumassessment.org , 세계자원연구소 World Resource Institute 가 관리, 운영하는 지구동향 웹사이트 http://earthtrends.wri.org 에서 2005년 6월 발췌한 것이다.

- 인간은 전 세계 토지면적의 3분의 1 정도에 해당하는 38억 ha를 농지, 도심지 등으로 바꾸어 놓았다. 나머지 토지들은 농지로 쓰기에 대부분 너무 건조하다.
- 1960년에서 2000년까지 세계 인구가 60억 명으로 2배 늘어나고 세계 경제 규모가 6배 이상으로 커지면서 생태계 서비스(생태계가 제공해주는 혜택들)에 대한 수요도 눈에 띄게 늘었다. 이러한 수요를 충족시키기 위해 식품 생산량은 대략 2.5배 정도 늘어났고 물 사용량은 2배가 되었다. 한편, 펄프와 종이를 생산하기 위해 수확되는 목재량은 3배로 늘었고 수력발전소 설치 숫자는 2배로 늘었으며 목재 생산량도 절반 이상 증가했다.
- 현재 세계 곡물 생산량은 연간 18억 4천만 톤으로 2020년에 곡물 수요가 충족되려면 곡물 생산량이 현재보다 40% 정도 늘어나야 한다.
- 개발도상국 곡물 생산의 연평균 성장률은 지난 35년 동안 연간 2.5%에서 1%로 떨어졌다. 이미 물 부족과 토양악화 현상이 너무 심각해진 탓으로 전체 농지 가운데 약 16%, 특히 아프리카와 중앙아메리카의 경작지, 아프리카의 목초지에서 곡물 생산량이 줄어들고 있다.

- 지난 몇 십 년간 세계 산호초 가운데 약 20%가 사라졌고, 20%가 훼손되었다. 최근 몇 십 년간 카리브 해에서 서식하는 산호초 가운데 80%가 멸종되었다. 더욱이 세계 맹그로브 지대 가운데 3분의 1이 사라졌다.

- 지구에 서식하는 생물의 종수가 줄어들고 있다. 지난 몇 백 년 동안 인간은 종 멸종 속도를 지구 역사 내내 일정했던 배경 멸종 속도보다 1,000배 정도 높여놓았다. 배경 멸종 속도란 지질시대 동안 대규모 멸종을 배제하고 생물체가 화석 기록에서 사라지는 속도로 비교적 일정하다.

- 1750년부터 2003년까지 대기 중 이산화탄소 농도는 280ppm에서 376ppm으로 30% 정도 증가했다. 이는 주로 화석연료 연소와 토지이용 형태의 변화 때문이다. 1960년대 이후 이산화탄소 농도가 60ppm 증가했는데 이 수치는 전체 이산화탄소 증가분 가운데 약 60%를 차지한다.

- 현재 생태계 서비스 가운데 담수 사용량과 어류 포획량은 상당해서 미래 수요는 말할 것도 없고 현재 수요마저도 충족하지 못하고 있다. 상업적으로 중요한 수산자원 가운데 적어도 4분의 1이 마구잡이식으로 포획되고 있다. 지구 담수 사용량 가운데 5%에서 약 25%까지는 장기적인 관점에서 사용가능한 물 공급량을 넘어서 사용하고 있기 때문에 물을 인공적으로 길어오거나 안전취수량[5]보다 더 많이 지하수를 퍼 올려 부족분을 보충하고 있다.

도 세금 감면 정책이나 산업 지원 정책 때문에 숲이나 어장이 빠르게 사라질 수도 있다. 이러한 현상을 '유인책의 역효과'[6]라고 한다(McNeely, 1988). 게다가 사람들은 과학기술만 있으면 자원을 복구할 수 있다고 생각하기 때문에 계획적으로 자원을 훼손하려 들기도 한다.

---

[5] 가뭄과 같은 최악의 조건에서 경제성을 잃지 않고 안정적으로 공급할 수 있는 수량으로, 보장공급수량(safe yield)이라고도 한다.
[6] 유인책의 역효과(perverse incentives) : 현안을 해결하기 위해 실시한 유인책이 오히려 문제를 악화시키는 현상을 가리킨다.

하지만 자원이 훼손되는 이유는 대부분 무언가를 만들어 소비하려는 인간의 만족할 줄 모르는 욕심 때문이다. 그러한 욕심 탓에 인간은 앞일을 제대로 살펴보지 못하고 바로 앞의 이익에 눈이 멀어 미래를 망치게 된다. 이러한 행동방식을 놓고, 이익을 최대한으로 챙겨야 살아남을 수 있는 세상에서 인간이 끝없이 진화해 온 결과일 뿐이라고 주장하는 사람들도 있다. 인간의 이러한 행동 양식을 굳히는 원동력에는 생존 경쟁, 영토 획득, 권력 쟁취 등 역사의 진화과정이 있었고, 이러한 과정이 없었다면 인류라는 생물종도 인류의 문화도 존재하지 못했을 것이다. 이러한 행동방식은 예전처럼 인구가 많지 않고 세계 자원이 무한하다고 여겨졌던 시대에는 통했겠지만 상황이 달라졌다. 지금 세대가 이미 타격을 입기 시작했고, 더 나아가 우리 후손들은 현 세대가 누리고 있는 기회조차도 누릴 수 없을 것이다.

여기서 끝이 아니라 세번째 이유가 아직 남았다. 인간의 욕심과 자원 남용만이 환경문제의 원인은 아니다. 자원기반이 줄어드는 데는 인간의 무지와 오해도 상당한 역할을 담당한다. 이 책에서 다루는 모든 사례연구를 비롯하여 여러 가지 예를 살펴보면 알 수 있듯이, 사람들은 자원이나 지역을 개발할 때 관련 생태계의 기능을 충분히 파악하지 않았다. 그렇다고 자원에 욕심을 부리거나 제멋대로 자원이나 지역을 파괴한 것도 아니다. 오히려 시스템을 잘 안다는 사람들이 막대한 자원을 쏟아 붓고 '지속가능한' 상태를 만들려고 애를 쓰다가 생태계를 망쳐놓는 경우가 많았다.

생물종이나 생태계에 대해 세세한 지식을 많이 갖고 있는 것뿐만 아니라 어떤 종류의 지식인가도 중요하다. 생태계를 올바르게 이해해야 자원 시스템과 인류 모두가 생태계의 일부라고 여길 수 있다. 이러한 시스템을 이용하고 관리하는 기존의 방법이 현재는 더 이상 작동하지 않는데도 가장 많이 들려오는 말은 '해결책이 이전과 다를 바 없다.'는 것이다(다음 절에서 이러한 방법을 '구태의연하다'고 표현할 것이다).

이 책에서는 환경파괴를 부추기는 세번째 요인을 중점적으로 다루고 있다. 첫번째 요인인 가난은 인류가 나머지 두 요인을 잘 다룬다면 해결될 것이다.

두번째 요인인 의도적이고 과도한 자원 소비에 대해서는 마지막 장에서 소개하려 한다. 그 이유는 리질리언스 철학을 바탕으로 두번째 요인을 다루고 싶기 때문이다.

의도는 좋았지만

개발에 대한 의도도 좋고 최근에 발간된 몇 권의 책에도 '모든 상황이 순조롭다.'고 쓰여 있는데도 불구하고, 왜 세계의 많은 생산녹지지역과 세계인들에게 가장 관심 받는 생태계가 곤란한 상태에 빠져 있을까?

지금 우리가 사용하는 '베스트 프랙티스best practice'란 단어에는 최적화된 제품이나 서비스가 제공되어야 한다는 철학이 깔려 있다. 베스트 프랙티스의 특징은 시스템 안에서 다른 요소들을 통제하면서 특정 요소(특정 제품이나 결과물)를 최대로 생산한다는 점이다. 이러한 특정 요소(결과물)의 예로는 곡물 생산량, 어획량, 목재 생산량을 들 수 있다.

생물종 보호가 목적이라면 국립공원과 국립보호지역에 서식하는 생물종을 가능한 많이 보호할 수 있도록 최적의 방법을 찾아내야 할 것이다. 마찬가지로 곡물 생산량을 최대로 늘리려면 이용 가능한 토지마다 다수확 단일 품종을 심고, 최적 조건에서 자랄 수 있도록 화학 비료를 살포하고, 병해충을 방제해야 하며, 대형 수확 장비를 써야 할 것이다. 곡물 수량의 예에서 알 수 있듯이, 특정 요소를 최대한으로 생산하려면 생산 과정의 각 단계가 엄격하게 통제되어야 한다.

천연자원 관리체계의 초기 발달과정에서 나타난 특징은 최적의 방식으로 특정 제품을 만들려 했다는 점이다. 그러한 경향은 농업분야에서 특히 두드러졌다. 처음에는 최적의 방식이 통했다. 실제로 이 방식 덕분에 자원 생산성과 인류 복지가 엄청나게 향상되었다. 그러나 이러한 초기 성과들은 최근 세계 곳곳에서 여러 가지 심각한 부작용을 보이면서 엉망진창이 되고 있다. 미국 시인 오그든 내쉬Ogden Nash의 말처럼 '진보는 한때 좋은 것이었지만 이젠 진

부해졌다.'

최적화 방법의 목적은 시스템을 특정한 '최적상태optimal state'로 만들고 그 상태를 계속 유지하는 것이다. 최적상태에 있는 시스템이 최대 지속수익량 maximum sustained benefit을 거둘 것이라 생각한다. 최적상태는 상황에 따라 달라지기도 하는데, 그러면 최적화 방법은 시스템의 상황에 가장 알맞은 길을 찾아낸다. 이러한 방법을 최대 지속생산량 패러다임maximum sustainable yield paradigm 또는 최적 지속생산량 패러다임optimal sustainable yield paradigm이라 한다.

경영학자들은 이러한 패러다임을 얻기 위해 변화가 시간에 비례하여 증가할 것(인과적 변화)이라고 가정(인정받지 못하는 여러 가정들 가운데 하나)하고 모형을 만든다. 하지만 이러한 모형은 더 상위 규모에서 일어나고 있을 지도 모르는 변화에 담겨있는 뜻을 무시할 뿐만 아니라 하위 규모에서 일어나는 변화도 고려하지 못하는 것이 대부분이다.

베스트 프랙티스 모델과 같은 최적화 방법은 세상이 돌아가는 방식이 아니기에 제대로 작동할 수 없다. 우리의 생활공간이자 버팀목인 시스템들은 평균적인 조건보다는 극한 상황 때문에 구성되거나 재구성된다. 예를 들어 열대사바나기후에서 서식하는 여러해살이식물들은 2년간 가뭄이 계속되어야 죽고 극심한 우기를 거쳐야 다시 자리 잡을 수 있다. 현재 관리대상이 되는 사회·생태 시스템들은 흔히 농업, 공업, 보전, 에너지, 임업 등의 분야와 규모에 따라서 변화가 일어날 수 있다. 가장 중요한 사실은 심각하지 않은 변화들은 비례적이거나 선형적으로 변하기 때문에 예측 가능하지만 오스트레일리아에서의 들쥐 떼에 의한 밀 피해, 북미 숲에서의 해충 발생, 깨끗하고 맑던 호수에서의 갑작스런 녹조 발생과 같이 정말 중대한 변화들은 감지할 수 없거나 비선형적으로 변한다는 것이다.

효율성과 최적화의 역설

경제학의 밑바탕인 '효율성'은 바로 환경경제학[7]의 기초이기도 하다. 이론 상으로 볼 때 사람들이 필요로 하고 가치 있다고 여기는 모든 요소를 담고 있어야 효율적 경제라고 할 수 있다. 이런 관점에서 효율적 경제는 사람들에게 유익한 것이어서 효율성은 정책과 관리에 있어 훌륭한 목표로 여겨왔다. 사람들은 최적화 방식이 효율성과 관련이 있다고 여기지만, 최적화는 일부 가치와 특정 이해관계에만 적용되기 때문에, 역설적으로 정작 사회가 필요로 하는 가치를 창출하는 데에는 아주 비효율적이다. 효율적이라는 말의 좁은 의미는 '불필요한 요소를 제거한다.', '이익과 직결되는 요소만을 남겨둔다.'는 뜻이다. 뒤에서 살펴보겠지만 이런 효율성 때문에 리질리언스는 오히려 크게 줄어든다.

최적화는 우리 사회가 어떤 요소에 대한 가치를 평가하는 방식이 아니다. 최적화 방식이 목재 생산량과 같이 계량화 및 수치화를 통해 시장가치를 간략하게 하는 것을 지향하면서, 생명 유지, 영양소 재생, 오염물질 정화와 같이 자연이 제공해주는 혜택(총괄하여 '생태계 서비스'라고 알려진)처럼 시장성을 판단할 수 없고 수치화하기 힘든 가치들은 지양하기 때문이다. 또한 생물종의 미적 가치나 존재 자체도 최적화 방법에서는 중요하게 여기지 않는다. 최적화를 추종하는 사람들이 어떻게 생각하든지 간에 우리 사회는 생태계 서비스에 의존하며 살아간다.

사회는 생물종의 존재와 아름다움을 후손에게 물려줄 수 있는 우리 스스로의 능력도 중요한 가치로 여긴다. 그렇지만 최적화 방식은 그렇지 못하다. 최적화 방식이 적용되면 투자 시계 time horizon [8]가 대체적으로 기업의 한계 투자

7　환경경제학(environmental economics) : 경제활동과 환경의 관계를 연구하는 경제학이다. 환경 경제학에서는 인간과 환경이라는 주체 간 상호작용을 반영하는 새로운 경제 효율성의 개념을 연구한다. 기존 경제학과 연구 방향이 동떨어진 것이 아니라, 기존 경제학에 생태학적 가치를 접목하고 환경적 변수를 고려하는 경제학을 제시한다.

8　시계(time horizon) : 의도하는 재정적 목적을 달성하는데 이용할 수 있는 시간 주기를 말한다. 시계는 대개 단기(short term), 중기(intermediate term), 장기(long term)로 구분된다. 사람들마다 구분 기준이 다르긴 하지만, 대개 단기는 투자 기간이 1~2년, 중기는 3~5년, 장기는 10~30년이다. 시계가 짧아질수록 손실을 복구할 수 있는 시간도 짧아진다.

시계인 20년으로 줄어든다. 개인이 소유하고 있지 않은 비 사유재, 여럿이 공유하는 가치들(공유재)이 중요한 생태계 서비스들에 포함되어 있지만, 이러한 가치들은 시장에서 거래되지 않기 때문에 부를 창출해내지 못할 뿐만 아니라 사람들도 애써 구매하여 소유하려고 하지 않는다. 많은 사람들은 오존층이나 기후 조절 같은 생명 유지 장치가 얼마나 중요한지 제대로 이해하지 못한다.

효율성 그 자체가 문젯거리는 아니더라도, 이러한 효율성이 일부 가치나 특정 이해관계에만 적용될 경우 복잡 미묘한 특성을 지닌 시스템에서는 원치 않는 결과들이 벌어진다. 생태학, 경제학, 사회학의 역사를 살펴보아도 우리 가까이에 있거나 우리가 속해 있는 시스템들은 생각하는 것보다 훨씬 복잡하다.

생태계, 사회시스템, 지구의 '최적' 상태는 언제까지나 계속될 수 없다. '최적' 상태란 인간이 자신의 관점에서 바라본 세상을 바탕으로 빚어낸 결과물이자 환상일 뿐이며, 현실에서 달성될 수 없는 목표이다. 뒤에서 살펴보겠지만 사실 '최적' 상태 때문에 원래 의도와 정반대되는 결과가 발생하는데도 최적화를 목표로 추구하는 사람들이 많다.

최적화를 목표로 했을 때 당연히 여러 가지 문제가 발생할 수밖에 없다. 하지만 그러한 문제들이 발생하면 사람들은 적용한 모델이 타당한지 의심하기보다 오히려 시스템을 더욱 강력하게 통제하려 했다. 대부분의 이런 시도는 문제를 악화시키거나 해결을 하더라도 이를 지속시키는 데 엄청난 비용을 떠안게 만든다.

현실 세계에서 지역사회와 기업 사회는 각각 자연과 인간이 주도하여 서로 영향을 주고받는 방식으로 연결된 사회 · 생태 시스템이다. 이 시스템은 복잡계complex system로 끊임없이 변화에 적응하고 있다. 변화 속도는 바이러스가 증식할 때처럼 빠를 수도 있고, 산이 솟아오를 때처럼 느릴 수도 있다. 변화 규모는 작게는 수 나노미터에서 크게는 수 킬로미터까지 이를 수 있다. 어느 단계에서 일어나는 변화가 다른 단계에 영향을 미칠 수 있다. 이러한 변화가 위, 아래 스케일로 잇달아 이어질 수도 있고, 다른 스케일에 있는 시스템을 되살리거나 파괴해 버릴 수도 있다.

현재 주류에 해당하는 패러다임은 시스템의 다른 요소들을 배제하고 특정 요소들을 최적화하지만, 현실 세계가 작동되는 방식인 동적 복잡성dynamic complexity[9]에는 적합하지 않다. 구태의연한 방식이 아닌 새로운 패러다임이 모색되어야, 점점 심각해지는 자원문제에 지속성을 담보하여 해결할 수 있다.

자연자원이 제대로 관리되지 못하는 사례가 늘어나고 이를 인식하는 사람들이 점점 많아지면서, 자원 관리방식을 못마땅하게 여기는 이들도 많아진다. 시스템이 지속가능하기 위해서 유지나 개선해야 할 시스템의 중요한 특성들은 무엇일까? 리질리언스 사고는 이러한 질문에 대답하기 위한 철학적이고 실용적인 접근방식이다.

지속가능성의 핵심은 무엇인가?

일반인들이 생각하는 지속가능성이란 무엇인가? 지속가능성을 '절약, 재사용, 재활용'(쓰레기를 줄이고, 버릴 물건을 다시 사용하고, 재활용 제품을 적극 사용하자)으로 요약할 수 있는가? '생태발자국'이나 그 지역의 '수용능력[10]' 내에서 살기'와 같은 개념을 접하고 감탄하는가? 자원을 절반만 투입하지만 생산량은 2배로 늘리는 '4배 향상[11]'을 미래에 달성하기 위해 노력하는가? 아니면 '10배 향상'을 목표로 하고 있지는 않는가?

9　동적 복잡성(dynamic complexity) : 역동적 복잡성이라고 번역되기도 한다. 미국 MIT 교수인 피터 셍게(Peter M. Senge)는 그의 저서 『제5경영』(Fifth Discipline)에서 '세부 복잡성(detailed complexity)'과 '역동적(동적) 복잡성(dynamic complexity)'이라는 용어를 언급하며, 동적 복잡성은 어떤 행동에서 비롯된 결과가 시스템의 다른 부분에 영향을 미칠 때 존재한다고 했다(Peter M. Senge, 2010).

10　여기서 수용능력(carrying capacity)이란 자연 수용능력(natural carrying capacity)을 말하며, 사회구성원들의 합의에 따른 허용가능 기준이자 자연생태계가 지탱할 수 있는 수용능력으로, 인간의 경우 최대 인구 규모를 뜻한다. 생태적 지속가능성(ecological sustainability)은 생태발자국이 환경 용량 수용능력을 초과하지 않아야 실현될 수 있다.

11　4배(factor four) 향상 : 자원 생산성이 4배 증가한다는 뜻으로, 그렇게 될 경우 전 세계에서는 지금 이용 가능한 부보다 2배나 많은 부를 누릴 수 있고, 자연 환경에 가해지는 스트레스는 절반으로 줄어든다고 한다(Ernst von Weizsäcker 등, 1998).

이러한 접근방식에는 지속가능성에 관한 주요 생각들 가운데 일부가 함축되어 있다. 이러한 생각들의 공통된 화두는 지속가능성에서 핵심은 자원을 효율적으로 쓰는 데 있다는 점이다. 자원을 효율적으로 쓸 수 있을 정도로 인간이 현명하다면 환경의 수용능력 내에서 살 수 있다.

지속가능성과 관련된 어떤 접근방식에서도 이러한 효율성은 당연히 중요하다. 하지만 효율성 자체가 해결책이 되지는 못한다. 뒤에서 살펴보겠지만 실제로 효율성은 그 자체로도 지속가능성에 불리하게 작용할 수 있다. 특정 목적을 위해 복잡한 사회 · 생태 시스템의 여러 요소들이 최적화될수록 시스템의 리질리언스는 줄어들기 때문이다. 효율적인 최적상태를 도출하는 경우 전체 시스템은 오히려 충격과 혼란으로 훨씬 취약해진다.

효율성 때문에 리질리언스가 줄어든다는 말이 잘 납득되지 않을 수 있지만, 시간에 따른 사회 · 생태 시스템의 변화 양상을 조사해 본 연구자라면 대부분 이러한 결론에 도달한다. 이 책은 이렇게 언뜻 납득할 수 없는 결과들 속에 어떤 논리가 담겨있는지 설명하고자 한다.

리질리언스와 효율성의 긴장관계를 보여주는 적절한 예로 최근에 주목 받는 '적시관리 시스템'[12]을 생각할 수 있다. '적시관리 시스템'을 적용하면 생산자들은 자재를 많이 비축하지 않아도 된다. 대신 필요한 시기에 부품과 소모품이 바로 공장으로 전달된다. 이렇게 효율적이고 최적상태에 있다고 생각되는 생산 시스템에서 재고 비용은 크게 절약되지만 시스템 자체가 워낙 충격에 민감하기 때문에 자재나 인력과 관련된 문제가 발생하면 심각한 공급 부족 사태가 발생한다.

지속가능성의 요지는 지속가능개발[13]과 관련된 어떤 제안에서 시스템의 리질리언스를 명확한 논리 기반의 하나로 삼지 않는다면, 제품이나 서비스가 계

---

12 적시관리(just-in-time) 시스템 : 무재고 생산방식(stockless production)이라고도 한다. '적시 생산방식'이란 말 그대로 필요한 품목을 필요한때에 필요한 양만큼 생산하여 한 치의 크고 작은 재고 오차도 허용하지 않는 생산방식이다. 1970년대 일본 도요다 자동차 회사가 최초로 도입하여 발전시켰기 때문에 도요다 생산방식이라고도 불린다.

속 제공될 수는 없다는 것이다. 지속가능성의 열쇠는 사회·생태 시스템에서 선택한 몇 가지의 구성요소를 최적화하기보다 시스템의 리질리언스를 키워야 한다는 것이다.

최근 몇 십 년간 지속가능성에 관한 논의가 많이 진전했지만 리질리언스라는 렌즈로 살펴보면 확실히 우리가 갈 길은 아직 멀다.

변화 감싸 안기 – 리질리언스의 핵심

'리질리언스 사고'의 핵심은 '세상일은 변한다'라는 아주 단순한 개념이다. 우리가 변화를 무시하거나 거부한다면 충격이나 혼란에 점점 취약해져 새롭게 생길 여러 기회도 놓치게 된다. 하지만 지금 우리는 이 단순한 개념을 깨닫지 못해 자신의 선택범위를 스스로 좁혀버리고 있다.

변화는 인구 증가처럼 느리기도 하고 환율이나 음식 값, 기름 값의 변동처럼 빠르기도 하다. 사람은 보통 빠른 변화를 인식하고 반응하는 데 익숙하다. 그러다 보니 안타깝게도 느리게 변하는 일들에는 잘 대응하지 못한다. 그 이유로 사람이 느린 변화를 인식하지 못하는 것에도 있지만 일정 부분은 사람의 능력으로 어쩔 수 없는 일들이 많기 때문인 듯하다. 예를 들면 인구수는 중요한 느린 변수이다. 기후변화도 마찬가지이다. 하지만 인구수나 기후변화가 서로 영향을 미칠 수 있다고 믿는 사람은 별로 없다.

변화 자체는 나쁘지도 좋지도 않다. 변화 때문에 바람직한 결과가 생길 수도 있고 원치 않는 결과가 발생할 수도 있다. 그리고 변화 때문에 놀라운 일이

13 지속가능개발(sustainable development) : 1972년 '로마클럽'이 펴낸 제1차 보고서 「성장의 한계」에서 환경과 개발에 관한 강한 우려를 표명하며 '지속가능한 발전'이라는 용어를 처음으로 사용했다. 이 개념이 공식화된 것은 '환경과 개발에 관한 세계위원회(WCED, World Commission on Environment and Development)'가 1987년에 발표한 「우리의 미래」(Our Common Future)라는 보고서였다. 여기서 '미래 세대가 자신의 필요를 충족할 수 있는 가능성을 손상시키지 않는 범위에서 현재 세대의 필요를 충족하는 개발'이라고 지속가능한 개발을 정의하여, '환경적으로 건전하고 지속가능한 개발'(ESSD, Environmentally Sound and Sustainable Development)이라는 개념을 확립했다.

벌어질 때도 많다.

이러한 말들은 개략적이긴 하지만, 광범위하게 인간과 자연이 상호작용하는 시스템인 사회 · 생태 시스템에 대입될 경우 특별한 의미를 지니며 여러 가지 중요한 결과들이 나타난다. 리질리언스 사고는 사회 · 생태 시스템이 변화 주기를 거치면서 끊임없이 적응해나가는 복잡계라고 받아들여 이러한 개념에 맞춰 자연자원을 관리할 수 있는 방법을 제시한다.

이 책에 나오는 개념 대부분은 새로운 것은 아니다. 리질리언스와 변화하는 생태계에 관한 개념들은 이미 수십 년 전부터 있었다. 하지만 최근에 와서야 이 문제에 여러 분야의 학자들이 진지하게 매달리기 시작했다. 이 분야의 연구그룹의 하나인 샌타페이 연구소Santa Fe Institute 는 카오스 이론, 네트워크 역학network dynamics 과 최근에는 견고성[14]에 이르기까지 다양한 아이디어를 내놓고 있는 유명한 연구 단체이다. 리질리언스 얼라이언스도 그러한 단체이다. 여러 연구자가 이곳에 모여 식견을 공유하면서, 사회 · 생태 시스템에서 일어나는 변화를 이해하기 위한 틀을 개발해왔다. 이러한 단체들의 노력은 리질리언스 사고와 철학을 기본으로 하여 지속가능성에 관한 중요한 견해들의 발굴로 이어질 것이다.

이 책의 로드맵

리질리언스 사고와 관련된 틀을 짜는 방법에는 여러 가지가 있다. 우리는 아래의 세 단계를 거쳐 리질리언스 사고의 틀에 접근할 수 있다.

첫째, 이해하는 데 필요한 기초를 다진다.

둘째, 핵심적 접근방법의 개요를 설명한다.

14 견고성(robustness) : 어떤 시스템이 처음에 지니고 있던 안정한 형태를 바꾸지 않고 변화에 견딜 수 있는 능력이다. 특히 생물학적 견고성이란 '약간의 변화나 불확실한 상황에서도 특정한 특징이나 형질을 유지하는 시스템의 능력'으로 정의된다. 생물학적 견고성은 관련된 변화의 종류에 따라 돌연변이 견고성(mutational robustness), 환경 견고성(environmental robustness), 재조합 견고성(recombinational robustness), 행동 견고성(behavioral robustness) 등으로 나뉜다.

셋째, 리질리언스 사고가 현실세계에서 실제로 발생하는 문제들을 설명하는데 어떻게 쓰일 수 있는지를 연구한다.

첫번째 단계에서는 시스템을 세상이 돌아가는 방식과 관련한 다음 사항들을 깊이 있게 생각한다.

- 우리 모두는 인간과 자연이 서로 연결된 시스템[15]의 일부이다. 이 책에서는 사회·생태 시스템을 의미한다.
- 시스템은 복잡적응계[16]이다.
- 리질리언스는 이 시스템들이 지속될 수 있는 열쇠이다.

지휘 통제방식으로 자원을 관리하는 기존 방법에서는 복잡적응계에 존재하는 예측가능성의 한계를 인정하지 않고 인간을 시스템 밖에 놓아두려 한다. 리질리언스 사고는 시스템 사고로 이 개념에 대해서는 2장에서 더 자세히 다룬다.

두번째 단계에서는 리질리언스 사고의 바탕인 다음 두 가지 핵심 개념을 이해하고 생각을 발전시킨다.

- 문턱threshold : 사회·생태 시스템은 둘 이상의 안정된 상태로 존재할 수 있다. 어떤 시스템이 문턱을 넘어 과도하게 변화하면 이전과 다른 방식으로 행동하기 시작한다. 이 때 시스템 구성요소 간에 일어나는 피드백을 비롯하여 시스템의 구조도 달라진다. 이러한 현상을 일컬어 '시스템이 체제변환을 겪었다.'고 하며, 여기서 '체제'란 상호보완적 과정이나 피드백

---

[15] 인간이 살아가고 있는 사회 시스템은, 그들이 속한 생태계와 불가분 관계에 있다는 뜻이다. 즉, 사회 시스템이든 생태계든 어느 한 영역(domain)이 변하면 또 다른 영역에 영향을 미칠 수밖에 없다는 것이다.

[16] 복잡적응계(complex adaptive system) : 복잡계(complex system)의 특별한 경우로 비교적 유사하고 부분적으로 연결되어 있는 미세구조(microstructure)의 복잡하고 거시적인 집합체라 정의된다. 복잡적응계는 상호작용의 동적 네트워크(dynamic network)이기 때문에 복잡하며, 개인과 집단의 행태가 변화에 반응하면서 변하고 적응하기 때문에 적응적이다.

에 의해 유지되는 시스템 특유의 행동이다.[17] 이 문턱과 '심한 변화'라는 주제는 3장에서 다룬다.

- 적응주기 : 리질리언스 사고와 관련된 두번째 핵심 주제는 사회 · 생태 시스템이 시간이 흐르면서 어떻게 달라지는지, 즉 시스템 동역학[18] 문제와 관련이 있다. 사회 · 생태 시스템은 늘 변한다. 시스템이 빠른 성장rapid growth, 보존conservation, 해체release, 재구성reorganization 이라는 4단계를 거친다고 생각하면 사회 · 생태 시스템의 변화를 이해하는 데 유용하다. 항상 그렇지는 않지만 시스템은 대부분 이런 순서를 거친다. 이 순서를 적응주기라 하며 이는 다양한 범위의 시간과 공간에서 작동된다. 적응주기가 범위를 넘어 다른 수준의 것으로 연결되는 방식은 전체 시스템의 동역학이란 측면에서 아주 중요하다. 이 개념은 4장에서 더 자세히 다룬다.

세번째 단계에서는 이제까지 이해한 개념을 현실 세계에 적용한다.

- 리질리언스 사고방식은 어떻게 작동될 것인가?
- 리질리언스 사고방식에는 얼마만큼 비용이 드는가?
- 리질리언스 사고방식은 정책 관리에 있어 어떤 의미를 시사하는가?
- 리질리언스를 갖춘 세계는 어떤 모습인가?

리질리언스 사고와 관련된 틀은 시스템이 왜, 어떻게 자기 방식대로 작동하는지 이해하는 데 도움이 될 뿐만 아니라 정부가 자원관리에서 생길 문제를

---

[17] 체제변환(regime shift)은 다음과 같이 정의할 수 있다.
   (1) 시스템의 내부 과정(출생률, 사망률, 성장, 소비, 해체, 용탈 등)이 변하고 시스템 상태(상태변수의 양)가 다른 방향으로 바뀌는 과정
   (2) 시스템의 통제변수가 문턱을 지났을 때 피드백의 본질과 정도가 달라지고 그에 따라 시스템 자체의 방향이 달라지는 과정
   (3) 시스템 내부 과정의 순조로운(smooth) 변화(피드백)나 하나의 교란(외부 충격)으로 시스템의 행동이 완전히 달라지는 과정(B. Walker와 J. A. Meyers, 2004)

[18] 시스템 동역학(system dynamics) : 시간의 흐름에 따른 복잡계의 행동을 이해하는 방법이다.

해결하여 정책 관리의 타당성을 확보하기 위해서도 꼭 필요하다. 이 부분은 5장과 6장에서 더 자세히 다룬다. 그리고 6장에서는 우리가 리질리언스를 어떻게 다루어야 제한된 선택권이 아닌 열린 대안으로 줄어들고 있는 세상에서 수용력을 만들어낼 수 있는지에 대해서 논의할 것이다.

리질리언스를 갖춘 사회·생태 시스템은 자신의 기능을 유지한 채 변화하는 세상에 대응하여 달라질 수 있다. 리질리언스를 갖춘 시스템은 관리를 하는 데 착오가 있더라도 그 영향을 흡수하면서 다양한 쓰임새에 대응할 수 있다.

이 책에 전문·특수 용어를 쓰지 않으려 애를 썼지만 일반 독자들이 처음 접했을 때 어렵다고 느껴지는 개념도 있다. 이 책을 처음 읽고 나서 모든 내용을 상세히 이해하지 못한다하여 걱정하지 말라고 격려하고 싶다. 대신에 문턱과 적응주기가 가지는 종합적 의미보다 관심이 있는 시스템과 연관해 이 개념들을 이해하려는 노력이 필요하다.

리질리언스 사고방식의 자세한 내용까지 이해하지는 못하더라도 이 책에 나오는 폭넓은 주제들을 복잡적응계의 내부에 있는 삶으로 대입할 수 있다면, 여러분은 세상이 어떻게 돌아가는지를 설명하는 유력한 견해를 이미 깨우친 것이나 다름없다. 지속가능성, 효율성, 최적화라는 개념들이 새롭게 조명을 받기 시작한 것이다.

이 책을 통해 독자들이, 그들이 살고 있는 또는 관심을 갖고 있는 생태계에 대해 다음과 같은 질문을 시작하길 바란다.

- 시스템을 움직이는 핵심 변수들은 무엇인가?
- 시스템이 문턱에 접근하고 있는가?
- 문턱을 피하려면 관리 과정에서 어떠한 조치를 고려해야 하는가?
- 시스템의 동역학은 어떠한가?
- 관심 있는 스케일과 그 스케일보다 상위 또는 하위 단계에 있는 스케일은 어떤 관계인가?

모두 대답하기 어려운 질문들이다. 하지만 각자가 맡은 역할을 담당하며 살아가는 생태계와 관련한 이런 질문들을 구성하는 행동이 바로 리질리언스 사고로 가는 중요한 단계이다.

리질리언스 사고가 현실 상황에서 얼마나 중요한지를 각 장 사이에 있는 사례지역연구에서 적용해 설명할 것이다. 그리고 세계의 다섯 가지의 서로 다른 사회·생태 시스템에서 나타나는 변화에 어떤 의미가 담겨 있는지 해석하고 이해하면서 리질리언스 사고의 가치를 증명한다.

다섯 지역, 다섯 가지 이야기

우리가 이야기할 다섯 지역은 다음과 같다.

- 플로리다의 에버글레이즈Everglades in Florida : 세계에서 유명한 습지 생태계다. 국립공원의 상당 부분이 이미 문턱을 넘어, 부들이 우점종인 새로운 생태계로 바뀌었다.
- 골번브로큰 유역Goulburn-Broken Catchment : 오스트레일리아에서 농업생산성이 높은 곳 가운데 하나다. 현재 이 유역에서 생산성이 가장 높은 농지의 바로 아래는 염분농도가 높은 지하수로 차있다.
- 카리브 해의 산호초Coral reefs of the Caribbean : 한때 지구 최대 산호초 생태계의 하나였으며 여행자들이 경제적 활력소인 관광 명소다. 지난 30년 동안 산호초hard coral reefs 가운데 80%가 사라졌고 나머지 산호초들도 위험에 처해 있다.
- 위스콘신 주의 북 하일랜드 호수 지대Northern Highland Lakes District of Wisconsin : 미래가 불확실한 어업 천국인 지역이다. 인구가 늘면서 사람들에게 사랑 받는 이곳의 자연경관들이 서서히 사라지고 있다.
- 크리스티안스타드 바텐리케Kristianstad Water Vattenrike : 세계적으로 유명한 남 스웨덴 습지다. 하지만 인기 많은 이곳에 습초지가 사라지고 수질은 악화되었으며 야생동물의 서식지가 사라지고 있다.

왜 다섯 지역인가? 우선, 이 지역들은 서로 다르다. 이 지역들에서 공통점은 별로 찾아볼 수 없다. 생물 군집의 규모나 종류가 다르며, 주민들도 다른 목적으로 다른 업종에 종사한다. 이 지역들의 공통점은 각 지역마다 여러 가지 자연자원문제와 환경문제에 직면해 이곳에 사는 주민들과 주변 지역에 그러한 문제들이 심각한 영향을 미치고 있다는 사실이다. 또한 우리들은 이 지역에 관해 꽤나 많이 알고 있다. 연구자들이 각각의 지역들을 움직이는 생태적, 사회적 변화과정을 이해하고자 여러 해에 걸쳐 연구해왔기 때문이다.

리질리언스 얼라이언스에서 지역 스케일 위주로 실시한 상당한 연구 내용에 초점을 맞추어 이 책에서도 지역 스케일의 사례연구를 중심으로 살펴보려한다. 그러나 리질리언스 사고의 바탕이 점점 명확해지고 있어 개인, 공동체, 회사, 국가를 비롯한 모든 스케일 단계의 사회·생태 시스템에 리질리언스 사고를 적용해야 한다.

물론 세계에는 이 책에서 다루는 지역 말고도 어마어마한 자원문제에 직면한 곳이 많다. 예를 들어 아프리카 대륙에 있는 나라들은 대부분 만성적 식량 부족, 질병 발생, 사회적 불안정으로 고통 받고 있다. 아프리카의 두 지역(모잠비크와 짐바브웨)은 리질리언스 얼라이언스에서 진행하는 여러 사례연구지역 가운데 하나로 리질리언스 사고라는 면에서 여러 가지 교훈을 안고 있다. 하지만 리질리언스 사고를 소개한다는 이 책의 목적에 맞추어 연구가 잘 이루어져 있고 상반되는 여러 문제가 나타나는 5개 지역을 검토하기로 했다. 첫번째 연구대상은 미국 플로리다 남단에 있는 세계적으로 유명한 야생생물공원 에버글레이즈이다. 지난 100년간 사람들은 농지와 도심 주거지를 만들기 위해 이곳의 일부분을 개발하려 했고 그 때문에 상반된 결과들이 빚어졌다. 개발로 인해 수많은 사람이 이곳에 거주하면서 산업시설과 농지가 조성되었지만 수질을 비롯한 에버글레이즈의 자연 특성은 급격히 나빠졌다. 인간은 이제까지 에버글레이즈를 개발하면서 상당한 이득을 얻었지만 지금에 와서야 이득에 상응하는 대가가 무엇인지 깨닫고 있다.

리질리언스 사고의 요점

- 최근의 지속가능 자연자원 관리방식 때문에 곤경에 처하고 있다. 지속가능 관리방식은 시스템이 점진적으로 성장할 것이라는 예측과 통상적 조건에 맞춰 모형을 만든다. 게다가 중요한 교란을 무시하고 시스템의 다른 구성요소는 배제한 채 특정 구성요소만을 최적화하려고 한다. 이러한 방식으로는 세상이 실제로 어떻게 돌아가는지 파악할 수 없다.

- 구태의연한 기존의 방식은 제한된 이익이 발생하는 사회·생태 시스템 중 일부분의 효율성을 높이고 성과를 최적화한다. 하지만 이러한 방식으로는, 인지할 수 없는 이익unrecognized benefit의 변화를 비롯하여 스케일이 더 큰 시스템에서 일어나는 변화(경우에 따라 비가역적인 변화)의 원인인 2차적 효과와 피드백을 파악하기 힘들다. 시스템이 경제적 성과를 달성하자면 효율성을 높여야 하지만, 스케일이 더 큰 시스템의 반응을 고려하지 않고 효율성을 높이려 한다면 지속가능성은 이루어질 수 없다. 효율성 때문에 오히려 경제가 붕괴될 수 있다.

- 리질리언스 사고는 변화하는 세상을 이해하고 이에 다가가는 일과 관련이 있다. 전체로서 시스템이 왜, 어떻게 변하고 있는지를 이해하여 우리는 변화의 희생양이 되기보다 변화에 대응하는 능력을 보유한 더 유리한 위치에 오르게 될 것이다.

국가의 상징을 토막 내다
- 플로리다 에버글레이즈

지난 100년 동안의 지휘통제방식 관리로 인해 세계에서 가장 유명한 습지인 에버글레이즈는 혹독한 대가를 치렀다. 사람들은 에버글레이즈를 개발하면서 이 지역을 농지, 시가지, 자연보호구역으로 나누고 배수시설을 설치했다. 홍수를 다스리고 허리케인 피해를 줄이고자 어마어마한 기반시설도 만들었다. 그 결과 자연 서식지가 눈에 띄게 줄었고, 수질은 야생동물이나 인간이 마실 수 없을 정도로 심하게 나빠졌고, 극심한 기상 악화로 인한 충격에 점점 취약해졌다.

오늘날 에버글레이즈는 연방정부가 수십조 원이나 되는 돈을 쏟아 부은 덕분에 명맥을 유지하고 있지만 수많은 이해 관계자들 간에 극심하게 다툼이 벌어지고 소송이 걸려 있어서 이곳의 상황은 계속 제자리걸음을 하고 있다. 에버글레이즈는 리질리언스에 중대한 문제를 안고 있는 사회·생태 시스템이다(Gunderson 등, 2002).

이러한 상황에서도 세계는 여전히 에버글레이즈를 자연미의 상징으로 여기고 있다. 하지만 사람이 에버글레이즈 곳곳을 개발하면서 그동안 이곳을 만들어낸 거대한 움직임의 패턴pattern of dynamics 이 서서히 바뀌어가자, 이곳을 세계적으로 유명하게 만든 바로 그 자연미가 점점 심각하게 위협받고 있다. 에버글레이즈 국립공원에서 '자연'지역만 위험에 처한 것이 아니다. 현재 '자연'

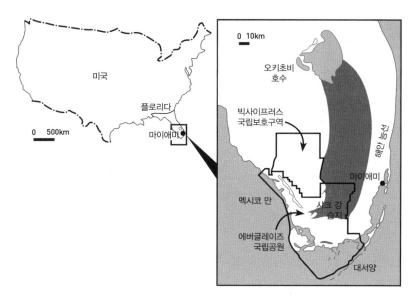

그림 1 에버글레이즈의 지도

지역보다 훨씬 넓은 지역에 6백만 명이 넘는 사람들이 경제적으로 번영을 누리고 사회적으로도 안정된 삶을 살고 있는데, 물의 흐름이 바뀌면서 주민들의 번영과 삶도 영향을 받고 있다.

　역설적인 것은 성장과 번영을 위한 토지개발, 특히 수위 조절이 에버글레이즈 생태계의 충격에 대한 취약성을 증가시켜버렸다는 것이다. 지난 100년을 놓고 보면 에버글레이즈는 늘 새롭고 놀라운 일이 벌어져왔던 곳이다. 과연 세계유산World Heritage 인 습지가 '영원한' 습지 'Ever' glades 로 남을지 아니면 '영원히 돌아올 수 없는' 습지 'Never-again' glades 가 될 것인지 앞으로 지켜봐야 할 것이다.

에버글레이즈 개요

　"이곳에는 하늘을 찌를 듯 우뚝 솟은 봉우리도, 웅장한 빙하도, 융기된 지형을 침식시킬 만큼 급하게 흐르는 물살도 없습니다. 이곳은 조용한 아름다움

속에 잠겨 있는 고요의 땅이며, 수원지가 아닌 가장 아래 물이 모이는 곳입니다. 미국 내 다른 지역과 달리 자연이 베풀어준 진기한 동식물이 지천에 널려 있습니다."라는 이 말과 함께 트루먼Harry S. Truman 대통령은 1947년 에버글레이즈 국립공원을 공식 개원하였다. 열렬한 환경보호론자들이 플로리다 에버글레이즈에 국립공원을 만들려고 수년간 노력한 끝에 이루어낸 성과였다.

역사적으로 에버글레이즈는 플로리다 반도 남쪽 중앙에 약 10,500km² 넓이로 위치해 있었다. 남북으로 200km까지 뻗어있으며 너비는 약 80km에 이른다. 빅사이프러스 습지Big Cypress Swamp 가 에버글레이즈의 서쪽 경계를 이루고, 치솟은 대서양 해안능선Atlantic Coastal Ridge 이 동쪽 경계를 이룬다. 에버글레이즈의 북쪽 경계를 이루는 오키초비 호수[19]는 이곳 생태계에서 중요한 물 공급원이다. 에버글레이즈 남단은 플로리다 반도 끝을 따라 뻗어있는 맹그로브 숲으로 이루어져 있다. 에버글레이즈의 물은 이 맹그로브 숲[20]에서 플로리다 만, 멕시코 만의 바닷물과 섞인다.

에버글레이즈에는 호수, 강, 담수 습지, 나무 섬[21], 맹그로브 습지, 소나무 자생지대pineland [22], 연안수[23] 등 여러 지형이 혼재되어 있다. 모든 곳은 에버글레이즈를 통해 물을 흘려보낸다. 물의 양은 지형마다 차이가 있다. 물은 북쪽

[19] 오키초비 호수(Lake Okeechobee) : 면적 3,270km², 남북길이 64km, 동서길이 40km이다. 플로리다 반도에 있으며 해발 7.5m에 자리한 민물호수이다.

[20] 맹그로브 숲(mangrove forests) : 맹그로브란 말은 조간대에서 자라는 나무를 총칭하는 말레이어 '망기망기(Mangi-mangi)'의 '맹그(Mang)'와 작은 숲을 뜻하는 영어 단어 '그로브(grove)'가 결합되어 만들어진 단어다. 맹그로브는 열대 및 아열대 해안이나 하구 일부의 해수 또는 담해수의 조간대 진흙지대에 생기는 상록관목 또는 교목식물, 식생의 총칭이다. 이 맹그로브로 이루어지는 군계를 맹그로브 숲 또는 홍수림이라고 한다.

[21] 나무 섬(tree islands) : 습지나 초원 위에 나무가 자라서 형성된 것으로, 해먹(hammock)이라고도 불린다. 이곳에는 열대성, 온대성 활엽수 종이 우점하고 있다.

[22] 에버글레이즈에 서식하는 소나무는 특히 화재에 강하기로 유명하다. 에버글레이즈에서는 번개에 의해 화재가 주기적으로 발생하지만 슬래시소나무(slash pine, Pinus elliottii), 캐비지야자나무(cabbage palms), 톱야자(saw palmetto) 등 화재에 강한 종들은 화재로 주위 경쟁 식물이 사라지면 오히려 더 잘 번성한다. 이렇게 화재로 인해 거대한 군락을 이루면서 살아남은 소나무 숲을 파인랜드라고 한다.

[23] 연안수(coastal water) : 연안 부근을 흐르는 해수의 총칭이다. 육수가 유입되기 때문에 일반적으로 염분이 적다.

키심미 강[24] 상류에서부터 흐르기 시작한다. 매년 여름이 되면 연평균 강수량 1,300mm의 비가 에버글레이즈 생태계를 흠뻑 적시고 이 물은 오키초비 호수로 흘러간다. 오키초비 호수는 넓고 수심이 얕다. 면적은 약 1,900km²에 달하지만 평균 깊이는 3.6m밖에 되지 않는다.

옛날부터 우기가 되면 오키초비 호수 남쪽 기슭은 물에 잠겼다. 이렇게 홍수로 불어난 물이 호수의 남쪽으로 이동하면서 그 유명한 '풀의 강'[25]이 만들어진다. 풀의 강은 너비 80km, 길이 160km에 이르는, 얕은 강처럼 움직이는 물길로 여러 습지를 거쳐 바다를 향해 느리게 흐른다.

에버글레이즈는 흐르는 물과 변화로, 다시 말해서 여름철에 홍수가 나고 사이클론이 자주 발생하다가 기나긴 건기가 이어지는 1년 주기의 변화에 의해 빚어지고 만들어진 시스템이다. 에버글레이즈에 서식하는 동·식물들은 교대로 나타나는 우기와 건기에 적응한 다른 지역에서는 볼 수 없는 생물종이다. 건기인 12월부터 이듬해 4월까지 수위가 점점 낮아지면, 물고기는 더 깊은 웅덩이로 이동한다. 조류나 악어[26]를 비롯한 포식 동물들은 물고기, 양서류, 파충류 등 다양한 먹잇감을 찾아서 웅덩이 주위에 모여든다. 건기 동안 이곳에 둥지를 트는 여러 섭금류[27]에게 이러한 풍부한 식량자원은 꼭 필요하다.

봄철인 5월 하순 천둥번개와 함께 찾아오는 폭풍우를 신호로 우기가 시작된다. 듬성듬성 물이 고여 있던 겨울 웅덩이는 여름철이 되면 대부분이 물로 뒤덮인다. 야생동물들은 여기저기로 흩어지고 곤충, 물고기, 악어가 다시 습지

24 키심미 강(Kissimmee River) : 미국 플로리다 주 중남부에 있는 강으로 길이는 214km에 이른다. 강 범람원에는 물새를 비롯한 섭금류 등의 조류, 물고기 등 다양한 야생생물이 서식한다.

25 풀의 강(river of grass) : 에버글레이즈 습지의 대부분, 특히 물에 잠겨 있는 지역은 참억새풀(saw grass)로 덮여 있는데, 현지 주민들은 이를 가리켜 '풀의 강'이라고 부른다. 또한 에버글레이즈 국립공원의 별칭이 '내륙에서 바다로 몰래 흘러 들어가는 풀의 강'이다.

26 악어(alligator) : 앨리게이터(*alligator*) 속에 속한 2종의 악어에 대한 총칭이다. 북미, 남미, 중국산 악어를 지칭한다.

27 섭금류(wading birds) : 조류의 생태형에 따른 다리, 목, 부리가 긴 분류집단의 총칭이다. 황새목, 두루미목, 도요목이 여기에 속한다. 길해안가 밀물, 썰물을 따라 이동하면서 갯벌에 서식하는 동물을 포식한다. 섭금류라는 한자어는 (물을) 건너다니는 새무리라는 뜻이다.

로 분산되기 시작하면서, 먹이사슬이 원상 복귀한다. 12월이 되면 비가 그치고 건기가 다시 시작된다.

유럽인들은 에버글레이즈 생태계를 살펴보고 이곳의 유기질 토양을 이용하려면 습지의 물을 잘 다스리는 것이 최선이라고 판단했다. 뒤늦게 깨달은 것이지만, 유럽인들의 이러한 접근방식은 에버글레이즈 전체 시스템의 기능에 심각한 영향을 미쳤다.

똥만큼 양분이 많다[28]

실제로 에버글레이즈가 개발에 들어간 시기는 20세기 초이지만, 야생동물이 넘쳐나는 이 습지를 이용해야겠다고 사람들이 생각한 시점은 1769년 영국 작가 윌리엄 스토크William Stock 가 플로리다 저지대 토양을 가리켜 '똥만큼 양분이 많다.'고 표현한 때부터였다.

1823년 어느 지도 제작자가 플로리다 남부의 습지를 가리켜 '에버글레이즈'라고 불렀다. 에버글레이즈에서 '글레이즈[29]'는 한 줄기 빛을 뜻하는 말이다. 글레이즈의 뜻이 '참억새풀과 그 밑을 느리게 흘러가는 물이 햇빛과 섞이는 모습'이라고 생각하는 사람들도 있다. 이로 인해 밝은 공간이 만들어지는데 에버글레이즈의 여러 독특한 특성 가운데 하나이다. 일찍부터 에버글레이즈에 발을 들여놓았던 유럽인들이 보기에 이곳은 하늘과 맞닿아 있을 만큼 어마어마하게 넓고, 가까이 다가가기 힘든 낯선 천국과 같았다. 에버글레이즈의 '에버ever '는 이 광활한 습지가 오랫동안 존재했었다는 사실을 암시한다.

---

28 에버글레이즈 토양은 진한 검은색이었고, 세계에서 유기물 함량이 많기로 손꼽히는 이탄토(peat) 가운데 일부로 습지 일부 지역의 깊이 500m 되는 곳까지 분포하며, 부식된 식물이 5천년 동안 축적되어 생성된 것이다. 윌리엄 스토크는 이 특징을 '똥만큼 양분이 많다.'라 표현했다(Michael Grunwald, 2007).

29 [지은이 주] '글레이즈'가 숲속의 공터 또는 조그만 땅이라고 해석되기도 한다. 그렇게 보면 에버글레이즈의 뜻은 커다란 공터도 될 수 있다. 아메리카 원주민들은 에버글레이즈를 풀로 덮인 호수라고 했다.

오늘날 우리가 알고 있는바, 에버글레이즈는 지질학적으로 아주 최근에 형성되었다. 1만 년 전, 에버글레이즈는 건조림[30]이었다. 하지만 해수면이 상승하면서 이곳에는 조간대 습지[31], 맹그로브 습지, 소택지[32], 호수 같은 지형들이 나타났고 급기야 활엽수림이 고지대로 흩어진 모양이 되었다. 영양소가 풍부한 식물성 유기물 잔해가 물속으로 떨어져 수백 년간 축적되면서 에버글레이즈에는 세계적으로 높은 생산성을 보이는 유기질 토양인 흑니토[33]로 농지가 형성되었다(그렇지만 에버글레이즈는 종합적으로 보면 양분이 부족한 척박한 생태계이다. 에버글레이즈의 모습을 결정하는 주요한 제한인자가 인이고, 이 생태계에서는 유효 인의 농도가 매우 낮다).[34]

습지에서 물을 빼내다

19세기 전반 미국은 군대를 동원하여 아메리카 원주민들을 플로리다 남부 내륙 깊숙한 곳으로 몰아붙이는 과정에서 에버글레이즈의 농업 잠재력에 주목하게 되었다.[35] 1848년, 에버글레이즈에서 물을 빼내자는 제안이 미국 상

---

30 건조림(dry forest) : 열대에서 아열대에 걸쳐, 건기가 5~7개월 계속되며 연강수량이 250~1,000mm 인 지역에 분포하는 숲으로 건생림이라고도 한다.

31 조간대 습지(tidal marsh) : 간조시 수위가 매우 낮아지는 습지를 말한다.

32 소택지(fen) : 항상 물에 잠겨 있거나 젖어 있는 땅으로, 오랫동안 사람의 영향을 받지 않는 경우가 많아 생태적으로 독특한 동·식물군이 서식하여 생태학적으로 중요하다.

33 토양을 유기물 함량에 따라 광물질 토양과 유기질 토양으로 구분한다. 광물질 토양은 소량의 유기물을 함유하는 반면 유기질 토양은 20~30% 이상으로 많은 양의 유기물을 함유한다. 이 유기질 토양은 분해 정도에 따라 이탄토(peat)와 흑니토(muck)로 구분할 수 있다. 이탄토는 유기물이 약하게 또는 분해되지 않고 퇴적된 것으로 식물 유체를 구별할 수 있다. 반면 흑니토는 유기물이 완전히 분해되어 육안으로 식물 유체를 구별할 수 없다. 즉, 흑니토란 토탄(이탄토)이 공기로 말미암아 산화, 분해되어 검은 빛깔의 분말 모양으로 된 물질이다.

34 에버글레이즈가 속한 플로리다에는 인(phosphorus)이 풍부하다. 주로 퇴적암이나 자연 토양에 인이 많이 들어 있다. 하지만 암석과 토양 중 인은 식물이 이용할 수 있는 형태가 아니다. 에버글레이즈 생태계는 식물이 이용할 수 있는 형태의 인 농도가 낮은 상황에서 진화하고 적응해왔다. 본문에서 유효 인 농도가 제한인자라는 말은 생태계의 유효 인 농도에 따라 생물의 성장이 제한된다는 뜻이다 (Craft C.B. 등, 1995).

원에 처음으로 제출되자 의원들은 이 제안을 환영하고 독려했다. 하지만 정작 이곳에서 물을 빼내려는 노력은 19세기 말이 돼서야 이루어진다.

1900년대 초, 사람들은 에버글레이즈를 크고 형편없는 늪으로 여겼다. 작가 제임스 카를로스 블레이크James Carlos Blake 는 에버글레이즈를 '언젠가 악마가 정원을 만들었다면, 그것이 바로 에버글레이즈였을 것이다.'[36]라고 표현했다. 그러한 생각은 1903년 홍수로 에버글레이즈에 있던 농장이 대부분 파괴되면서 입증되는 것 같았다.

1906년 플로리다 주지사 나폴레옹 보나파르트 브로워드Napoleon Bonaparte Broward 는 '구역질 나고 온갖 벌레들이 득실거리는 늪'에서 마지막 물 한 방울까지 짜내어 '에버글레이즈 제국'을 만들겠다는 선거 공약을 실천하기 시작했다. 우선 습지의 물길을 대서양 쪽으로 돌리고 농지로 쓸 땅에서 물을 빼기 위해 토목 공사를 시작했다.

그렇게 물을 빼내자 1908년 새로운 농지가 생겨나기 시작했고 에버글레이즈의 앞날은 밝아 보였다. 에버글레이즈 습지에 있던 물의 일부가 빠진 것으로도[37] 남부 플로리다는 급격히 성장했다. 남부 플로리다의 땅값이 싼데다 북부 신문기자들이 '남부 플로리다는 매력적인 땅으로 여기에 오면 부자가 될 수 있다'고 호의적으로 보도하자 사람들이 매혹되어 새로 이주해왔다. 오키초비 호수 연안을 중심으로 작은 마을이 수없이 생겨나자 이 마을들이 홍수 피해를 입지 않도록 남쪽 호숫가를 따라 작은 제방이 세워졌다. 제방은 대부분 흑니토와 모래로 이루어져 있었으며 높이는 2m이었고, 호숫가를 따라 75km까지 뻗어있었다.

---

35 미국과 플로리다 남부 토착민인 세미놀(seminole) 족 간에 벌어졌던 세미놀 전쟁과 관련된 내용이다. 세미놀 전쟁은 1814~1819년, 1835~1842년, 1855~1858년으로 3차례에 걸쳐 벌어졌다 (William Hodding Carter와 Stolen Water, 2004).

36 제임스 카를로스 블레이크(James Carlos Blake, 1947~)는 미국 소설가로, 본문에서 인용된 구절은 그가 1998년에 쓴 소설 『Red Grass River: A Legend』의 도입부다.

바람과 함께 사라지다

1926년이 되자, 과거 20년마다 찾아왔던 큰 허리케인이 에버글레이즈를 강타했다. 시속 200km 이상의 강풍이 불고 폭우로 제방이 넘치면서 주택과 농장 13,000곳이 무너지고 400명 이상이 사망했다.

20년 만에 찾아오는 정도의 대형 허리케인이 그 이후에도 몇 차례 발생했다. 특히 1928년에는 규모면에서 1926년에 이어 두번째로 큰 허리케인이 발

---

[37] 에버글레이즈에 운하를 만들고, 배수시설을 설치한 상황과 관련이 있다. 이와 관련해 에버글레이즈에서 있었던 몇 가지 일을 정리해보면 다음과 같다.

(1) 1835년 버킹햄 스미스(Buckingham Smith)라고 하는 기술자가 남부 플로리다의 황무지(에버글레이즈)를 검토, 조사하고 황무지 개간의 실효성과 가능성에 관한 보고서를 작성하였다. 그리고 1848년 미국 국회 제30차 회의에 제출된 보고서에서 그는 에버글레이즈에 물을 빼자고 제안하였다.

(2) 1850년 미국 국회에서는 습지법(Swampland Act)을 통과시켰다. 골자는 에버글레이즈 토지에서 물을 빼내고 개간하기 위해 2천만 에이커(8만 km²)에 달하는 토지의 소유권을 플로리다 주에게 넘긴다는 것이다.

(3) 1881년 미국 필라델피아의 백만장자인 해밀턴 디스턴(Hamilton Disston)이 처음으로 에버글레이즈 개간을 시도했다. 10년 동안 그는 5만 에이커(약 200km²)에서 물을 빼내고 18km에 이르는 운하를 굴착했다.

(4) 1882년 해밀턴 디스턴의 소유인 오키초비 토지회사(Okeechobee Land Company)와 아틀란틱앤더걸프 운하회사(Atlantic and the Gulf Coast Canal Company)에서는 오키초비 호수 남쪽, 마이애미 방향에 운하를 굴착하여 물을 빼냈다. 오키초비 호수 북쪽에서 키심미 강과 멕시코 만 서쪽까지 뱃길을 준설하여 증기선이 통행할 수 있도록 했다.

(5) 1905년 배수위원회(board of drainage commissioner) 설치법이 플로리다 의회에서 통과되었다. 이 법에 따르면 배수위원회의 권한은 ①운하 건설, ②배수 지역 설정, ③배수 지역 내 토지 소유자들에게 세금 부과였다.

(6) 1906년 남 플로리다의 배수 운하 시스템(draining canal system)과 플로리다 남서부를 흐르는 카루사해치 강(Caloosahatchee River)에서 준설 공사가 진행되었다.

(7) 1906년 오스트레일리아 해안 저지대에서 자라는 관상수 멜라루카(Melaleuca)를 수입하여 심었다. 멜라루카로 남 플로리다 습지의 물을 빨아들여 건조시키기 위해서였다.

(8) 1909년 라이트 보고서(Wright Report)가 제출된다. 이 보고서에서는 오키초비 호수 남동쪽에서부터 운하 8개를 굴착할 경우 약 2백만 에이커(약 8,000km²)가 경작과 개발을 위해 개간될 수 있으며, 개간 비용은 1에이커 당 1달러가 들 것이라고 주장했다. 이 보고서가 발표된 이후 에버글레이즈의 땅은 불티나게 팔렸다.

(9) 1914~1918년 오키초비 호수 부근에 살던 정착민들은, 제1차 세계대전 기간에 농작물 수요가 늘어나자 이에 발맞춰 시판용 청과물을 재배했다. 이 무렵 작물 생장기에 평소보다 비가 적게 내려 수확량이 많았다. 본문에 제시된 상황은 1921년경이다.

(http://www.theevergladesstory.org/history/history.php)

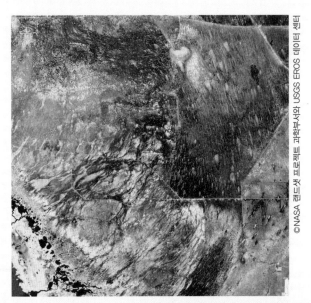

사진 1 랜드샛(Land satellite, 미국의 지구 자원 탐사위성) 이미지를 통한 에버글레이즈 국립공원의 위성영상은 풍부한 수로, 참억새 초원, 맹그로브 숲, 삼나무 습지, 활엽수림 등을 보여주고, 고속도로가 수역에 미친 영향을 명확하게 확인할 수 있다.

생하여 사실상 이때 에버글레이즈의 현재 모습이 만들어졌다. 시속 215km의 강풍이 오키초비 호수물을 거대한 성벽처럼 만들어 사람들을 삼켜버렸다. 1시간 만에 2,000명 가까운 사람이 익사하는 미국 역사상 최악의 폭풍 중 하나가 되었다. 이 허리케인을 계기로 사람들은 습지에서 물을 빼는 일이 이 지역을 길들여 자연자원을 이용할 수 있는 근본 방안이 아니라는 사실을 뼈저리게 깨달았다. 농업이 번창하려면 이런 심각한 허리케인에도 에버글레이즈가 안전해야 했다.

  그리하여 당시 대통령이었던 허버트 후버 Herbert Hoover 가 대규모 치수 사업을 지지하고 연방정부도 자금을 지원하자 공병단에서는 베를린 장벽처럼 오키초비 호수를 에워싼 제방을 축조하였다. 이중 하나인 이른바 후버 제방 정식 명칭은 허버트 후버 제방, Herbert Hoover Dike 은 2천 3백만 달러가 넘는 돈을 들여 1938년 오키초비 호수 남동쪽(135°방향)에 완공되었다. 제방은 호수의 평상시 수위에 비해 6m 정도 높았다. 벽돌과 모르타르로 된 제방이 든든하게 구축

1장 _ 복잡한 세상 속에서 살기 51

되면서 에버글레이즈의 농업은 활기를 띠며 되살아났다.

1940년대에 들어 에버글레이즈가 극한 기상 상황에 취약하다는 사실이 다시 한 번 드러났다. 수십 년 동안 물을 빼낸 후 극심한 가뭄이 들자 1943년과 1944년 에버글레이즈 전역에 큰 들불이 발생했다. 들불은 에버글레이즈의 귀중한 유기질 토양의 대부분을 태워 영원히 없애버렸다.

설상가상으로, 1947년과 1948년 남부 플로리다는 또다시 열대성 폭풍과 허리케인의 타격을 입었다. 이번에는 2,000명이 넘는 사람들과 25,000마리 소가 물에 빠져 죽었다. 6개월 동안 2,700mm의 엄청난 비가 에버글레이즈에 쏟아져 내리면서 농장, 들판, 마을 할 것 없이 모두 물에 잠겨버렸다.

이러한 위기 속에서 사람들은 물 통제를 더 강화해야 범람을 막을 수 있다고 생각하게 되었고, 이것은 새로운 치수 관리시대의 시작으로 이어졌다. 정부가 중남부 플로리다 홍수방지 및 다목적 프로젝트C&SF, Central and Southern Florida Project for Flood Control and Other Purposes[38]라는 대규모 계획을 추진하자 이에 발맞춰 공병대에서는 하루에 물 138억 *l*씩 통제할 수 있도록 제방, 운하, 펌프를 만들었다.

1963년까지 C&SF가 운영되면서 에버글레이즈에는 농지구역[39], 홍수통제구역, 에버글레이즈 국립공원구역과 같은 전용토지사용구역이 만들어졌다. 또한 C&SF 때문에 남부 플로리다 인구가 급증하기도 했다. C&SF를 통해 연방정부, 주정부, 지방 정부가 서로 협력하여 제방, 운하, 펌프 같은 물을 통제하는 수리 기반시설을 관리하고 있다는 사실을 엿볼 수 있다. 견고한 협력관계가 더욱 상호 밀접해지면서, 앞으로 닥칠 상황에서도 증명되겠지만 에버글레이즈가 더 큰 홍수에도 견딜 수 있게 되었다.

---

[38] 1947년 미국 의회에서 의결된 이 대규모 계획의 목적은 (1)치수 (2)도시용수, 산업용수, 농업용수 공급 (3)바닷물 침입 방지 (4)에버글레이즈 국립공원 용수 공급 (5)어류와 야생동물 보호였다 (http://www.evergladesplan.org/about/restudy_csf_devel.aspx).

[39] 농지구역(Everglades Agricultural Area)은 이들 구역 가운데 가장 중요한 곳으로 기존 에버글레이즈 습지의 27%를 차지한다.

홍수 대신 찾아온 가뭄

1960년대와 1970년대에는 뜻밖의 일이 닥쳤다. 그동안 대비한 홍수 대신에 가뭄이 찾아온 것이다. 물이 말라버린 에버글레이즈에 또다시 들불이 활활 타올랐다. 사람들은 불이 내뿜는 연기와 열기를 보며, 지난 수십 년 동안 에버글레이즈가 제대로 관리되지 못했고 번영의 밑바탕이었던 에버글레이즈의 자연 생태계가 병들어 있었다는 사실을 깨달았다.

1971년, 홍수뿐만 아니라 물 부족을 다룰 새로운 방법이 시도되면서 새 시대가 시작되었다. 이 시대의 주안점은 제방이나 운하 같은 물리적 기반시설을 만들기보다 문제를 해결하기 위해 기존 조직을 재구성하여 사회적 능력을 키워야 한다는 것이었다. 이에 따라 남부플로리다수자원관리국SFWMD, South Florida Water Management District이 탄생했다.[40] 당시에 남부 플로리다의 물 공급과 환경문제에 관심을 가지는 사람들이 많아지고 있었고, 플로리다 주지사가 주재한 남부플로리다물관리회의Governor's Conference on Water Management in south Florida에서는 수질이 심각하게 악화되는 중이며 건기에는 물 공급이 충분하지 못하다고 결론을 내렸다.

1970년대는 자연보호구역을 위한 땅과 자원이 별도로 확보되어야 한다는 중요한 선언이 있었던 시기다. 극심한 가뭄이 여러 해 동안 이어지자 1971년 국회에서는 에버글레이즈 국립공원의 연간 최소 유수량을 3억 9천만 m³로 설정했다. 1974년에는 빅사이프러스 국립보호구역[41]을 설립했고, 1976년 유네스코는 에버글레이즈 국립공원을 국제생물권보존지역[42] 네트워크

---

40 본문에서 기존 조직을 재구성했다는 말은, 중남부플로리다수자원관리국이 플로리다 의회가 1949년에 만들었고 C&SF 프로젝트 관리를 수행하던 중남부플로리다치수국(Central and Southern Florida Flood Control District)의 후신으로 만들어졌다는 뜻이다. SFWMD는 올랜도(Orlando)에서 플로리다 키즈 제도(Florida Keys)에 이르는 수자원을 감독, 관리하는 지방정부기구이다. SFWMD의 임무는 수질, 치수, 생태계, 물 공급의 균형을 조절하고 개선하는 것으로, 업무 범위는 중남부 플로리다에 있는 16개 도시이다. 이 기구는 중남부 플로리다 시민 7백 70만여 명의 물 수요를 관리하는 미국에서 최대의 수자원 관리국이다. 현재 SFWMD의 핵심 사업은 에버글레이즈 복원 사업으로, 미국 역사상 가장 큰 환경 복원 사업이다. 또한 SFWMD에서는 키심미 강과 그 범람원인 오키초비 호수, 남 플로리다 연안 퇴적지의 수질을 개선하는 작업도 진행하고 있다.

international network of biosphere reserve 가운데 하나로 인정했다. 1979년 에버글레이즈는 세계문화유산으로 지정되었다.

역설적이지만, 1970년대는 생물다양성[43]이 감소하는 시기였다. 1960년대 후반 플로리다퓨마[44], 달팽이솔개,[45] 케이프세이블해안참새[46]를 비롯한 깃대종[47] 몇 종류가 멸종위기종[48] 목록에 포함되었다. 1975년에는 미국 전역을 통틀어 플로리다 만과 비스케인 만[49] 주변에만 서식하는 아메리카악어[50]가 연

---

[41] 빅사이프러스 국립보호구역(Big Cypress National Preserve) : 아열대 서식지가 풍부한 6,216km²에 달하는 거대한 습지 낙원이다. 소나무, 활엽수, 프레리, 맹그로브, 야자수, 사이프러스 등의 나무들이 뒤섞여 자라는 모래섬과 같은 서식지가 많다. 이 국립보호구역의 3분의 1은 사이프러스 나무로 뒤덮여 있는데, 그 가운데 대부분이 드워프 폰드 사이프러스(Dwarf Pond Cypress)이고 거대한 낙엽송도 자라고 있다. 물은 이 지역에 사는 모든 생물의 삶에 아주 중요한 역할을 하며 야생 동물의 다양성에 기여하고 있다. 하늘에는 왜가리, 큰해오라기, 황새, 붉은벼슬딱다구리, 대머리독수리들이 있고 늪지에는 악어들이 돌아다니는데 건기에는 물웅덩이에 살면서 사슴이나 심지어 곰 같은 동물들까지도 끌어들인다. 멸종위기에 있는 동물 가운데 하나인 흑표범이 이 보호구역에 겨우 50마리만 남아 있으며 활엽수가 자라는 작은 섬처럼 된 지역의 울창한 숲에서 볼 수 있다.

[42] 국제생물권보존지역(biosphere reserve) : 전 세계적으로 보전할 가치가 있고, 지속가능한 발전을 지원하기 위한 과학적 지식, 기술, 인간 가치를 제공할 수 있다고 인정되는 생태계 지역을 말한다. 유네스코에서는 지난 1971년부터 '인간과 생물권 계획(MAB, Man And Biosphere programme)'의 일환으로 생태계적 가치가 큰 곳을 생물권 보전지역으로 지정하고 있다. 유네스코 생물권 보전지역으로 지정되면 해당 지역은 자국 관련 법률에 따라 핵심지역, 완충지역, 전이지역으로 세분되어 체계적으로 관리되며 무분별한 개발이 억제된다. 또한 생태관광, 환경보전과 병행한 개발, 생태계 변화 모니터, 전 세계 네트워크와 연결된 교류 등 유네스코의 다양한 지원이 뒤따라 보전과 개발이라는 목표를 동시에 추구할 수 있다.

[43] 생물다양성(biodiversity) : 계통, 분류학적으로 생물이 많은 종으로 분화되고 그 유사 정도가 동일하지 않은 현상을 말한다. 유전자 수준, 종 수준, 생활장소 수준 등에 따라 많은 생물종이 존재한다.

[44] 플로리다퓨마(Florida panther) : 퓨마의 아종으로 플로리다 주에 서식한다. 현재는 보호구역 3곳을 지정해 보호하고 있다. 플로리다 퓨마가 멸종위기에 처한 이유로 서식지 파괴와 차량충돌로 인한 사고사가 꼽힌다. 야생에는 80~100마리밖에 남아있지 않다.

[45] 달팽이솔개(snail kite, Rostrbamus sociabilis) : 에버글레이즈 솔개라고도 하며 맹금류에 속한다. 댐, 저수지 등 담수호 수면 위를 날면서 우렁이를 발견하면 발로 낚아채어 나무 위로 가져가 살을 빼먹는다. 열대 남아메리카, 중앙아메리카, 카리브 해, 미국 플로리다 주 중남부의 상록수림지대에 분포한다. 에버글레이즈 국립공원은 거대한 호수와 늪, 습지로 되어 있기 때문에 달팽이솔개의 중요한 서식지이다.

[46] 케이프세이블해안참새(Cape Sable seaside sparrow) : 케이프세이블은 플로리다 주 남쪽 끝, 플로리다 반도 남단에 있는 곳이다. seaside sparrow는 해안직박구리, 해안참새를 뜻한다. 멧새과의 작은 새로 북미 동 · 남부 해안 주변의 초지에서 볼 수 있다.

[47] 깃대종(ionic species) : 해당 지역을 대표할 수 있는 중요 야생 동 · 식물 또는 생태계를 말한다.

방 멸종위기종 목록에 포함되었다. 그 당시 아메리카 악어의 개체 수는 200마리였으며 둥지를 만든 암컷은 10마리뿐이었다.

또한 1970년대에는 이 넓은 습지의 우점종이 참억새풀에서 부들이나 골풀[51] 같은 흔치 않았던 식물로 바뀐다. 조류인 섭금류는 참억새풀로 둥지를 틀기 때문에 이런 상황에서 그 숫자가 크게 줄 수밖에 없었다. 에버글레이즈의 자연적 가치는 여러 가지 면에서 위기를 맞고 있었다.

이렇게 우점종이 바뀐 이유를 면밀히 검토한 결과, 습지 생태계가 다양한 범위에서 작동하는 여러 가지 주기에 반응한 것으로, 부들의 침입은 30년 전쯤에 촉발한 변화의 흔적이었다. 참억새풀을 몰아낸 부들의 '무용담'은 리질리언스가 줄어들고 문턱을 넘어설 경우 생태계에 어떤 일이 발생하는지 보여주는 교훈이기도 하다.

습지식물 종의 변화

부들을 에버글레이즈 습지의 우점종으로 만드는 문턱은 영양염 증가이다 (Gunderson, 2001). 예전부터 에버글레이즈는 영양염 수준이 낮은 습지였다.

---

48 멸종위기종(endanger species) : 개체수가 극단적으로 감소하여 확실히 멸종으로 가고 있는 동·식물군을 뜻한다. 국제자연보호연맹(IUCN, International Union for Conservation of Nature and Natural Resources)에서는 멸종위험성이 가장 큰 생물을 멸종위기종으로 분류하고 순위를 매긴다. 즉 레드데이터북(red data book, 적색자료목록이라고도 하며 야생동물의 멸종을 방지하기 위하여 국제자연보호연맹이 지구상에서 멸종의 위험이 있는 동, 식물종을 선정하여 그 생식 상황과 생물종 명단을 밝힌 자료집)에서 멸종 위험도를 바탕으로 야생동물을 멸종종, 야생 멸종종, 멸종위기 I류, 멸종위기 II류, 준 멸종위기류 등 7계급으로 분류한다.

49 비스케인 만(Biscayne bay) : 플로리다 남부 대서양 연안에 있으며, 전체 면적 가운데 95% 이상이 산호초 바다로 이루어져 있다.

50 아메리카악어(American crocodile) : 담수, 해수, 열대 습지에 서식한다. 적도 부근 맹그로브가 있는 바다에서 살며, 플로리다 남부 작은 시내 둑에서도 산다.

51 부들(cattail, *Typha Orientalis*) : 부들목, 부들과에 속하는 여러해살이풀로 연못 가장자리와 습지에서 자란다. 유럽, 아시아의 온대와 난대 및 지중해 연안에 분포한다.
골풀(bulrush, *Juncus effusus var. decipiens*) : 골풀과에 속하는 여러해살이풀로 등심초라고도 하며 들의 물가나 습지에서 자란다. 한국, 일본, 타이완, 중국 헤이룽강, 북아메리카 등지에 분포한다.

물속의 낮은 인 농도는 식물 성장의 주요 제한인자였다. 지난 5,000년 동안 에버글레이즈 생태계는 낮은 인 농도에 맞추어 스스로 모양을 만들어 왔다(자기조직화self-organized). 습지에 몇 년간 가뭄이 잇달아 들면 들불이 발생하곤 한다. 그러면 대개 영양염이 생태계로 유입된다. 이러한 일이 10년에 한 번 꼴로 이 지역에 일어났다.

낮은 영양염 농도, 10년마다 화재, 해마다 우기, 건기라는 요소들이 어우러지면서, 에버글레이즈에는 영양이 풍부한 지형과 부족한 지형이 뒤섞인다. 습지에 섬처럼 만들어진 좁은 면적의 나무숲은 그곳에 서식하는 섭금류의 배설물 등으로 영양이 풍부해진 반면[52] 참억새풀 습지와 습한 대초원을 비롯한 나머지 지형은 낮은 영양염 농도에 적응되어 있었다.

에버글레이즈가 토지용도에 따라 세부분으로 나뉘는데(북쪽 3분의 1은 농지, 동쪽 5분의 1은 시가지, 나머지 반인 남쪽과 중앙 부분은 자연보호구역), 구획에 따라 감추어져 있던 영향은 1970년대 후반이나 1980년대 초반이 되어 겉으로 나타나기 시작했다. 농지 바로 남쪽에 붙어있는 습지에서, 참억새풀에서 부들로 우점종이 바뀌는 대규모 변동이 이 시기에 일어난 것이다.

우점종은 다음과 같은 2단계 과정을 거쳐 바뀌었다. 처음 북부 농업단지에서 비료성분이 포함된 물이 배출되어 토양의 인산농도가 점차 증가되었다. 원인으로 플로리다 농업지역에서 사탕수수를 대대적으로 재배하도록 설탕 가격 보조금을 지원하는 정책을 편 미국 정부에 일정부분 책임이 있다. 그리고 1960~70년대 농부들은 홍수로 넘쳐난 물을 오키초비 호수로 몰아넣을 수 있는 정치적 힘이 있었다. 1970년대 후반에 오키초비 호수가 부영영화되면서 인이 포함된 물이 에버글레이즈 습지로 흘러들게 되었다.[53]

그 다음 이어진 화재, 가뭄, 한파로 참억새풀의 일부가 죽으면서 그 자리에

---

[52] 나무섬에 영양염이 풍부해진 이유는 섭금류가 이곳으로 영양염을 나르기 때문인 듯하다. 주변에 있는 습지에서 물고기, 무척추동물을 비롯한 여러 먹이를 나무섬으로 실어 나르는데, 이 먹이에 영양염이 풍부하게 함유되어 있다. Frederick과 Powell(1994)가 에버글레이즈의 섭금류를 대상으로 영양분 수송능력을 평가하기도 하였다(Fred Hal Sklar와 Arnoud van der Valk, 1994).

부들이 들어설 기회가 만들어졌다. 부들은 인 농도가 낮으면 살아남을 수 없지만 인 농도가 높고 자리 확보가 가능하면 참억새풀을 한결 수월하게 밀어낼 수 있다.

이러한 변화를 통해 생태계가 시간이 지나면서 어떻게 바뀌는지, 다양한 스케일의 시간과 공간에서 작동되는 과정들에 따라 이러한 변동이 어떻게 일어나는지와 같은 자연의 복잡한 특성을 알 수 있다. 식생 구조는 전환시간 turnover time 이 5~10년으로 가장 빠르게 변하는 변수이다.

화재, 가뭄, 한파는 모두 에버글레이즈가 지난 5,000년 동안 자기조직화해 왔던 조정과정(또는 교란과정)의 일부분이다. 화재라는 교란체제는 10~20년의 순환주기로 작동한다. 한파나 가뭄 같은 다른 교란체제[54]의 순환시간은 몇십 년이며 상대적으로 느린 주기로 작동한다. 토양 중 인 농도는 전환시간이 수백 년으로, 가장 느린 변수이다. 담수 습지의 리질리언스는 토양 중 인 농도와 관련이 있다.

참억새풀과 습지 대초원의 원래 구성 비율은 화재, 가뭄, 연주기 강수량 변화 간의 상호작용에 따라 유지되었다. 그러다가 극심한 화재가 닥쳐 유기질 토양[peat][55]이 타 없어졌다. 이때 습지 대초원 군락이 저습지의 참억새풀 군락

---

[53] 농부들의 정치력 원천은 에버글레이즈 농업지역에서 생산되는 사탕수수, 쌀, 감귤을 비롯한 작물과 농업지역의 일자리 및 지역 경제에 안겨줄 수십억 달러의 수익이었다. 농부들은 작물을 더 많이 수확하기 위해서 농지에 쓸 물을 다스리고 화학비료도 살포해야 했다. 하지만 과잉 살포되어 농지를 흐르는 물에는 인 농도가 급증했다. 그 때문에 부영양화가 발생하였고 그렇게 오염된 물이 농지에서 습지로 배출되었던 것이다(Mark. B. Bush, 2003).

[54] 교란(disturbance) : Pickett와 White(1985)는 '생태계, 공동체, 개체군의 구조를 파괴하고 자원, 기질(substrate)의 이용가능성, 물리적 환경을 바꾸는 순간에 발생하는 불연속적인 사건이다.'로 정의한다(Steward T. A. Pickett와 P. S., 1985).

교란체제(disturbance regime) : 정확히 말해 자연 교란체제(natural disturbance regime)란 오랜 시간에 걸쳐 생태계를 형성하는 교란 유형을 표현하는 개념이다.

[55] 유기질 토양(peat) : 석탄의 일종으로 탄화 정도가 가장 낮다. 이탄이라고도 한다. 주로 저습지나 소택지 등에서 퇴적된 퇴적물로서 생물의 유체가 불완전 분해된 물질이 퇴적된 것이다. 저습지에는 수분이 과잉 공급되어 있으므로 지중 동물이나 미생물의 활동이 억제되기 때문에 유체가 완전히 분해되지 못하여 황갈색, 암갈색 퇴적물로 남게 되는 것이다. 과거 아일랜드에서 가정 연료로 중요하게 쓰였다.

을 대체하였을 것이다. 반면 화재가 재발한다거나 심각한 화재가 아니었다면 참억새풀 군락은 다시 습지 대초원을 점령하여 서서히 원래의 자리로 회복하였을 것이다.[56]

이러한 변동 속에 두 군락이 섞였지만, 부들은 영양이 풍부한 아메리카 악어 굴 주변이나 동물들이 먹이를 모아놓는 곳 아니면 거의 눈에 띄지 않았다. 1970년대 후반에야 영양염 증가 지역에 거의 부들로만 구성된 초지가 에버글레이즈 면적의 약 3%를 차지하며 형성되었다.

부들은 가뭄이나 화재 같은 교란으로 참억새풀이 없어지거나 지상부가 시들어버린 곳과 토양 중 인 농도가 30ppm 이상인 지역에 군락을 형성했다. 부들은 쉽게 종자를 퍼뜨리고 성장속도가 빨라서 참억새풀과의 경쟁에서 유리하다.

1970년대까지 참억새풀과 습지 대초원으로 이루어진 에버글레이즈 습지는 화재, 가뭄, 한파 같은 교란이 닥쳐와도 회복할 리질리언스를 갖추고 있었다(에버글레이즈 습지는 이러한 교란을 흡수하여 전과 다름없이 원래의 기능과 구조를 유지할 수 있었다). 하지만 1970년대 이후 에버글레이즈 습지가 이러한 리질리언스를 잃어버리면서 생태계는 새로운 체제로 바뀐다. 이는 생태학적으로 볼 때 너무도 놀라운 일이었다.

위기감

가뭄과 홍수가 1980년대 초까지 계속되면서 문제가 아주 심각해져 대중들도 이에 대해 격렬하게 항의한다. 그러자 플로리다 주지사 밥 그레이엄Bob Graham은 '우리의 강을 살립시다Save our rivers.'라는 운동을 시작했고 생태계의 부분 부분이 아니라 전체가 회복될 필요가 있다는 점을 이 운동을 통해 인

---

56 참억새풀은 뿌리가 물 아래에 있어서 습한 토양에 의해 보호되어 웬만한 화재에서도 살아남는다. 하지만 심각한 화재가 발생한다면 참억새풀의 뿌리가 타버리기 때문에 참억새풀 군락은 무너질 것이다(Benjamin F. McPherson, 1976).

식했다. 이후로 몇 년 동안 플로리다의 호수, 만, 하구 퇴적지, 강을 보호하고 되살리는 법률이 제정되었고, 그 권한이 각 기관에 주어졌다.

환경문제에 대해 위기감이 커지면서 연방정부, 주정부, 지역정부도 점점 심각하게 대립했다. 1988년, 과다한 인이 습지에 배출되어 에버글레이즈가 오염되었다고 하여 연방정부는 플로리다 주, 남부플로리다수자원관리국과 기타 관련 부처를 상대로 소송을 제기하였다.

이듬해인 1989년 당시 대통령이었던 조지 부시는 에버글레이즈 국립공원 보호 및 확대법Everglades National Park Protection and Expansion Act에 서명했다.[57] 이 법률에 따라 에버글레이즈 동부의 400km²가 국립공원에 추가 편입되었다. 또한 이 법은 공원 내의 물 흐름 상태를 예전 그대로 복원하도록 했다.

1990년대 초 남 플로리다 생태계를 복원, 보존하고 물을 원활하게 공급하며 홍수를 꾸준히 방지한다는 목적으로 여러 가지 제안과 법률이 제시되었다. 2000년에는 에버글레이즈 종합복원계획CERP, Comprehensive Everglades Restoration Plan이 통과되었다.[58] CERP에는 30년 이상 걸려야 완료될 것으로 예상되는 수십 개의 프로젝트가 포함되었으며, 이를 수행하는데 필요한 비용으로 연방정부와 주정부가 공동으로 부담하는 80억 달러(80조 원)에 해당하는 예산이 책정되었다.

사람들은 생태계가 어떻게 작용하는지 좀 더 깊이 이해하게 되면서 이전과

---

[57] 에버글레이즈 국립공원 보호 및 확대법의 주요 내용은 다음과 같다. (1) 에버글레이즈 동부 지역 가운데 443.16km²를 공원에 추가한다. (2) 수상 비행기를 공원에 출입하지 못하도록 한다. (3) 육군성(department of the Army)에 에버글레이즈 국립공원의 생태계를 개선하기 위해 물을 복원하게 한다. (4) 내무장관을 공원 관리 책임자로 지정하여 공원 내의 천연자원의 풍부함과 다양성을 비롯하여 생태계의 일원인 토종 동ㆍ식물의 생태학적 온전성(ecological integrity)과 토종 동물의 행동을 유지한다(Statement on Signing the Everglades National Park Protection and Expansion Act of 1989, http://www.presidency.ucsb.edu/ws/index.php?pid=17941, http://www.nps.gov/archive/ever/presskit/legislat.htm).

[58] 1947년 미 국회에서 의결했던 C&SF는 계획된 대로 잘 수행되어 왔으나 에버글레이즈와 플로리다 만을 비롯한 남 플로리다 생태계의 독특하고 다양한 환경에 부정적 영향을 미쳤다. 이에 대안으로 마련된 계획이 CERP이다. CERP는 에버글레이즈를 비롯한 중남부 플로리다의 수자원을 복원, 보호, 보존할 틀과 지침이 되고 있다.

는 다른 방식으로 생태계 문제에 개입하고 있다. 최근에는 물을 통제하는 기반시설을 더 만들기보다 물 흐름을 부자연스럽게 하는 인공 구조물 일부를 제거하는 이전과는 완전히 다른 계획을 세우고 있다. 약 400km의 제방과 운하가 철거되며, 플로리다를 동서로 횡단하는 주요 고속도로인 타미아미 트레일 Tamiami Trail 의 전체 구간 가운데 32km를 고가도로로 만들어 그 아래로 강이 자유롭게 흐를 수 있게 할 것이다. 이는 미국 정부가 환경을 고려하여 주요한 공공사업 프로그램을 뒤집은(초기의 지휘와 통제 방식이 더 이상 통하지 않는다고 인식한) 첫번째 사례이다.

CERP에서는 여러 거대한 공학적 대책을 제시하고 있다. 이 대담한 구상은 매일 운하를 거쳐 대서양과 멕시코 만으로 배출되는 담수 중에서 약 65억 *l*를 확보하게 만든다. 이 물을 지표 아래 335m에 있는 플로리다 대수층[59]에 주입하여 저장했다가 필요할 때 에버글레이즈로 배출하는 것이다. 이제까지 시도해 본 적 없는 상당한 규모의 구상이다.

떠밀리기

지난 100년간 인간은 에버글레이즈를 지휘통제 방식으로 개발해온 탓에 에버글레이즈 습지의 면적이 50%나 줄어들었고, 남아 있는 야생동물 보호구역으로 흘러드는 물의 양도 70%가 줄었으며, 수질도 극도로 나빠졌다. 오늘날 에버글레이즈에서 생물 68종이 멸종될 위기에 처해 있다. 어쩌면 습지에서 부들이 서식할 수 있는 부분이 영원히 사라졌는지도 모른다. 칡 같은 외래 잡초와 사이프러스소나무[60]도 국립공원에서 중요한 곳을 차지해 나가고 있다. 에버글레이즈를 지탱해주는 유일한 요소는 연방이나 주정부 같은 상위 차원에서 투입하는 어마어마한 돈 뿐이다.

---

[59] 대수층(aquifer) : 물을 보유한 층으로 지하수로 포화된, 투수성이 좋은 지층 또는 지층군으로 샘이나 우물에 물을 대량으로 공급할 수 있다.

[60] 사이프러스소나무(Callitris Pine) : 편백과 칼리트리스속 상록수이다(A. K. Shrivastava, 2004).

농업과 인구가 계속 증가하면서 물 수요도 점점 늘어나고 있다. 지난 100년 동안 인구는 1만 명에서 6백만 명 이상으로 증가했고, 2050년에는 현재 인구의 2배인 1천 2백만 명으로 늘어날 것이라 예측한다.

이제까지 에버글레이즈 개발이 보여준 특징은 일련의 놀라움과 자원 위기였다. 위기가 발생한 이유는 사람들이 에버글레이즈를 명확히 이해하지 못했고 자원정책에도 문제가 있었기 때문이다. 지난 100년 동안 에버글레이즈에서 벌어진 일들을 순서대로 살펴보면 사회 · 생태 시스템은 '점진적 성장 → 위기 → 재구성'이라는 주기가 있다. 위기가 닥치면 기존 개발방식은 대부분 혼란에 빠진다. 중대한 위기 때마다 자원의 방출을 야기하고, 기존 정책들은 뒤엉켜버렸으며, 새로운 정책들이 빈번하게 개발되었다. 위기의 시기에는 조직 자체와 관련 조직 간의 관계에 급격한 변화가 뒤따랐다.

생물물리학적, 사회적 측면에서 살펴볼 때 이제껏 에버글레이즈라는 사회 · 생태 시스템은 위기와 교란 속에서 만들어지고 움직여왔다.[61] 실제로 환경보호론자, 농부, 산업계 사람들, 여러 계층의 정부기관들이 에버글레이즈 문제를 놓고 누구의 권리가 침해되고 누가 책임을 져야 하는지 밝히려는 복잡하게 얽히고설킨 법정 싸움의 구렁텅이에 빠져있다. 에버글레이즈는 야심만만한 젊은 변호사들이 군침을 흘릴 만한 소송거리이다(유명한 연극 제목인 「아, 이 얼마나 아름다운 전쟁인가!」[62]를 '소송인가'로 해석하면 이해가 쉽다). 이런 적대적 분위기 속에서 폭넓은 혁신과 개혁을 시작하기란 쉽지 않다. 아마도 홍수, 가뭄, 화재 같은 큰 사건이 다시 발생해야 에버글레이즈를 혁신하고 개혁할 여지가 생길 것이다.

---

61 사회 · 생태 시스템과 관련하여 자주 사용되는 용어가 생물물리적 교란(biophysical disturbance)과 사회적 교란(social disturbance)이다. 생물물리적 교란의 예로 가뭄, 화재, 홍수, 허리케인 등 자연재해나 인 농도 증가로 인한 에버글레이즈 습지의 부영양화, 에버글레이즈에 이식된 외래 잡초, 운하나 제방 건설 등이 있다. 사회적 교란에는 공공정책(이를 테면 C&SF 프로젝트), 각종 소송 등이 있다(http://resalliance.org/srv/file.php/261; Michael L. Schoon과 Michael E. Cox, 2011).

62 「Oh, What a lovely war this is!」는 영국 연극연출가 조안 리틀우드(Joan Littlewood, 1914~2002)가 제작하여 1963년에 초연한 서사 뮤지컬로 제1차 세계대전에 대한 주의를 환기하고 전쟁에 대한 비판을 유도할 목적으로 만든 작품이다.

여기저기서 에버글레이즈에 대한 이야기가 들리고 사람들은 이곳이 국제적으로 중요하고 아름다운 습지라고 생각한다. 하지만 에버글레이즈를 자세히 들여다보고, 이곳이 여러 가지 주기가 얽혀 작동되는 복잡한 사회 · 생태 시스템complex social-ecological system 이라는 것을 받아들여야 이 생태계를 파악하고 여러 자원을 제대로 관리하고 복원할 수 있다는 사실을 곧 깨닫는다.

2장에서 이 말이 뜻하는 바를 자세히 설명하며, 계속 이어지는 장들에서 이를 뒷받침하는 리질리언스 사고에 의한 접근방법resilience approach 에 대하여 서술할 것이다. 에버글레이즈 사례를 통해서 있음직한 여러 가지 체제전환, 체제전환과 관련된 문턱을 좌우하는 피드백 변화, 통제변수들과 피드백 세기를 좌우하는 시스템의 여러 특성을 확인하려 한다. 이 책의 페이지가 넘어갈수록 이 모든 사실은 점점 명확해질 것이다.

리질리언스와 에버글레이즈

연구자들이 생태계에서 리질리언스의 요소를 이해하려 할 때 흔히 있는 일이지만, 에버글레이즈에서 물을 빼고 토지를 구획한 뒤에 따라온 파장은 몇십 년 동안 뚜렷이 드러나지 않았다. 하지만 습지의 우점종이 참억새풀에서 부들로 바뀌기 시작하면서 이곳 시스템이 다른 방식으로 행동하고 있다는 사실이 분명해졌다. 예전에는 가뭄, 화재, 한파 같은 교란에도 참억새풀이 습지에서 사라지지 않았지만 1970년대 이후 이러한 일이 실제로 일어났다. 이를 면밀히 검토해본 결과 변화를 지배한 요인은 토양 중 인 농도였다. 토양에서 인이 증가한 이유는 토지사용 양상이 몇 십 년 전부터 달라졌기 때문이다.

에버글레이즈를 제대로 발전시키려면 이곳이 시스템으로서 어떻게 작용하는지 이해해야 한다. 즉 이곳을 연결된 사회 · 생태 시스템linked social-ecological system 으로 보아야 한다. (사회 · 생태 시스템의) 생태영역이 다양한 스케일의 시간과 공간에서 작동되는, 여러 연결된 주기들에 의해 만들어지듯 사회영역도 그렇다. 사회영역도 성장, 위기, 재구성이라는 연결된 주기로 이루어진다.

2장

사회·생태 시스템의 규칙들

'리질리언스 사고'를 위한 사고 공간 만들기

사람은 최적화의 강자great optimizer 이다. 우리는 암소든, 집이든, 주식이든 주변의 모든 대상을 살펴본 다음, 어떻게 관리해야 최대로 수익을 얻을 수 있는지 스스로에게 묻는다. 사람의 최적화 방식modus operandi 이란 관리대상을 여러 구성성분으로 쪼갠 다음 각 구성성분이 어떻게 작동하고, 어떤 요소가 투입되어야 최대 산출량이 얻어질지 이해하는 것이다.

　　단기적으로 보면 이러한 방식은 나쁘지 않다. 하지만 장기적으로 큰 규모의 시스템에 미치는 영향을 생각하면 일부 결과나 대상을 최적화하는 좁은 초점 때문에 오히려 여러 가지 심각한 문제들이 빚어진다.

　　에버글레이즈 사례연구를 생각해보자. 개발론자들은 이곳을 약간의 규제만 필요한 비옥한 흑니토 대지muck land 라 생각했다. 개발론자들은 큰 개발이익을 예상했고, 이를 위해 필요한 것은 배수와 홍수기반시설 설치가 전부였다. 단기적으로는 개발론자들이 옳았다. 하지만 장기적으로 볼 때 홍수나 가뭄과 같은 극단적인 자연현상이 에버글레이즈라는 특징적인 시스템을 만든 것이 분명했다. 에버글레이즈에 투입된 자산을 지키기 위해서 가면 갈수록 더 많은 자원이 투입되어야 했고, 이곳을 인간이 강력히 통제하려 할 때마다 새로운 문제들이 생겼다.

더구나 지난 수천 년간 에버글레이즈를 만들어 온 변화는 생태계에 활력을 불어 넣는 힘이기도 했다. 자연순환natural cycle 은 이 시스템의 재화를 지속시키며 극한 자연현상에서 회복하게 만드는 원동력이다. 그런데 단기수익 최적화를 위한 인간의 시스템 통제는 자연순환기능을 망가뜨렸다.

누가 지휘하고, 누가 통제하는가?

기업의 사업방식을 일컬어 '지휘통제command and control 방식'이라고 한다. 최적의 수익을 끌어내기 위해 회사 내부에 명령을 내리고 통제하기 때문이다. 지휘통제방식은 사회·생태 시스템을 '지속가능한 최적상태sustainable optimal state'로 유지할 수 있다고 믿는다. 연방정부가 에버글레이즈의 거대한 물 흐름을 조절하고 통제하기 위해 어마어마한 국가자원을 투입하는 사례를 보아도 '지휘통제'라는 용어가 왜 사용되는지 쉽게 알 수 있다. 산더미 같은 콘크리트 축조물은 바로 인간의 통제를 의미한다.

그렇지만 이러한 지휘통제 방식은 세상이 실제로 돌아가는 방식과는 거리가 멀다. 인간은 사회·생태 시스템의 일부분을 통제하여 통제된 부분에서 단기 수익을 늘릴 수 있지만, 그 부분을 시스템의 나머지와 분리해 별도로 통제할 수는 없다. 시스템의 일부가 일정하게 유지된다면 사회·생태 시스템은 인간의 통제로 발생한 변화에 적응하는데, 그 과정에서 종종 리질리언스를 상실한다. 인간이 사회·생태 시스템의 일부분을 어떤 상태로 유지할 수 있더라도, 더 넓은 전체 시스템은 우리의 통제 밖에 놓여 있다. 이는 복잡적응계의 핵심요소로 2장 후반부에서 좀 더 자세히 다룬다.

정부는 스스로 국민을 통제하고 있다고 생각하는 경향이 있다. 국민들은 정부의 정책과 규정에 반응한다. (정책과 규정을 피해가려고 최선을 다할 때가 많지만) 정부도 (하다못해 지금까지 살아남아 있는 독재자들까지도) 국민의 요구에 대응한다. 이런 현상은 농업개발을 다룬 책의 제목『농장 다스리기, 정부 경작하기』Governing the farm and farming the government 로 적절하게 요약된다(Godden,

1997). 과연 누가 누구를 통제하는 건지 의문이 생긴다.

변화에 대한 관점의 변화

과학기술은 인간의 가치관과 세계관에 어마어마한 영향을 미쳤다. 하지만 막상 변화를 받아들이기란 쉽지 않은 일이다. 역사를 통틀어 보면 정보가 보편적 세계관과 맞지 않을 때, 세계관을 바꾸기보다 정보를 부정하거나 무시하는 편이 더 쉬웠다.

수백 년 전 인간은 눈에 보이는 대로 지구가 평평하다고 생각했다. 배가 한 방향으로 출항했다가 다른 방향으로 귀항하는 것으로 지구가 둥근 사실이 증명됐지만, 사람들은 지구가 평평하다는 생각을 버리고 싶어 하지 않았다.

갈릴레오 갈릴레이가 망원경을 새로 만들어 하늘을 관측한 결과를 반박할 수 없는 증거로 인용하며 천동설에 도전하자, 교회에서는 케케묵은 천동설을 바꾸기보다 오히려 갈릴레이에게 사형을 선고하면서 지동설을 철회하라고 강요했다.

다윈이 진화론을 들고 나와 기존 인간중심의 창조론에 도전하자, 여러 해에 걸쳐 격렬하게 논쟁이 촉발되었다(아직도 이 문제를 놓고 논쟁을 벌이는 곳이 있다).

새로운 사고방식을 받아들이기란 결코 쉽지 않다. 과학철학자 토마스 쿤 Thomas Kuhn은 자신의 저서 『과학혁명의 구조』Structure of scientific revolutions 에서 '새로운' 패러다임의 필요성을 뒷받침하는 증거는 압도적이어야 하고, 혁명은 낡은 패러다임을 유력하게 지지하는 사람이 죽는 등 어떤 사건이 발생해야 촉발되는 경우가 많다며 이 점을 아주 깔끔하게 간추렸다(이러한 쿤의 견해는 적응주기의 몇 가지 특징과 밀접한 관련이 있다. 적응주기란 리질리언스 사고의 구성요소 가운데 하나로 자세한 내용은 4장을 참조하면 된다).

과거에 사람들이 지동설이나 진화론의 개념을 받아들이기 힘들어 했던 것과 마찬가지로 요즘에도 사람들은 자신의 주변에 있는 현실 세계가 끊임없이 변하고 있다는 사실을 쉽게 받아들이지 못한다. 화석 기록이 충분히 남아있는 덕분에 사람들은 생명체가 지질시대를 거치면서 급격하게 변해왔다는 사실을 이제는 알고 있다. 하지만 이런 사실은 대부분의 우리들에게는 실감나는 현실이 아니라 학문적인 개념에 불과한데, 우리가 지질학적 연대기처럼 긴 시간을 경험할 수는 없기 때문이다.

우리 주변에 있는 지형은 날마다 조금씩 변하고 있지만 우리는 똑같다고 느낀다. 그리고 화재나 폭풍 같은 사건이 닥치면 지형을 구성하는 요소들이 망가지거나 없어질 수 있지만, 어느 시점이 되면 이 요소들은 다시 그 자리에 되돌아온다(아니면 우리가 그렇게 생각한다). 여기서 제시하려는[1] 사고 체계의 골자는 우리를 감싼 생태계는 인간이 그 생태계를 완전하게 파괴하거나 도시화하지 않는 이상, 변화를 흡수하여 동화시킬 수 있다는 것이다. 만약 인간이 생태계를 관리하면서 평형상태가 크게 달라진다면(에버글레이즈 습지의 물을 통제하여 자연상태로 존재하는 습지의 균형에 영향을 끼치는 경우) 생태계는 새로운 평형상태에 도달하며, 그렇게 달라진 상황에서 인간이 개입하여도 심각한 문제는 일어나지 않을 것이란 점이다.

실제로 지난 100년 동안 정교한 생태적 사고ecological mind를 통해 생태계의 여러 가지 거동에 관한 메커니즘이 밝혀졌고, 생태계를 한 쪽으로 밀면 그 생태계는 충격을 상쇄시키며 자연적 평형을 향해서 움직인다는 평형상태 개념이 모습을 갖추었다. 생태계를 그냥 놓아두면 그 생태계는 결국 어떤 평형상태를 향해 자연스럽게 이끌려 간다. 긴 시간에 걸쳐서 평형 자체가 바뀔 수도 있다. 이를테면 탁 트인 연못이 결국 풀로 덮인 습지가 될 수도 있고 탁 트인 평지가 숲으로 바뀔 수도 있다.

생태계가 평형상태를 중심으로 움직인다는 이 개념은 강력하고 효과적인 모형이다. 생태계 안에 사는 인간이 자신이 사는 생태계를 실질적으로 파괴하지 않는 한, 생태계는 우리에게 재화(농산물)를 생산해 주고 서비스(수질 정화)

[1] 여기서 말하는 '정신 모형(mental model)'이란 사람들의 세계관이며, 세상이 돌아가는 것에 대해 사람들이 품고 있는 생각을 뜻한다(Resilience Alliance, 2007).

를 제공하며, 원래 상태를 회복한다. 만약 문제가 발생한다면 문제를 야기한 인간의 개입을 줄이거나 제거하여 해결할 수 있다.

이러한 패러다임은 최적화 방식이 가능하다는 것을 뜻한다. 시스템 구성요소를 파악하고 통제하여 여러분이 관심을 가지고 있는 특정한 결과를 최대화한 후 시간을 두고 그 과정을 관찰하고, 사회·생태 시스템에서(비용과 편익 관점에서) 최적수익이 만들어질 수 있도록 관리방식을 수정하면 된다. 그렇지만 최적화 관점이 지속적일지는 알 수 없다.

리질리언스 사고는 사회·생태 시스템을 이해하기 위한 또 다른 방식이다. 리질리언스 사고는 우리 주변의 세계를 해석하는(창안자들에게는 성공적인 이론이었지만 계승자들에게 내려와 실패한) 기존 방법들에 직접적으로 도전하고 있다. 그리고 리질리언스 사고가 사람들에게 받아들여지려면 기존 방식과 힘겨운 싸움을 벌여야 할 것 같다.

사회·생태 시스템의 사고 공간

이 장 시작 부분에서 언급했듯이 짧은 시간에서는 인간이 최적화의 강자이다. 그러나 긴 시간의 스케일에서는 강하지 못하다. 긴 시간 스케일에서도 인간이 효율성을 발휘하려면 시스템적 사고가 필요하다. 한마디로 리질리언스 사고는 시스템적 사고이다. 리질리언스 사고를 하려면 다음의 3가지 개념이 요구되며 이러한 '사고 공간' 내에서 구체화되고 이해될 수 있다.

- 개념 1: 인간은 모두 사회 시스템 속에서 살며 움직인다. 이 사회 시스템 은 생태계 속에서 떼려야 뗄 수 없을 만큼 긴밀하게 연결되어 있다. 인간 은 사회·생태 시스템 속에 존재한다. 맨해튼에서든 바그다드에서든 사 람들은 존속을 위해서 그곳 어딘가에 있을 생태계에 의존한다. 사회 시스 템이나 생태계에서 한 영역이 바뀌면 나머지 영역도 영향을 받는다. 따라 서 일부 영역을 다른 영역에서 별도로 분리해서는 그 동태를 제대로 이해

할 수 없다.

- 개념 2: 사회·생태 시스템은 복잡적응계이다. 복잡적응계는 예측 가능하지도 않고 선형적이지도 않으며 점진적이지도 않은 방식으로 변화한다. 또한 복잡적응계는 그 기능, 구조, 피드백이 저마다 다른 한 가지 이상의 체제(경우에 따라 '또 다른 안정상태'alternate stable states라 한다)로 존재할 잠재력이 있다. 화재, 홍수, 전쟁, 시장변화와 같은 충격과 교란이 발생하면 사회·생태 시스템은 문턱을 넘어서, 비유하자면 맑고 투명했던 호수가 어느 날 갑자기 탁한 물로 바뀌고 그 상태로 지속되는 것처럼, 달갑지 않은 선물들과 함께 다른 체제로 진입할 수 있다.

- 개념 3: 리질리언스란 변화를 가져오는 교란을 흡수하여 이전과 다름없는 기능, 구조, 피드백을 유지하는 시스템의 능력이다. 문턱을 넘지 않는 변화를 겪었을 때 그 전과 다른(정체성이 다른) 사회·생태 시스템 체제로 바뀌지 않는 능력이다. '바람직한' 상태에서 리질리언스가 있는 사회·생태 시스템(이를테면 생산성이 높은 농업지역이나 공업지역)은 여러 가지 충격을 당하는 동안에도 우리에게 재화와 서비스를 제공하여 삶의 질을 지속적으로 뒷받침해줄 수 있는 능력이 있다.

개념 1: 인간은 모두 사회·생태 시스템의 일부

인간은 사회와 생태계가 서로 연결된 사회·생태 시스템 속에서 존재한다. 이는 자명한 진리이다. 하지만 자연자원을 평가 관리하는 전통적인 방식에는 이러한 뜻이 반영되어있지 않다. 경제학자들은 '경제'를 모형화하고, 사회학자들은 인류공동체가 왜 그리고 어떻게 행동하는지를 설명하고, 과학자들은 생태계의 생물물리학적 특성을 밝히려 한다. 그들은 모두 세상이 어떻게 돌아가는지에 관한 유력한 견해를 만들어내고 있다. 하지만 이러한 견해들은 불완전하다. 이들은 사회·생태 시스템 전체가 아니라 일부 구성요소들에 대한 견해이기 때문이다. 사람들은 여러 분야의 학자들이 좀 더 힘을 합쳐야 한다고 수년간 요구해왔지만, 최근에야 그러한 움직임이 일기 시작했다(Holling과 Meffe, 1996).

과학자든 사회학자든 경제학자든 생물물리학자든 할 것 없이 모두 외부자적 관점에서 시스템을 연구하는 경향이 있는데 사실 그들은 모두 시스템의 한 부분이다. 그러나 리질리언스 사고에서는 사회 · 생태 시스템, 다시 말해서 모든 인간이 속해 있는 사회 · 생태 시스템을 구성요소가 연결된 하나의 온전한 시스템으로 다룬다. 인간은 모두 그러한 사회 · 생태 시스템에서 배역을 담당하고 있는 배우이다.

우리가 이러한 전제를 받아들인다면 세상을 바라보는 세계관이 달라진다. 예를 들어 도심 외곽지역과 그 근처에 있는 습지는 모두 동일한 시스템의 일부분이다. 마찬가지로, 습지를 관리하는 정부 관계기관도, 새 토지를 개발하기 위해 습지에서 물을 빼내고 싶어 하는 개발자도, 습지가 인간에게 쓸모 있는 생태계 서비스를 제공한다고 생각하는 과학자도 모두 사회 · 생태 시스템 바깥에 존재하는 것이 아니라 그 시스템의 일부분이다. 사회 · 생태 시스템의 어떤 지점에서 변화가 일어나면(예를 들어 습지에서 물을 빼낸다든지, 습지 보호에 관한 법률을 개정한다든지, 습지에 대한 개발자들의 생각이 달라진다든지, 과학자들에게서 흘러나오는 정보가 달라진다든지) 시스템의 내부 어디에서든 반드시 피드백이 나타날 것이다. 하지만 현재 통용되는 대응방식에서는 이러한 피드백 모두를 고려하지 않는다. 우리는 도심 외곽지역과 습지의 변화, 습지에 대한 우리 태도의 변화가 사회 · 생태 시스템의 나머지 부분과 상관없이 일어날 수 있다고 여기며 움직인다.

인간이 속해 있는 사회 · 생태 시스템을 잘 살펴보면, 인간이 생물물리학적 시스템의 모양을 변화시키고 있는 것과 마찬가지로 생물물리학적 시스템도 인간과 인류공동체의 형태를 만들고 통제한다는 사실이 명백히 드러난다.

웨스트 스웨덴 사람들과 가재

올손Olsson 과 폴케Folke (2001)는 웨스트 스웨덴 라켄 호수Lake Racken에 있는 가재 어장 연구를 통해, 가재 어업상황을 이해하고 어획량을 증가시키는 만큼 중요한 것이 가재의 생태를 알아내는 것이라고 주장했다.

라켄 호수에 서식하는 노블가재 밀도가 호수의 산성화[2], 곰팡이 병[3], 남획 등의 중복된 위협으로 인해 1960년대 이후 급격히 감소하였다. 1986년 현지 지주들은 이러한 문제를 다루기 위해 라켄호수어업협회Lake Racken Fishing Association를 결성하였고, 서식지 확대와 위협요소 제거를 통해 가재밀도를 높이려는 다양한 대책을 실시했다. 산성화된 호수에 석회를 투입하고, 가재의 근친교배를 방지하려 호수 곳곳에 가재를 섞었고, 가재어획을 일시적으로 금지했다. 회원들은 호수의 pH, 칼슘 농도, 금속 농도를 비롯하여 곤충, 연체동물, 어류 같은 몇 가지 지표종[4]의 동태를 관찰했다. 협회는 과학 지식과 관찰 결과를 조합해 호수 생태계를 관리하고 여러 가지 전략을 시도하면서 호수 생태계에 대해 깨우친다. 이것을 적응관리[5] 또는 적응학습adaptive learning 이라 한다.

[2] 라켄 호수가 산성화된 원인은 인간이 배출한 질소와 황이 바람을 타고 이곳까지 장거리 운반되어 축적했기 때문이다(Fikret Berkes 등, 2008).

[3] 가재전염병(crayfish plague)을 뜻한다. 1907년 스웨덴에서 이 병이 발생한 이후로 노블가재(noble crayfish, *Astacus astacus*)는 꾸준히 감소했다. 그렇게 멸실되어 가는 노블가재를 대체하기 위하여 스웨덴 정부에서는 1960년대 말 미국산 시그널가재(signal crayfish, *Pacifastacus leniusculus*)를 대규모로 들여오기 시작했다. 하지만 시그널가재는 바로 가재전염병 (Aphanomyces astaci)의 만성 보균체(chronic carrier)로 남아있던 노블가재 개체군에 이 병을 퍼뜨린 매개체였을 확률이 높다(P. Bohman 등, 2006)

[4] 지표종(indicator species) : 특정 지역의 환경상태를 측정하는 척도로 이용되는 생물을 가리킨다. 수질오염 정도는 식물이나 민물고기 이외에 옆새우나 플라나리아, 곤충의 유충과 같이 물 밑바닥이나 물풀에 사는 작은 동물들을 이용하여 알아낼 수 있다.

[5] 적응관리(adaptive management)는 생태계에 닥칠 향후의 영향·교란에 대한 예측이 불확실하고 한계가 있다는 사실에 바탕을 둔다. 적응관리의 목적은 생태계를 관리하여 생태적 온전성을 최대한 유지하는 동시에 새로운 경험과 견해에 따라 달라질 수 있는 관리절차를 활용하는 것이다(Pahl-Wostl, 2007; Holling C.S, 1978).

지역사회에서 이렇게 다양한 전략을 실행하자 노블가재의 밀도는 서서히 회복되었다. 하지만 1950~1960년대의 밀도까지 이르지 못했다. 이렇듯 회복되는 속도가 너무 더디어 가재 알 부화시설을 만들거나 미국산 가재로 호수를 채우는 등 여러 가지 대안이 제시되었다. 이런 대안들이 실행되자 처음에는 가재 개체 수가 크게 늘어났지만 계속 실행을 하자면 많은 돈이 필요하고 이미 호수의 기능을 유지하는데 전념하던 지역단체들의 힘이 그 대안들 때문에 약해질 수도 있었다.

지역 주민의 참여를 촉진하고 적응학습을 지원하는 것은 사회 · 생태 시스템의 리질리언스를 관리하는데 중요한 두 가지 사항이다. 적응학습은 지역에 대한 지식과 협동을 향상시키고 지역주민들이 호수 시스템에 연결되어 존속하도록 만든다. 장기적으로는 당면한 문제를 효과적으로 다루고 미래에 대한 대응력도 배양되도록 이끈다.

개념 2 : 사회 · 생태 시스템은 복잡적응계

사회 · 생태 시스템을 구성하는 여러 연결고리와 피드백은 너무 복잡하다. 그래서 어떤 개입이 있을 때 시스템이 어떻게 반응할지 확정적으로 예측할 수 없다. 복잡적응계는 불시에 행동한다. 복잡적응계의 이러한 돌출적 행동은 적응계 각 구성요소의 메커니즘이나 구성요소나 쌍을 이룬 상호작용 메커니즘에 대한 이해만으로 예측할 수 없다(Levin(1997)과 Box 3. '톱니바퀴 세계 對 벌레 세계' 참조). 그리고 최근에 복잡계를 대상으로 진행된 연구는 복잡계의 일부 구성요소의 변화로도 복잡계가 완전히 재구성될 수 있음을, 복잡계가 이전과 다른 안정상태(또는 체제)로 변할 수 있음을 보여주었다.

시스템의 각 구성요소들을 관리하는 것은 단기적 성과를 거두겠지만, 필연적으로 장기적인 문제를 야기한다. 보통 단기적으로 볼 때는 일부 구성요소의 행동이 예측가능하기 때문에 관리지침을 만들 수 있지만 장기적으로 보면 그렇게 만든 관리지침이 도움 되지 않는다.

상업 어장이 좋은 예이다. 어장관리자들은 먼저 어획이 그 어종 개체군의 크기에 어떤 영향을 미칠지에 관한 정보를 수집하고 이를 근거로 어획할당량을 '최대 유지수확량maximum sustainable yield' 수준으로 책정한다. 어장관리자들의 목표는 어종의 번식량, 즉 유지수확량이 최대치에 이를 수 있도록 어종 개체군의 규모를 맞추는 것이다. 관리자들은 어획량에 맞춰 개체군 규모가 어획하기 전과 같은 수준으로 회복될 것이며, 개체군 규모는 시간에 비례하여 점진적으로 변화할 것으로 가정한다. 어장관리자들의 생각대로라면 어획 압력이 달라지면 개체군 숫자도 그에 맞게 변해야 한다.

이런 접근법의 타당성과 높은 신뢰도에도 불구하고, 어장관리자들의 생각과 달리 상업 어장은 전 세계적으로 어려움을 겪고 있으며 자연에서 어류군집도 급격히 감소했다. 이후에 어획을 중단했으나 이전 수준으로 회복되지 못하였다. 이러한 상황이 벌어진 이유는 어장관리자들이 언제나 특정 개체군 전체보다 아주 적은 개체군 수의 무리를 놓고 수확-반응 관계를 예측하고 판단했기 때문이다. 개체군 전체를 놓고 보면 수확-반응 관계의 실제 모습과 잘 들어맞지 않는다(Hilborn과 Walters, 1992).

복잡적응계는 이렇듯 본질적으로 예측 불가능할 뿐만 아니라 한 가지 이상의 '안정상태'를 지닐 수 있다. 한 시스템의 변화는 그 시스템이 문턱을 넘겨 그전과 다른 '안정체제'로 움직이게 할 수 있다. '안정체제'는 '대체 안정상태alternate stable state'로 표현하기도 한다(Scheffer 등, 2001). 예를 들어 자연 어업이 기본인 사회·생태 시스템이 문턱을 넘을 경우 이 생태계에서 서식하는 물고기 수의 재앙적 감소를 경험하게 된다. 그럴 경우 고기잡이가 중단되겠지만 그렇더라도 물고기 수가 이전 수준으로 회복되지 않는다. 이 생태계는 다른 안정상태, 즉 상업적으로 이용 가능한 만큼 어류 개체군이 존재하지 않는 상태로 옮겨가 버린 것이다(여러 가지 안정상태와 문턱에 대한 개념은 3장에서 좀 더 자세히 언급한다).

개념 3 : 리질리언스는 지속가능성의 핵심

시스템적 사고의 맥락은 지금까지 언급한 두 가지 개념에 따라 다음과 같이 정해진다. 첫째, 시스템들은 강하게 연결되어 있으며(모든 시스템이 또 다른 모든 시스템과 연결되어 있지는 않더라도) 인간은 사회·생태 시스템의 한 부분이다. 둘째, 복잡적응계는 비선형적 방식으로 행동하며 대부분 예측불가능하다. 복잡적응계는 여러 가지 체제(안정 영역)에서 존재할 수 있다.

세번째 개념은 사회·생태 시스템의 속성으로 점차 많은 과학자들이 믿고 있는 지속가능성의 초석인 리질리언스이다. 리질리언스란 다른 체제로의 전환 없이 교란을 흡수할 수 있는 시스템의 능력이다(Holling, 1973; Walker 등, 2004). 리질리언스를 갖춘 사회·생태 시스템은 외부 교란에 직면했을 때, 반갑지 않은 소식unwelcome surprise 인 체제전환을 회피할 능력이 상당하고, 재화와 서비스를 지속적으로 제공하여 인간이 삶의 질을 지탱하게 만드는 힘도 강하다.

물론 리질리언스 자체가 꼭 요구되는 것은 아니다. 이를테면 물고기가 고갈된 어장, 염분이 축적된 토양, 오염물질로 탁해진 호수 생태계처럼 바람직하지 못한 상태에 놓인 사회·생태 시스템도 리질리언스를 발휘하여 바람직하지 못한 상태를 벗어나게 하려는 관리자의 노력에 저항하기 때문이다. 스페인의 프랑코 파시스트 체제 같은 사회주의 국가를 생각해보자. 프랑코 독재 정부는 리질리언스를 상당히 지니고 있었기 때문에 전 세계에 큰 변화가 있었지만 1936년부터 1975년까지 지속했다.

사람마다 리질리언스의 의미는 다양하다. 여러 해석 가운데 하나가 리질리언스는 어떤 충격이나 교란이 닥치고 난 다음 '정상' 상태로 회복되는 사물 또는 사람의 능력이라는 것이다. 이 경우 '리질리언스'를 '복원력' 또는 '회복탄력성'이라고 번역해도 무방하다. 주안점과는 달리하여 리질리언스라는 용어를 사용한다. 정상 상태로 복구되는데 걸리는 시간이 중요할 수 있지만, 리질리언스는 정상 상태로 돌아가는 속도에 대한 것이기보다 회복될 수 있는 능력에 관한 것이다(이는 중요한 구분으로서 3장 끝에서 좀 더 자세히 언급한다).

Box 3

톱니바퀴 세계 대(對) 벌레 세계

복잡계와 복잡적응계는 어떻게 다른가? 톱니바퀴 세계와 벌레 세계에서 벌어지는 상황을 생각해보자.

톱니바퀴 세계는 서로 연결된 톱니바퀴로 전체가 이루어진다. 큰 톱니바퀴는 작은 톱니바퀴에 의해 움직이며, 작은 톱니바퀴는 더 작은 톱니바퀴에 의해 움직인다. 톱니바퀴들의 크기와 작동방식은 시간이 흘러도 바뀌지 않으며 어떤 크기의 톱니바퀴든 그 회전속도가 바뀌면 톱니바퀴와 연결된 다른 톱니바퀴의 회전속도도 바뀐다. 톱니바퀴 사회·생태 시스템이 수많은 톱니바퀴 연결로 이루어져 있어서 복잡하다고 말하는 사람들도 있을 것이다. 분명히 이 톱니바퀴 시스템은 복잡계다. 하지만 시스템의 구성요소들이 바뀌지 않을 뿐만 아니라 외부 환경에 시스템이 반응하는 방식이 선형적이고 예측 가능하기 때문에 복잡적응계는 아니다. 톱니바퀴 세계는 기어가 여러 개 장착된 자전거처럼, 조금 복잡한 단순시스템일 뿐이다.

벌레들의 세계는 완전히 다르다. 벌레들은 서로 상호작용(톱니바퀴 세계처럼)하지만 그 작용에 의해 벌레 세계의 전체 모양이 만들어진다. 벌레 떼 일부는 다른 벌레 떼들보다 느슨하게 연결되어 있다. 벌레들은 다른 벌레들과 연결성을 만들기도 하고 끊기도 한다. 톱니바퀴 세계의 톱니와 달리 벌레들은 번식을 하고 세대마다 크기와 행동이 변한다. 많은 변화요인이 있기 때문에 다른 벌레나 벌레 떼들은 조건 변화에 따라 다양하게 반응한다. 벌레 세계가 변하면 어떤 그룹의 벌레 떼는 다른 그룹보다 더 잘 적응하며, 벌레 세계 전체는 지속적으로 변화를 거듭한다. 이 시스템은 자기조직적 시스템으로 누구도 통제할 수 없다.

톱니바퀴 세계와 달리 벌레 세계는 그 구성요소인 하위 집단을 개별적으로 이해해서는 불시에 일어날 행동을 예측할 수 없다. 이런 점에서 간단한 시스템복잡계이 아닌 복잡적응계이다.

레빈Levin(1998)에 따르면 복잡적응계는 다음과 같은 세 가지 요건을 갖추어야 한다.

- 구성요소들은 독립적으로 존재하면서 상호작용한다.
- 선택 과정이 구성요소에 작용한다(그리고 지엽적 상호작용의 결과에 작용한다).
- 시간이 흐르면서 구성요소가 변화하거나 새로운 구성요소가 유입되면서, 시스템에 끊임없이 변화와 새로움이 더해진다.

톱니바퀴 세계에서는 톱니바퀴 일부가 변화하면 다른 톱니바퀴에 곧바로 영향이 미친다. 그래서 2차 피드백이 발생하지 않는다. 톱니바퀴는 톱니바퀴 세계를 만들고 서로 작용하지만 각각이 독립적이지 않기 때문에 시스템은 외부 변화에 적응할 수 없다. 톱니바퀴 세계는 고작 한 가지 정해진 범위에서 효율적으로 기능할 수 있지만, 그것도 한 가지 종류의 변화에 대한 반응일 뿐이고 그때도 모든 것이 한꺼번에 반응한다. 외부 조건이 바뀌어 톱니바퀴 세계가 제대로 작동하지 못하면, 큰 톱니바퀴와 작은 톱니바퀴의 상대적 회전속도가 새로운 환경과 맞지 않는다면, 톱니바퀴 세계가 할 수 있는 일은 아무 것도 없다.

반면 벌레 세계의 사회·생태 시스템은 세상이 변하면 그에 맞춰 적응한다. 이 사회·생태 시스템에는 2차 피드백(초기에 일부 구성요소가 변화하면 곧바로 다른 구성요소에 영향을 미치는데 이때 발생하는 부수적 효과)이 존재한다. 벌레 세계에 있는 벌레들은 강하게 상호작용하면서도 (그렇다고 모든 벌레가 상호작용하지는 않지만) 서로 독립적으로 존재한다.

벌레 세계에서 인간이 여러 하위 집단을 관리하려 한다면, 다시 말해서 벌레들의 성능을 최적화하기 위하여 이들을 일정한 상태로 묶으려 한다면 주변에 있는 다른 하위 집단이 이러한 인간의 개입에 적응하면서 벌레 세계 전체의 성능이 바뀔 수도 있다는 사실을 염두에 두어야 한다.

생태계, 경제, 생물체, 심지어 인간의 뇌도 모두 복잡적응계이다. 흔히 인간은 복잡적응계의 일부분을 (톱니바퀴 세계에 속하는 톱니바퀴처럼) 단순시스템이라 여기며 관리한다. 하지만 인간의 관리방식에 따라 복잡적응계의 일부분을 넘어 복잡적응계 전체가 달라지면 여러 가지 2차 피드백 효과를 만들 경우가 많아지며 그와 더불어

놀랍고도 달갑지 않은 일들이 벌어지기도 할 것이다. 현실 세계는 톱니바퀴 세계보다는 벌레 세계에 가깝지만 인간은 대개 톱니바퀴 세계에서 통하는 방식에 따라 사회 · 생태 시스템을 관리하는 것 같다.

앞으로 제시할 카리브 해 산호초에 관한 사례연구는 이 구분을 보여주는 좋은 예이다. 산호초는 늘 교란을 겪는다. 보통 교란은 폭풍(허리케인)이라는 형태로 나타난다. 건강한 산호초는 폭풍이라는 교란이 닥친 후에 재결합하여 이전 상태를 회복한다. 산호초가 회복되는 속도는 상황에 따라 빠르기도 느리기도 하다. 하지만 회복 속도는 그렇게 중요하지 않다. 중요한 사실은 산호초가 회복될 수 있다는 것이고, 교란이 닥친 후 산호초의 운명은 교란이 닥치기 전과 비슷한 상태로 되돌아간다는 점이다.

그런데 지난 30년간 카리브 해 산호초들은 회복을 못하고 있었다. 인간이 여러 가지 방식으로 이곳 생태계에 개입하면서 산호초들은 리질리언스를 잃어버렸다. 산호초들이 문턱을 넘어 새로운 체제로 진입해 버린 것이다.

에버글레이즈에서 리질리언스는 홍수, 가뭄, 화재 같은 거듭되는 교란을 흡수하는 습지의 능력으로 나타났다. 하지만 농업활동으로 이곳 생태계에 영양염이 유입되면서 참억새풀 군락으로 돌아갈 수 있는 리질리언스가 줄어들었다. 이제 에버글레이즈의 대부분 지역에서 인을 좋아하는 부들이 참억새풀을 밀어내고 있다. 그리고 참억새풀이 여러 물새에게 제공하던 서식처가 사라지고 있다. 이 시스템은 예전처럼 교란을 흡수하던 생태계가 아닌 새로운 체제(부들 군락)로 전환되었다.

다음으로 다룰 사례연구 대상인 골번브로큰 유역은 오스트레일리아 동남부의 풍요로운 농업지역이다. 이곳도 여러 가지 체제가 존재하는 사회 · 생태 시스템으로 변화를 겪고 있다. 변화에 직면해 이곳의 지역산업은 농업 지속성을 위해 좀 더 효율적(이러한 것이 바로 최적화 방식)으로 변화하고 있다. 하지만 기존의 방식만으로 이곳을 보호할 수 없을지도 모른다.

- 인간과 자연이 속한 시스템인 사회 · 생태 시스템은 전체를 하나로 고려해야 한다. 사회 · 생태 시스템에서 인간 영역과 생물물리학적 부문은 상호의존적이다. 한 부문을 다른 부문과 떼어내 고려한다면 불완전한 해결책이 만들어지고 어느 시점이 되면 이 해결책 때문에 더 큰 문제가 발생할 수 있다.

- 사회 · 생태 시스템은 복잡적응계이다. 시스템의 구성요소 일부만을 이해한다 하여 생태계 전체의 행동을 예측할 수 없다.

- 리질리언스 사고는 사회 · 생태 시스템을 시간과 공간이 서로 연결된 여러 규모에서 움직이는 하나의 시스템으로 바라보는 틀을 제시한다. 리질리언스 사고의 초점은 시스템이 어떻게 변화하고 교란에 대처하는지에 있다. 리질리언스란 체제의 전환 없이 교란을 흡수하는 시스템의 능력으로 지속가능성의 열쇠이다.

사 례
연 구
2

진퇴양난
- 오스트레일리아 골번브로큰 유역

골번브로큰 유역의 낙농업자들이 비를 기원하고 있다. 오스트레일리아의 다른 지역과 마찬가지로 이곳 낙농업자들도 역사상 가장 악명 높은 가뭄을 겪고 있다. 만약 가뭄이 더 길어지면 낙농업자들은 대부분 젖소 사료를 구입하면서 진 빚에 빠져 허우적거리다 파산하고 말 것이다.

낙농업자들은 비가 내리길 바라지만 엄청나게 많은 양을 원하는 것은 아니다. 오히려 우기가 여러 차례 찾아오면 낙농업자들은 파산에 이를 것이다. 지표면 가까이까지 아슬아슬하게 올라와 있는 지하수위가 우기가 되면 목초지의 뿌리층까지 치솟을 수 있기 때문이다. 그렇게 되면 토양이 물에 잠길 뿐만 아니라 오랜 세월에 걸쳐 어마어마하게 축적된 염분이 지하수와 함께 솟아오르면서, 사실상 토지 생산성이 망가져 또 다른 비극적 결과가 벌어지고 말 것이다.

가뭄과 홍수가 그리 큰 걱정거리가 아니라 하더라도, 시장 여건이 너무 많이 급격하게 바뀐다면 낙농업자들은 곤란을 겪게 될 것이다. 이들은 최첨단 기술을 사용하여 고품질, 저가 우유를 대량으로 생산하는 세계적인 경쟁력을 갖춘 낙농업자들이다. 하지만 생산 체계의 효율성을 있는 대로 다 짜내서 쓰고 몇십 년이 지나면 낙농업자들은 더 이상 어떤 일도 할 수 없게 될 것이다.

실제로 물 사용만 놓고 본다면 낙농업자들은 더 이상 경제적으로 우유를 생산하기 힘들다. 낙농업자들은 대부분 관개 목초지에서 낙농을 하고 있지만 목초지에 관개수를 공급하여 이곳에 축적된 염분이 뿌리층을 거쳐 토양 표토층 2m 밑으로 씻어 내리지 않으면 낙농을 계속할 수 없다. 목초가 물을 흡수하면 그 자리에 소금이 남고, 물 공급이 더 이상 되지 않으면 소금은 더 많이 축적될 것이다. 하지만 지하수가 토양 표면 아래 2m까지 솟아오른다면 물은 물론 소금까지도 모세관 작용 때문에 지표면으로 이끌려온다.

관개로 지하수 수위가 올라가게 되면 낙농업자들은 목초지에 물을 더 공급할 수도 없다. 지하수면의 상승을 막으려면 물을 퍼낼 수밖에 없다. 치솟아 오르는 지하수를 퍼내 현재의 물 소비량과 생산량 수준을 지키는 것이 낙농업자에게 일상이 된 것이다. 무엇이든 지나치게 바뀌면 큰 대가를 치르기 마련이다.

대체로 골번브로큰 유역은 깜짝 놀랄 정도로 리질리언스가 낮으면서도 생산성은 높은 곳이다. 낙농업자들과 낙농업자들의 경제적 번영에 존망이 달려 있는 지역사회는 모두 진퇴양난에 빠져 있다. 그러나 낙농업자들과 지역사회가 달라질 여지는 별로 없다. 농부들은 사회·생태 시스템에 큰 충격이 닥치지 않는 한 계속 그 역할을 영위할 수 있지만 최근 이들이 겪고 있는 가뭄은 그들의 사회·경제적 시스템에 최후의 결정타가 될지도 모른다. 아니면 다음에 닥칠 우기가 결정타가 될 것이다.

어떻게 이러한 상황이 벌어진 것일까? 자원, 정보, 헌신적 태도가 부족해서가 아니다. 골번브로큰 유역GBC, Goulburn-Broken Catchment 은 오스트레일리아에서 생산성이 높기로 손꼽히는 농업 중심지로 집중적으로 연구된 유역 가운데 하나다. 이 유역의 생물물리학적 기능은 그 어느 곳보다 자세히 알려져 있다. 하지만 본래 이곳 사람들은 과거 방식대로 일을 계속하고 싶어 하기 때문에 기능을 더 많이 안다고 한들 소용이 없었다. 그리하여 이제껏 큰 규모로 전체 시스템적 문제를 다루기보다 단기적 문제점을 고치는 방식을 택했다. 이런 상황은 하루아침에 벌어진 것이 아니다. 수십 년 동안 사람들이 이러한 방식을 써왔던 것이다.

현재는 어떠한가? 문제의 근본 원인은 인간이 농사를 짓기 위해 천연림과

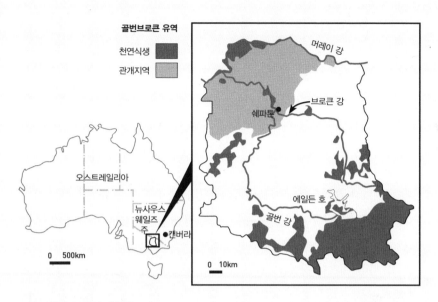

그림 2 골번브로큰 유역의 지도

조림지대를 없애 자연 생태계를 변경시켰고, 특히 생태계의 물 흐름을 완전히 바꿔버렸다는 데 있었다. 우리는 리질리언스 사고를 바탕으로 이곳에 무슨 일이 벌어지고 있는지 살펴보자.

골번브로큰 유역의 개요

최초로 이곳을 방문했던 유럽 탐험가들 중 한 사람인 육군 소령 토마스 미첼Thomas Mitchell은 1838년 강가에 있는 들판을 바라보고 이내 이곳이 지닌 풍부한 잠재력을 알아차렸다.

"나는 피라미드처럼 생긴 바위투성이 언덕에 올라갔다. … 언덕 주위에 있는 들판을 바라보니 비할 데 없이 아름다웠고 청명한 아침 햇살 속에 파릇파릇 빛나고 있었다.

이러한 풍경은 예전에 뉴사우스웨일스나 다른 곳에서 목격했던 여느 풍경과 달랐다. 정말 매력적인 이 땅에 아직까지 사람이나 가축이 살고 있지 않다니! 내가 유럽인 가운데 최초의 불청객으로 이 파릇파릇한 들판의 웅장하고도 적막한 곳에 섰을 때까지만 해도 소떼나 양떼가 발을 딛지 않고 있었다. 하지만 이곳에 엄청난 변화의 조짐이 일고 있으며 여러 사람들과 동물들은 마치 이곳이 그들을 위해 준비되었다는 듯 우리를 뒤따라 올 것이라는 사실을 알아차렸다. … 이곳에 운하가 세워진다면 비옥한 들판에 물을 대는 데 도움이 될 것이다."

미첼의 이러한 예감은 현실로 나타났다.

골번브로큰 유역은 오스트레일리아에서 규모가 가장 크고 중요한 수계인 머레이달링 유역 Murray-Darling Basin 의 소유역 subcatchment 이다. 골번 강과 브로큰 강은 남쪽 고지대에서 발원하여 유역 하부에서 만난 다음 유역의 북쪽 경계를 따라 머레이 강으로 흘러든다. 남동부 고지대의 강우량은 1,200mm이고 북서부의 강우량은 400mm로 지역에 따라 차이가 크며, 대략 동서 120km, 남북 200km의 범위이다.

골번브로큰 유역의 면적은 머레이달링 대유역의 전체 토지면적 가운데 2%에 불과하지만 골번브로큰 유역에서 흐르는 물의 양은 머레이 강의 전체 유량 가운데 11%나 된다. 염분은 이곳의 장기적 활력이나 하류의 물 사용자들 모두에 큰 위협거리다. 머레이 강에 염분이 더해지는 원인은 주로 이 유역 때문으로, 수문 체계가 새로운 평형상태를 향해 이동하고 있어 염분 부하량은 앞으로 크게 늘어날 것으로 예상된다.

골번브로큰 유역에서 생산성이 가장 높은 곳은 하류 유역의 강변 평야지대에 밀집해 있는데, 면적이 30만 ha에 이르는 관개지역이다. 관개수의 대부분은 유역 상류에 있는 댐(에일든 호)에서 온다. 이 관개지역에서는 해마다 약 10억 호주달러에 달하는 상품이 생산되며 부가가치를 높이고 가공하는 과정에서 30억 호주달러가 넘는 이윤이 추가로 발생한다. 이곳의 수출 수익은 빅토리아 주 전체 수출 수익 가운데 25%를 차지하며 19만 명이 여기에 둥지를 틀고 있다.

유럽인이 이곳에 정착한 이래 천연식생이 70% 정도 감소했다. 나머지

30%는 주로 유역 상류의 산간 지대에 있으며 수로와 길가 주변에도 일부 존재한다. 관개지역의 천연식생 피복율은 2%도 안 된다.

지형 속의 악마

골번브로큰 유역의 낙농업자들을 괴롭히는 악마는 전 세계 관개농업 종사자들에게 시비를 걸고 있는 악마와 같다. 바로 염분 상승이라는 위협이다.

오스트레일리아 농경지의 심토[6]에는 천연적으로 염분이 많다. 이 염분은 원래 바다에서 온 것인데, 우세풍[7]을 타고 육지로 운반되어 빗물, 먼지와 함께 조금씩 쌓여갔다. 초목들이 물을 흡수하여 증산하고 나면 토양에는 염분이 남는데, 비가 오면 이 염분은 심토로 씻겨 내려갔을 것이다. 하지만 이렇게 수천 년에 걸쳐 심토에 조금씩 축적된 염분의 양은 어마어마했다. 염분 축적량이 ha 당 1만 5천톤에 이르는 곳도 있을 정도다.

유럽인들이 오스트레일리아에 정착하기 전까지 이곳의 지하수면은 오랫동안 지하 깊숙한 곳에 있으면서 평형상태에 놓여 있었다. 오스트레일리아의 토착 식물은 대개 심근성[8] 식물이라 가뭄이 와도 살아남을 수 있다. 다양한 종류의 수목이 발달해 있어 매년 토양으로 유입되는 빗물이 이들에 의해 모두 흡수된다. 이곳의 토착 상록식물들이 모든 깊이의 토양층에서 물을 흡수하는 덕분에 지하수로 흘러들어가는 물의 양은 극히 적다. 뿌리는 비가 아주 많이 내리지만 않으면 물을 모두 빨아들일 수 있지만, 너무 많이 내리면 흡수되지 못한 물이 뿌리 아래쪽을 지나 지하 깊숙이 흘러간다. 우기에 몇 차례 폭우가 내렸지만 지하수위가 워낙 깊어 지표면 턱밑까지 치고 올라오는 일은 없었다.

6　심토(subsoil) : 표토 밑에 있는 토양층으로 표층에서 용탈된 물질이 집적되는 곳이다.

7　우세풍(prevailing wind) : 탁월풍이라고도 한다. 한 지역에서 다른 풍향에 비해 빈도가 탁월하거나 세기가 강한 풍향의 바람이다.

8　심근성(deep rooting) : 식물 뿌리의 발육 특성으로 땅속 깊이까지 자라는 성질을 말한다. 보통 식물 뿌리는 땅속 30cm 전후에 많이 분포하나 식물에 따라서는 30cm 이상까지 자라기도 하는데, 이러한 식물은 내한성(가뭄에 견디는 성질)과도 관련이 있다(변종영 등, 2008).

유럽인들이 이곳에 정착하면서 이러한 평형상태가 달라졌다. 그들은 토착 식물을 대부분 없애고 그 자리에 한해살이 작물과 목초를 심었다. 그렇게 심근성 여러해살이식물이 천근성[9] 목초나 작물로 바뀌면서 물 균형이 변한 것이다. 천근성 식물은 생육기간이 몇 달에 불과해 일 년 내내 토양으로 내리는 빗물을 사용하지 못한다. 그 때문에 비생육기간에 내리는 빗물은 근권을 지나 지하수로 스며든다. 그 결과 지하수면이 솟아오르면서 거기에 녹아있던 염분도 덩달아 올라와버렸다.

골번브로큰 '길들이기'

최초로 이곳에 거주했던 사람들은 에보리진 족[Aborigines 10]이다. 적어도 8천 년에서 1만 년 동안 이곳에 살았다(아마 그보다 더 오래 전부터 살았을 수도 있다). 골번브로큰의 땅은 탁 트인 초원이 있는 숲으로 주기적으로 발생하는 산불에 의해 모습이 유지되었다.[11] 유역 하류의 강, 습지, 하천에 거주한 에보리진 족은 오스트레일리아에서 인구밀도가 최고 수준이었다. 이는 이곳의 자연적 생산성이 높다는 증거다. 그 당시 지하수면의 깊이는 대략 지하 20~50m였다.

미첼 소령을 따라온 유럽인들은 하천 주변의 비옥한 토양이 농사짓기에 최적의 장소라고 판단하고, 1830년대 후반 이곳에 정착하자마자 토지를 개간하기 시작했다. 거대한 머레이 강이 가까이 있어서 관개집약농업이 활기차게 전개되었다. 하지만 '가뭄과 홍수'의 나라인 오스트레일리아의 변덕스런 기후로 재해가 연달아 발생하여 모든 개발사업은 극심한 시련을 겪었다. 좀 더 안정

---

[9] 천근성 식물은 뿌리가 대체로 표토층에 분포한다.

[10] 18세기 말엽 유럽인이 식민지로 개척하기 전, 오스트레일리아에 거주하던 원주민을 말한다. 부족사회를 형성해 주로 수렵과 채집 생활을 하며 살고 있었는데 유럽인들이 이주하면서 함께 들어온 질병과 백인과의 전쟁 등으로 인구가 격감했다. 기후 조건이 열악한 내륙의 건조지역으로 밀려나 지금은 약 20여 만 명이 정부의 보호구역 내에서 노동을 하거나 정부로부터 보조금을 받으며 살고 있다.

[11] 에버글레이즈 사례에서 보았듯이 화재가 발생하면 대개 영양분이 생태계로 배출된다.

사진 2 골번브로큰 유역 강 저지대의 조감도. 이곳은 가장 생산성이 높은 땅으로 대부분의 자연식생이 손실된 상태이다.

적인 물 공급원이 필요했다.

1880년대에 하류 유역에서 대규모 관개농업이 시작되었다. 그 당시 관개농지의 지하수위 깊이는 평균 25m 정도였다. 처음에는 사설 단체인 물이용자협회가 주요 강을 따라 소규모 관개시설을 만들어 운영했지만 관리 미숙과 예측하지 못한 가뭄 때문에 실패하고 말았다. 이들은 강에서 직접 물을 퍼 올려 썼지만 걸핏하면 강이 말라붙는 바람에 관개용수도 끊겼다. 사람들은 가뭄에도 끄떡없이 농사를 지을 수 있도록 이곳에 더 크고 좋은 기반시설을 요구했고, 광역관개시설을 만들고 관리할 책임이 중앙 정부로 넘어갔다.

치수목적으로 최초 건설된 중요 기반시설은 1887년에 세워진 골번 보 Goulburn Weir 이다. 하지만 골번 보가 세워진 후 사상 최악의 가뭄이 여러 번 닥치자 더 큰 댐의 축조를 요구하는 민원이 늘어나면서 1916년 에일든 댐 Eildon Dam 이 유역 상류에 세워졌고, 1935년과 1950년에 증축되었다. 가뭄으로 유역이 타격을 입을 때마다 댐을 증축했다. 1950년 댐이 두번째로 증축되면서 저수용량이 무려 7배로 늘어났고, 사람들은 이제 집약적 관개시설을 바탕으로 낙농업과 원예업을 펼쳐나간다면 골번브로큰이 훗날 틀림없이 번영할 것이라 생각했다.

신들도 미소를 짓고 있는 것 같았다. 교역 조건이 호조세를 보였을 뿐만 아니라 개인 재산권이 강화되었고, 정부에서는 관개시설에 보조금을 지급했다. 더구나 1950년에서 1960년까지 유난히 비가 많이 내린 덕택에 골번브로큰은 호황기를 맞았다. 에일든 댐 증축공사가 완공된 1956년에는 댐에 물을 모두 채우는데 5년이 걸릴 것으로 예상했지만, 당시의 유난히 많이 내린 비 때문에 1년밖에 걸리지 않았다.

당시의 경제호황은 낙농업자들이 관개지역 확장에 과도한 투자를 하도록 이끌었다. 만사가 순조롭게 흘러갔고 낙농업자들은 돈을 쏟아 부으면서, 계속되는 성장 속으로 점점 빠져들어 갔다.

악마를 놓아 주다

낙농업자들과 정부 관계기관은 관개수 공급이나 생산량 확대 같은 그날그날의 변수는 효율적으로 관리하고 있었지만, 시스템 전체를 사실상 압박하는 한 가지 변수에는 아무도 관심을 기울이지 않았다. 그 변수란 바로 지하수위 상승이었다. 1940년대 초 일부 지역의 지하수위 상승이 확인되었지만, 극히 일부 지역에만 한정된 것으로, 유역 전체의 1%도 되지 않았다.

하류 유역에서 현재 토착식생의 피복율은 3%밖에 되지 않고, 관개수량이 증가하여 토양으로 침투되는 물의 양은 엄청나게 늘어났다. 실제로 목초지에 물을 대면서 지하에 유입된 물의 양은 강우량과 같았다. 강우량이 사실상 2배로 늘어난 효과를 일으켰다.

골번브로큰 유역 시스템은 지하수위 상승이라는 새로운 길로 들어섰다. 지하수위는 원래 깊이인 25m를 유지하면서, 변덕스런 날씨를 보이는 우기에 이 유역을 보호해주는 완충 역할을 해왔다. 하지만 지하수면이 상승하면서 이러

사진 3 골번브로큰 유역의 부(wealth)

한 완충력이 급격히 감소했다. 1950년에서 1960년까지 비가 많이 내려 지하수위가 지표면 5~6m 이내까지 상승하자 완충력은 완전히 사라졌다. 하류 유역은 우기의 충격에 효과적으로 대응하던 리질리언스를 유지하지 못했다. 시스템이 문턱에 가까이 다가갈수록 그 시스템은 더 작은 충격에도 쉽게 다른 체제로 넘어갈 수 있다(3장 참조).

1950년대 호황기 시절의 대응 방식 때문에 골번브로큰 유역은 1973년부터 1977년 사이 이곳 주민들도 모른 채 길어진 우기에 무방비로 노출되었다. 예전 같으면 우기에 비가 유난히 많이 와도 땅에 쉽게 흡수되었을 것이었다. 하지만 1970년대에는 그 비 때문에 위기가 발생했다.

한계점인 토양 표층 2m 범위로 빠르게 솟아오르면서 지하수위가 얕아진 곳이 유역 전체의 3분의 1을 넘었다. 그 때문에 젖소 방목지의 생산량이 줄어들고 핵과류[12] 과수원 30~50%가 소실되는 등 고수익 원예농업이 무너졌다. 정밀현황조사에 의하면 지하수위가 높아질 위험에 처한 곳이 관개지역의 절

---

12 크고 단단한 씨가 안에 들어있는 과일류로 복숭아, 자두, 살구, 체리 등을 말한다.

©Paul Ryan

사진 4 지역의 생명선을 운반하는 관개수로

반 이상인 27만 4천 ha에 이르렀다.

골번브로큰 경제의 절반을 담당하던 낙농과 원예산업이 지하수위 상승으로 위기에 빠지면서 이 지역뿐만 아니라 다른 지역도 심각한 타격을 입었다.

위기와 대응

위기는 행동을 유발시키는 신통력을 가졌다. 지하수위 상승이라는 위기에 대한 대응은 여러 단계로 나타났다. 즉각적 대응조치는 과실수 보호를 위해 양수 펌프를 설치하여 지하수위를 낮추는 것이었다.

하지만 퍼올린 물을 머레이 강으로 돌렸기 때문에 해당 유역의 문제를 머레이달링 대유역으로 떠넘겼을 뿐이었다. 예상대로 머레이 강의 염분농도가 증가하여 더 넓은 유역에서 수질이 악화되었고 소유역들을 망라하는 통합대책이 필요하게 되었다. 머레이강위원회 River Murray Commission 는 1986년에 연방-주정부기관으로서 강뿐만 아니라 유역 전체에 대해 관리권한을 가지는 머레이달링유역위원회 Murray-Darling Basin Commission 로 확대되었다. 이제 골번브로큰 유역이 법적으로 대규모 물 관리체계의 일부가 되면서 이곳 주민들은 머

사진 5 염류 축적에 의한 피해

레이 강으로 흘러갈 염분 배출허용량을 준수해야 했다.

유역의 마을 지도자들은 지하수위 상승 위기에 대응하기 위해서는 통합적 조치가 필요하다는 사실을 알고 있었다. 농민 개개인의 조치로는 공유자원문제를 해결할 수가 없어 새로운 지역단체와 조직망들이 생겼다. 유역 관리와 관련하여 한 가지 가치체계에만 초점을 맞추던 예전 단체들과는 달리 다양한 가치체계를 갖고 활동하는 '토지보호Landcare' 단체들이 설립되었다.

오스트레일리아에서의 자연자원 위기에 대한 이러한 대처방식은 혁명이었다. 이전에 자원 위기를 관리하는 방식은 주로 정부의 통제와 개입이었고, 지역단체가 목소리를 내는 일은 사실 많지 않았다. 하지만 상황은 달라져 주정부와 연방정부는 그들의 권한 가운데 일부를 지역단체에 넘기기 시작했다. 그와 동시에 전국적으로 민영화 운동이 일어났다. 결국 정부는 지역사회가 스스로의 의사를 자율적으로 결정해나갈 수 있도록 권한을 넘겨주었다.

지역사회와 산업계 리더들은 지하수위 상승을 '지하 홍수underground flood' 라 규정하면서, 문제해결을 지원하도록 주정부와 연방정부에 로비를 했다. 지역사회 리더들은 지역사회의 의사결정을 기반으로 관리되는 진보적인 유역통

합관리모델을 제안했고, 이 제안은 시기를 놓치지 않고 받아들여졌다. 주정부는 유역관리공사CMAs, Catchment Management Authorities 라는 이름으로 기구를 만들어, 유역을 관리할 책임을 지역사회에 넘겨주었다. 골번브로큰유역관리공사Goulburn-Broken Catchment Management Authority는 초기에 설립된 유역관리공사 중 하나로, 이후 오스트레일리아에 설립된 여러 유역관리공사의 본보기가 되었다.

머레이달링유역위원회가 설립되어 여러 지역에서 운영되고 있는 단체를 이어주는 연결고리가 만들어지면서, 골번브로큰 유역에는 큰 변화가 나타났다.

새로운 시대

1970년대 지하 홍수라는 위기가 발생하여 변화의 필요성이 촉발되지 않았다면 제도 개혁은 일어나지 않았을 것이다. 오스트레일리아의 다른 지역과 유역이 비슷한 변화를 겪을 때 골번브로큰에서 성공한 제도 개혁이 표준으로 활용되었다. 일부에서는 이러한 제도개혁이 지역사회의 연대, 능력 배양, 자치활동을 우선하는 현재의 국가토지관리 제도를 운영하게 된 새로운 시대의 출발점이었다고 믿고 있다.

하지만 30년간 쏟아 부은 노력에도 불구하고, 골번브로큰은 첫 위기가 닥쳤던 1970년대와 같은 연장선 위에 있다. 지하수위, 염분 상승과 벌이는 승산 없는 싸움에서 헤어나지 못하고 있다. 골번브로큰 유역은 사회적 문턱(천연자원을 관리하는 방식)뿐만 아니라 생물물리학적 문턱도 넘어 이제는 새로운 평형을 향해 나아간다. 골번브로큰은 이제 새로운 생태적 체제 속에 놓여있다. 이러한 체제는 1900년대 초부터 있었다(Anderies, 2005).

새로운 체제에는 지하수위와 관련하여 기존 체제와는 다른 종류의 피드백과 새로운 평형상태가 존재한다. 최근의 골번브로큰 유역에 대한 모형연구는 우려할 만한 결과를 보였다. 관개농지 대부분에서 거의 지표면까지 지하수위가 치솟아 오른 새로운 평형에 도달했고, 펌프로 물을 빼내지 않으면 지하수위가 토양 표면으로부터 2m 아래에 위치하던 이전의 평형상태로 되돌리기 위해서 토착식생을 80% 이상 복원시켜야만 한다는 결론을 낸 것이다. 게다가 골번브로큰의 토착식생은 100년 전쯤에 과거의 생태계 체제에서 문턱을 넘어 새로운 생태계 체제로 이동하여 분리되었다(Anderies 등, 2005).

펌프 배수가 새로운 시스템의 구성요소로 포함된다면 토착식생의 복원 수요를 크게 줄일 수 있다. 하지만 여러 가지 제약 때문에 토착식생의 기능을 펌프 배수로 완전히 대체할 수 없다.

흥미로운 가설을 하나 제시하려 한다. 초기에 정착한 유럽인들이 100년쯤 뒤에 닥칠 문제에 미리 주의를 기울였다면, 그리고 우리가 지금 가진 정보를 그때 그들이 가지고 있었다면, 지역개발 방식을 다르게 결정했을까? 아마 그렇지 않았을 것이다. 어떤 행동이 결실을 맺을 때까지 100년이나 걸린다면, 사람들은 그 결과를 심각하게 받아들이기 어렵다. 사람들은 예견 가능한 미래에 직면하지 않을 문제는 심각성을 깎아내리거나 장차 해결될 것이라 믿어버리는 무한한 능력을 지니고 있다.

마냥 버티기

골번브로큰 유역의 현재 상황을 관리하지 않고 방치한다면 생산성이 높은 지역 일부를 포함하여 드넓은 저지대는 얼마 지나지 않아 물에 잠기고 염분이 축적되어 불모지가 될 것이다.

1970년대에 지하수위 상승이라는 위기가 닥치면서 골번브로큰 유역이 위험해질 수 있다는 사실은 누구나 깨닫게 되었다. 많은 사람이 힘을 합쳐 위기에 대처했지만 대부분의 지역에서 지하수위를 가까스로 식물의 뿌리가 닿는 깊이 밑으로 끌어 내렸을 뿐이었다. 그것도 500여 대의 펌프를 동원하여 매년 1억 톤 정도의 물을 뽑아내 이룬 성과였다. 이렇게 퍼낸 물에는 염분이 많지 않아서 관개용수로 재활용되었는데, 이 물도 지하수로 되돌리기를 반복하면 결국 소금기 많은 물이 된다. 퍼낸 물 가운데 일부를 머레이 강으로 쏟아버리기도 했지만 '염분 한도$^{salt\ cap}$¹³' 때문에 강으로 흘려보낼 수 있는 배수의 양에 한계가 있었다.

펌프 가동에는 돈이 많이 든다. 현재는 생산성 높은 관개지역을 보호하기 위해 양수할 수밖에 없지만 장기적으로 보면 지속가능한 해결책이 아니다. 염분농도가 높아져 펌프로 퍼낸 물을 관개용수로 재활용하기 점점 어려워질 것이다. 증발 연못¹⁴을 많이 만드는 일도 펌프로 물을 퍼내는 일과 마찬가지로 돈이 많이 든다. 게다가 증발 연못을 만들다 보면 형평성 문제(증발 연못을 만드는데 돈을 내놓을 사람은 누구이며 땅을 내놓을 사람은 누구인가?)가 발생하고 토지로부터 얻는 여러 가지 혜택¹⁵이 사라진다(대부분 증발연못은 최악의 토지사용방법이다).

심근성 작물과 목초를 다시 심고 토착 피복식생을 재조성하는 일은 장기적 해결책에서 중요한 부분이다. 하지만 작물, 목초, 토착식생을 재조성하는 일은 시간을 요하는 과정일 뿐 아니라 복원 후에 지하수를 통제할 수 있기까지 오랜 시간이 필요하다. 식생을 복원할 대상지역 대부분이 소유주들이 협조할 생각이 없거나 협조할 능력이 없는 사유지로 사업규모와 소요경비가 어마어마하게 투입되어야 했기 때문에 1970년대의 위기 이후로 특별한 진전이 없었다. 게다가 나무들은 생육하면서 물만 증산하고 토양에 소금을 축적하기 때문에 성장이 늦거나 결국 죽게 되어 식생복원을 적용할 수 없는 지역이 대부분이다.

---

¹³ 원문 cap에는 한계(limit)라는 의미가 담겨 있다. 오스트레일리아 정부는 1995년 하천과 지하수계에서 끌어올 수 있는 물의 양을 제한하는 캡(cap) 제도를 설정했다. 이 제도를 실시한 목적은 하천유량을 적당량 확보하여 하천을 건강하게 유지하는 동시에 유역 수자원 개발의 사회적, 경제적 편익 간 균형을 이루는데 있다(김은순 등, 2013).

¹⁴ 증발 연못(evaporation basin) : 지하수에서 물을 퍼내면서 배출된 소금물을 모아놓기 위해 고안된 자연 염수호(natural salt lake) 또는 인공 염수호(engineered salt lake)이다(http://archive.agric.wa.gov.au/objtwr/imported_assets/content/lwe/salin/sman/fn053_2004.pdf).

¹⁵ 혜택(amenity) : 부동산 또는 지리적 위치의 매력이나 가치를 증대시키는 특징이라 정의된다. 경제학적으로는 공공재적 성질을 가진 위치특이적 재화(location-specific good)를 말한다. 도시의 어메니티에는 맑은 공기와 물, 쾌적감, 매혹적 경관, 공한지, 공원과 위락 공간 등의 자연적 어메니티와 공공도서관, 박물관 등의 인공적 어메니티가 있다(신의순, 2005).

현재 골번브로큰 유역은 그저 버티고 있을 뿐이다. 유역의 오랜 가뭄이 그나마 버틸 수 있게 해준다. 골번브로큰은 머물고 싶지 않지만 쉽게 벗어날 수 없는 곤경 속에 빠져 있다. 기껏해야 소금이라는 악마가 가까이 다가오지 못하도록 막는 게 최선일 뿐이다. 그렇게 해도 소금 악마를 막아낼 완충 안전지대가 커지기는커녕 투입되는 비용만 계속 늘어나 오히려 소금은 계속 유역에 축적되고 있다. 골번브로큰 유역은 리질리언스를 상실하고, 환경적, 경제적 충격에 취약해졌다.

앞을 내다보기

앞으로 수십 년간 기후가 어떨지 판단하는 데 가장 좋은 길잡이는 과거의 기후이다. 골번브로큰 기후의 특징은 가뭄은 주기적으로 찾아오고 우기는 불규칙하다는 점이다. 최근 가뭄이 오랫동안 이어지면서 당장 지하수가 상승할 위험은 줄어든 대신 경제불황을 겪으면서 지역사회가 재정자원을 충분히 비축하고 있지 못하다. 평상적인 수리권[16]을 충족시키기에도 농업용수 저수량이 모자라, 관개면적이 줄어들고 있다.

비가 한 해만 내린다면 잘 버틸 수 있겠지만, 우기가 몇 해 계속해서 찾아온다면 아무리 물을 퍼낸들 위기에서 벗어나기 힘들 것 같다. 지하수위가 높아진 곳이 많아서 지하수가 위험 수위까지 치솟는다면 1970년대 당시보다 더 심각한 피해가 발생할 것이다. 유역에는 물이 가득 찼고, 물을 퍼낼 곳은 더 이상 어디에도 없다.

골번브로큰 유역이 지하수위, 염분 상승 같은 생물물리학적 충격에만 취약한 것은 아니다. 이곳 사람들은 이제껏 몇 안 되는 생산물에 희망을 걸어왔다. 경제 여건이 바뀌면서, 충격을 흡수할 수 있는 현지 업계의 능력은 줄어들었다. 세계 시장은 변화하는 중이며, 이곳의 원예업과 낙농업은 점점 충격에 취

---

16 수리권(water entitlement, water right) : 특정인이 하천의 물을 계속적, 배타적으로 사용하는 권리를 말한다.

약해지고 있다.

1970년대에 닥친 위기를 극복하면서 이곳에서 거둔 성과는 주민들이 스스로 참여해 지역 네트워크와 조직을 만들고 이를 바탕으로 생산 기반과 지역 활성을 유지할 수 있었다는 점이었다. 그 덕분에 이곳의 적응성은 향상했다. 반면 문제의 근본 원인에 대한 이해가 부족해 새로운 앞날을 찾지는 못했다. 가변성을 증진시키는 데 실패했다.

골번브로큰 유역 주민들은 새로운 앞날을 생각하기보다 기존의 방식으로 돌아가기 위해 온갖 노력을 다했다. 그들은 열심히, 똑똑하게 일해야 문제가 해결된다고 생각했다. 하지만 실제로는 기존의 방식 때문에 오히려 문제가 악화되고 있었다. 잘못된 대책으로 이곳에는 더 큰 문제가 발생하고 말았다.

많은 사람이 골번브로큰을 주시하며 이곳의 앞날을 예측하고 있다. 다른 유역에서도 골번브로큰과 마찬가지로 지하수와 염분이 솟아오르면서 아주 심각한 문제가 발생하고 있다. 사람들은 1970년대 위기 이후, 골번브로큰에 쏟아부은 자원과 노력으로도 골번브로큰 유역이 제 기능을 할 수 없다면 다른 곳도 마찬가지라 생각한다.

당장 선택할 수 있는 길은 다음과 같은 방법을 적절히 섞는 일인 것 같다. 물 수요가 가장 많은 낙농 목초지를 적은 물이 필요한 원예작물 재배지로 바꾸고, 관개용수로 토양을 씻어 내리되 지하수로 유입되는 총량을 현저하게 줄이며, 유역의 중요한 지역에 식생을 재조성한다. 더 많이 물을 빼내고, 관개 없이 부가가치를 높일 수 있는 토지관리방법을 개발한다. 소소한 변화들로 충분하지 않다. 결코 쉽지 않지만 유역이 기능하는 방식을 탈바꿈시켜야 한다. 안타깝게도 탈바꿈이 지연될수록 변화과정에 더 많은 경비가 소요된다.

골번브로큰 유역 지도자들 중에는, 다음번에 강력한 우기가 찾아오면 전체 유역의 3분의 1에 소금기가 쌓일 것이고, 나머지 지역에서는 주기적으로 토양표면까지 지하수가 치솟을 것이지만, 지하수 중의 염분 농도는 위험수준 이하가 될 것이라고 생각하는 이들도 있다. 그리고 이런 조건에서라면 자신들의 사업을 꾸려갈 수 있다고 여긴다. 표층토에서 소금기를 충분히 씻어내고 지속적으로 관개를 실시하는 한, 주기적인 범람 후에라도 목초지를 재생시킬 수 있을 것이다. 유실수와 토착 수종을 비롯한 나무들은 그리 강하지 못해 지하수가 솟아오르면 죽을 것이므로, 골번브로큰 유역 사람들의 낙농업 의존도는 더욱 높아질 것이다. 그렇게 되면 이곳의 리질리언스는 지금보다 훨씬 줄어들 것이다.

성공으로 가는 길은 분명하지도 쉽지도 않다. 골번브로큰 유역이 탈바꿈하여 이곳에 지속가능한 미래가 펼쳐질지는 식생을 다시 조성하는 면적이 얼마나 될지, 이렇게 심은 초목들이 자리를 잡는 동안 우기는 어떤 모습으로 찾아올지, 낙농업에만 종사하던 사람들이 관개와는 무관한 새롭고 다양한 업종에서 활동할 수 있을지에 달려 있다.

이곳의 앞날에 희망을 걸 만한 이유는 있다. 이곳 사람들은 당면한 문제를 인식하면서, 힘을 합쳐 일을 할 수 있는 중요한 능력을 키워왔던 것이다. 이 능력은 훗날 이 사회·생태 시스템이 리질리언스를 갖추기 위한 핵심요소가 될 것이다.

리질리언스와 골번브로큰 유역

골번브로큰 유역의 이야기를 통해 우리는 사회·생태 시스템을 움직이는 근본 변수에 대해 반드시 이해해야 하고, 각 변수들의 문턱 크기와 위치 그리고 어느 정도의 교란이 시스템이 문턱을 넘어 이동하게 만드는지를 제대로 아는 것이 아주 중요하다는 것을 배울 수 있다. 이러한 변수들과 문턱을 무시하고 그저 기존의 방식으로 잘하려 한다면 시스템의 리질리언스는 줄어들어 앞으로 닥칠 가뭄, 우기, 경기변동 같은 여러 가지 충격에 점점 취약해질 것이고, 우리가 미래에 선택할 대책의 종류도 줄어들 것이다. 효율성만 높아져서는 시스템이 오랫동안 지속되기 어렵다. 골번브로큰 사람들은 이곳을 관리하면서 리질리언스를 염두에 두지 않았기 때문에 생산 효율이 높아질수록 시스템이 오랫동안 지속될 수 있는 가능성은 점점 줄어들고 말았다.

3장

문턱을 넘다

여러분이 선택하는 길에 신경을 쓰라.
다시 돌아올 수 없을지도 모르니까

문턱이란 시스템을 움직이는 통제변수가 시스템의 나머지 부분에 되먹임하여 feedback 시스템을 변화시킬 수 있는 통제변수의 수준이다. 즉, 우리가 의존하는 수많은 시스템의 미래가 바뀔 수 있는 교차점이다. 문턱은 어디에나 존재하지만, 우리는 어떤 시스템이 문턱을 넘어서 이전과는 현저히 다른 방식으로 움직이는 것을 보고 나서야 문턱의 존재를 알아채는 것이 대부분이다. 앞에서 살펴보았듯이 골번브로큰 유역의 사회·생태 시스템은 문턱을 넘어버렸다. 그리하여 이제 이 시스템은 전혀 다르게 움직인다. 문턱을 넘어선 파문이 어떤 모습일지 아직까지 잘 모르지만, 지역주민들이 미래에 선택할 길이 제한된 것은 분명하다.

　리질리언스 사고의 틀은 사회·생태 시스템을 살펴보고 이해하기 위한 두 가지 방법에 바탕을 둔다. 하나는 적응주기라고 하는 비유에 (4장에서 살펴볼 부분), 나머지 하나는 시스템이 문턱을 넘어 다른 체제로 이동할 가능성에 초점을 맞춘다. 이 문턱 모형은 시스템을 구덩이 속의 공 a ball in the basin 에 빗대어 표현한다.

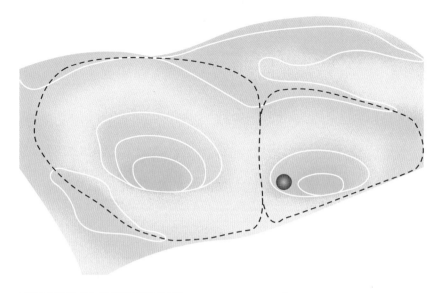

그림 3 '구덩이 속의 공' 모형에서의 시스템

공은 사회·생태 시스템을 의미한다. 움직이는 구덩이는 같은 기능과 피드백을 가진 상태를 의미하고, 이는 공이 평형으로 움직이도록 해준다. 점선은 다른 구덩이로 넘어가게 되는 문턱이다(Walker 등, 2004).

구덩이 속의 공으로서 시스템

어떤 시스템을 표현하는 데 쓰이는 중요한 변수는 시스템의 상태변수 system's state variable이다. 만약 시스템이 물고기와 어부로 이루어진다면 이 시스템은 2차원이다. 다른 한편 시스템이 초본, 목본, 가축, 목장 경영자로 구성된다면 그 시스템은 4차원이다.

그림 3에 표현된 바와 같이, 시스템은 2차원, 4차원 또는 n차원 공간 속에 있는 여러 구덩이로 볼 수 있다. 공이란 시스템에 현존하는 n개의 각 변수들의 값이 조합된 특정한 상태로 시스템의 현재 상태를 가리킨다. 그러므로 시스템의 상태 공간은 우리가 관심을 가지는 여러 가지 특정 변수들로 정의되며, 이 공간은 시스템에 존재할 수 있는 상태를 모두 포함한다.

구덩이 안에서 공은 바닥으로 굴러가려 한다(여기서 구덩이란 시스템의 구조, 기능, 피드백이 본질적으로 동일한 곳을 의미한다). 시스템 측면에서 보면 이 공은

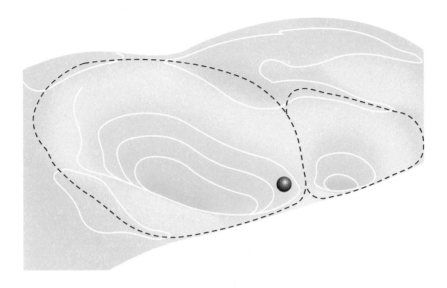

그림 4 구덩이의 모양 변화
그림 3과 같은 시스템이다. 시스템의 상태(공의 위치)는 변하지 않지만, 조건이 변하여서 구덩이의 모양과 시스템의 행동이 변한다(Walker 등, 2004).

항상 평형상태를 향해 움직이려 한다. 실존 세계에서 평형은 외적 요인의 변화에 따라 계속 변하지만, 공은 늘 평형상태를 향해 움직이려 한다. 결국 어떤 시스템이 평형상태에 있다면(공이 구덩이의 밑바닥에 있다면) 겉으로 보기에 아무런 움직임이 없어야 하는데, 외적 상황과 시스템이 항상 변하기 때문에 그 누구도 평형상태에 있는 시스템을 발견할 수 없다. 외적 상황의 변화에 따라 구덩이 구조는 항상 바뀌며(그림 4와 Scheffer 등(2004)을 참조), 그에 따라 공의 위치도 변한다. 그래서 시스템은 항상 변동하는 대상을 쫓아가게 되고 움직여 오던 경로를 벗어나게 된다. 리질리언스라는 관점에서 제기되는 질문은 구덩이 내에서 얼마나 많은 변화가 일어나고, 구덩이 내에서 시스템 궤적은 어떻게 바뀌는가이다.

어떤 한계점(구덩이 가장자리)을 넘으면 시스템의 동력학적 거동을 이끄는 피드백이 바뀌게 되고 시스템은 또 다른 평형을 향해 움직이려 한다. 그리고 새로운 구덩이로 옮겨가면 시스템은 다른 구조와 기능을 가진다. 이때 시스템이 문턱을 가로질러 새로운 안정상태, 즉 새로운 체제로 넘어갔다고 한다. 두 평형상태의 차이는 사회에 중대한 영향을 미칠 수 있다. 그리고 바람직하다고 여겨지는 평형상태가 있을 수도 있고 그렇지 않을 수도 있다.

문턱을 놓고 보면 시스템의 상태(공의 위치)만 중요한 것은 아니다. 구덩이가 작아지는 조건에서는 리질리언스가 감소하고 시스템이 다른 평형상태로 넘어가기 쉬운 잠재력이 커진다. 이런 조건에서는 상대적으로 약한 교란에도 시스템이 문턱을 넘어가게 된다. 그림 3과 4에서 이 사실을 구덩이 속의 공에 비유해 표현하였다.

호수를 상상하다

인phosphorus 처럼 주변 토양에서 유출된 식물 영양소가 호수에 유입될 때 일어날 수 있는 현상은 호수가 문턱을 넘어가는 과정을 보여주는 좋은 예이다 (Carpenter(2003)와 Scheffer 등(2001)의 연구에 근거한다). 오랜 기간에 걸쳐 호수 속 인의 농도가 증가하면 인은 호수 바닥 저질에 축적 저장된다.

인은 식물 영양소로 조류algae 의 성장을 촉진한다. 조류가 성장하면 맑았던 물이 탁해질 수 있다. 큰 폭우로 유입수가 증가하면, 물의 인 농도가 증가하여 조류가 증식하고 호수가 탁해진다(그림 5). 호수 속 인의 양은 호수로 유입되는 인의 양과 호수 저질에 존재하는 인의 양, 두 가지에 의해 결정된다. 호수 저질 중의 인 농도가 낮으면, 저질은 물속의 인을 흡수한다. 만약 퇴적층 가까운 곳에 존재하는 물에 산소가 풍부하면 인은 수용성이 낮은 형태로 퇴적물과 결합해 물로 다시 용출되어 인의 양은 미미해진다. 이 때문에 조류는 영양원을 잃게 되어 호수는 다시 맑아진다.

인 농도가 낮은 저질은 인을 흡수하여 호수물의 인 농도를 낮추므로 호수는 인의 투입이라는 충격에 대해 리질리언스를 갖는다. 인의 투입으로 처음에는 호수가 탁해질 수 있지만 이내 다시 맑아진다. 호수가 인에 대해 가지는 완충 능력은 호수 저질에 저장될 수 있는 인의 양이다.

체제 1	체제 1 체제 2	체제 1 체제 2	체제 2
인이 결핍상태인 진흙	소량의 인이 존재하는 진흙	다량의 인이 존재하는 진흙	과량의 인이 존재하는 진흙

그림 5 인의 지속적 유입에 따른 호수 생태계의 변화를 '구덩이 속의 공' 모형으로 2차원 상에 나타낸 그래프 체제 1(진흙 속 인의 농도가 낮은 상태)은 인의 유입에 의한 충격에 충분한 리질리언스를 가지고 있다(체제 가 하나의 깊은 구덩이 속에 존재한다). 인이 지속적으로 축적되면 호수는 리질리언스를 잃어버리고 구덩이 가 평탄화되면서 새로운 구덩이가 나타난다. 이 시점부터 호수는 강우나 갑작스러운 인의 농도 상승 등, 교 란에 취약해지고 시스템은 쉽게 항시 흐린 새로운 안정상태(체제 2)로 넘어갈 수 있다(Folke 등, 2004).

'구덩이 속의 공' 모형으로 비유하면 공은 호수의 상태이다(기본적으로 호수 속 인의 양). 평형상태(구덩이의 밑바닥)란 (인 농도가 낮고 조류가 많지 않은) 물이 맑은 상태다. 안정상태의 크기(끌개 구덩이의 크기size of basin of attraction)는 호 수가 다시 맑아질 능력을 잃기 전까지 더해질 수 있는 인의 양이다. 안정상태 에서 영양염의 농도가 증가하면 구덩이 속 공의 위치가 달라지지만 호수 시스 템의 행동방식을 근본적으로 변화시킬 수준까지 도달하지는 않는다. 호수 생 태계는 어느 정도의 인 농도에 대처할 수 있으며 전과 다름없이 본래 기능을 유지할 수 있다. 호수 생태계의 완충력은 문턱까지의 거리이다.

오랜 기간 계속해서 인이 호수 저질에 축적되면 새로운 체제로 전환되려는 잠재력이 발달하기 시작하고, 문턱을 넘어설 임계상황이 발생한다. 임계상황 이 발생하는 과정은 다음과 같다. 물속 인의 농도가 높으면 조류는 계속 증식 한다. 죽은 조류는 호수 바닥층으로 계속해서 가라앉고 분해되면서 바닥층의 물속 산소를 고갈시킨다. 피드백이 바뀌는 곳이 바로 호수의 바닥층이다. 물 속 산소 농도가 낮으면 저질 중 인의 용해도가 높아지면서 인이 녹아 나와 물 속 인의 농도가 증가한다. 진흙mud 속에 인이 많을수록 물로 다시 녹아 나오 는 인이 많아진다.

호수 생태계가 문턱을 넘어 새로운 체제로 바뀌면, 진흙에서 물로 용출되는 인의 피드백이 몇 배로 높아져, 유역으로부터 인이 더 이상 유입되지 않더라 도 조류가 증식하는 데 충분할 만큼 인이 공급된다. 호수 바닥층의 물은 저산소 상태로 유지되고, 호수는 물이 맑았던 이전 상태로 되돌아갈 수 없다. 엄밀히 말해 정지되는 것이 아닌 항상 변하는 새로운 체제에서, 조류가 무한 증식하게 되어 물이 탁해지고 악취를 풍기므로 물고기가 죽게 된다. 호수는 더 이상 유역의 주민에게 베풀던 생태계 서비스를 제공할 수 없게 된다.

호수가 다시 맑아지는 일은 이력효과hysteresis effect (또는 지체효과lag effect)와 관련이 있다. 물속 인의 농도가 다시 감소하려면 이전에 저질로부터 인이 빠르게 녹아 나오는 수준보다 훨씬 밑으로 저질 중 인의 농도가 감소되어야 한다. 인의 농도를 이 정도까지 낮추려면 오랜 시간이 소요되거나 (인을 지하층으로 침투시키거나 거두어 들여 서서히 제거하므로) 막대한 돈을 투입해야 한다.

탁한 호수(부영양호)의 체제는 새로운 안정상태 (끌개 구덩이basic of attraction)이다. 시스템적 용어로 표현하면 호수는 새로운 끌개attractor인 새롭고 안정된 상태로 옮겨진 것이다. 시스템 상태(공의 위치)는 이제 새로운 피드백들에 의해 통제된다. 단지 주변 유역에서 호수로 흘러드는 인의 양을 줄인다고 이전의 체제로 돌아가지 못한다.

여기서 상기해야 할 점은 두 가지이다. 첫째, 호수 사례에서 시스템은 호수 자체는 물론이고 호수 주변의 인구와 토지이용을 포함한다. 시스템은 생태적 요소뿐만 아니라 사회적 요소도 갖춘 사회·생태 시스템이다. 일단 시스템이 문턱을 넘으면 시스템 내 사회적 요소와 생태적 요소 모두가 궁극적으로 변화한다.

둘째, 호수 시스템이 새로운 체제로 넘어가기 전까지 호수 물에 존재할 수 있는 인의 양은 저질 중 인의 양에 달려있다. 저질 중 인의 농도가 증가할수록 인 유입량에 대응하는 시스템의 리질리언스는 줄어든다. 문턱을 넘겨 시스템을 새로운 체제로 이동시키는 데에 필요한 추가적인 인(유역으로부터 강우 유출의 형태와 같은)의 양은 점점 적어진다. 결국 아주 적은 양의 인의 유입(아주 작은 외부 교란)으로도 시스템이 새로운 체제로 바뀌게 된다.

현실 세계의 문턱

유역의 토지이용으로 발생한 영양염을 과다하게 받아들임으로써 문턱을 넘어버려 이전과 다른 쉽게 되돌아가지 못하는 상태로 바뀌는 호수의 사례와 같은 시스템의 변화과정은 세계 곳곳의 다양한 시스템에서 목격된다(Walker와 Meyers, 2004).

미네소타에 있는 샤가와 호Shagawa Lake 가 좋은 예이다(Carpenter, 2003). 샤가와 호는 하수가 유입되면서 부영양화를 겪게 된다. 수질이 악화되자 당국은 1911년에 즉각적으로 부분 하수처리를 실시했지만 수질은 계속 나빠졌다. 1952년에도 하수처리 방법을 개선했지만 수질은 나아지지 않았다. 결국 1973년 하수처리장을 새로 준공하여 인의 유입량을 80% 넘게 줄였지만 여름철 인의 농도는 그대로였다. 1991년까지도 호수는 제대로 복구되지 못했다. 보통 시스템이 문턱을 넘어가면 되돌리기 쉽지 않다.

호수 시스템의 부영양화는 문턱을 넘은 사회 · 생태 시스템의 한 사례이다. 다른 예들도 많은데, 골번브로큰 유역은 토착식생의 양과 지하수위를 포함하는 문턱 사례이다. 에버글레이즈는 농경지에서 영양염이 점점 많이 배출되면서 생태계가 문턱을 넘어버렸고, 그로 인해 북부지역에 흔하던 억새풀이 인을 좋아하는 부들로 바뀌었다. 카리브 해에서는 어류 남획과 부영양화로 인한, 산호와 조류 사이의 경쟁과 관련한 피드백이 확 바뀌면서 산호초는 허리케인 같은 교란이 지나간 후의 재생력을 잃어버렸다. 지금은 갈조류brown algea 가 카리브 해 대부분 지역에서 우점종이 되었고 산호는 그 숫자가 줄거나 완전히 사라지고 있다.

느린 변수들

앞서 우리가 설정했던 가상적 호수 시스템의 변화 궤적은 느리게 움직이는 변수-호수 퇴적물의 인 농도-에 따라 결정되었다. 다차원 사회 · 생태 시스템에 관여하는 변수는 1개 이상이지만 시스템 궤적은 단지 몇 개 변수들의 상호

작용에 의해 좌우된다. 시스템에 관련된 변수들이 더 많이 존재한다면 시스템의 체제가 항상 변동되는 상태에 처할 것이다. 체제가 바뀔 때마다 영양염, 생물체, 생물종을 비롯한 자원들이 손실되어 시스템은 영속될 수 없을 것이다.

리질리언스의 모든 관리대상은 사회·생태 시스템이 서로 다른 체제 사이에 놓인 문턱을 넘어갈 때 작용하는 요인들을 각별하게 신경을 써서 이해하는 것, 문턱이 있을 법한 위치를 파악하는 것, 스스로의 리질리언스를 유지할 수 있도록 시스템의 여러 면을 개선하는 것이다. 여러분이 시스템의 느린 통제변수들과 이들 변수와 관계된 문턱의 위치를 대략 짐작할 수 있다면 다른 사람들보다 한 발 앞서 있는 것이다.

시스템이 안정상태(끌개 구덩이) 주변을 움직이고 있는 공이라면 시스템의 리질리언스를 관리하기 위해서는 공이 움직이는 방식과 구덩이를 만드는 힘을 이해해야 한다. 문턱은 규칙이 바뀌는, 또 다른 구덩이로 이동하려면 넘어야 하는 공이 위치하는 구덩이의 가장자리이다.

리질리언스를 관리할 수 있는 시스템 내 역할자actor의 능력을 적응성이라 한다. 적응성은 문턱의 위치를 이동시키거나, 시스템의 현 위치를 문턱으로부터 멀리 떨어트려 놓거나 혹은 시스템이 문턱에 다가가기 어렵게 만드는 성질이다.

호수와 인의 유입에 적용해 적응성을 높이려 한다면, 호수 연안에 식생대 vegetation belt를 만들고 호수로 유입되는 물을 걸러 인의 유입량을 줄이면 된다. 또는 조류를 섭식하는 동물성 플랑크톤[1](물에 떠 있는 작은 동물들)의 수를 크게 늘리기 위해 호수의 먹이사슬을 조작하면 된다. 먹이사슬을 조절하려면 영양종속 구조에서 동물성플랑크톤 바로 위층의 물고기 숫자를 줄이거나 최상위 포식자의 수를 늘리면 된다. 물속의 인 농도가 같을 때 동물성플랑크톤 수가 증가하면 조류 수가 감소해 물속 인 농도의 문턱이 높아질 것이다.

---

[1]　동물성 플랑크톤(zooplankton) : 바닷물에 떠 있는 채로 물의 흐름에 따라 이동하면서 식물성 플랑크톤(phytoplankton)이나 일부 박테리아를 먹이로 삼는 플랑크톤을 말한다. 1차 생산자인 식물성 플랑크톤 및 일부 박테리아에 대하여 2차 또는 그 이상의 소비자 입장에 있다.

시스템이 바람직하지 못한 안정상태(끌개 구덩이)에 갇혀 있다면 문턱이나 시스템의 변화궤적을 관리하기가 불가능하거나 너무 많은 비용이 소요될 수 있다. 이러한 경우에는 시스템의 본질을 변화시키는 것이 나을 수도 있다. 다시 말해 새로운 상태변수를 도입하여 시스템을 재정립하는 편이 나을 수도 있다.

가변성이란 생태적, 사회적, 경제적, 정치적 상황 때문에 기존 시스템이 더 이상 유지될 수 없을 때 근본적으로 다른 새로운 시스템을 만들어내는 능력을 일컫는다.

20년 전 짐바브웨에서 일어났던 일이 가변성에 대한 좋은 예이다. 짐바브웨 남동부에서는 지난 수십 년간 대부분의 토지에서 가축을 길러왔다. 하지만 거래가 줄고 들판에 관목이 늘어나면서 가축을 길러 얻는 수익은 점점 감소하였다. 1980년대 초, 2년에 걸쳐 극심한 가뭄이 들면서 가축의 90%가 죽었지만, 사람들은 (이전에는 없애려 했던) 야생동물이 가뭄에도 끄떡없다는 사실을 알게 되었다. 많은 지주들은 달갑지 않은 안정상태에서 계속 가축을 기르기보다 그들의 사업을 새롭게 탈바꿈시켰다(Cumming, 1999). 지주들은 울타리를 없애고 각자의 토지를 합쳐 농장을 사파리 공원으로 탈바꿈시켰다. 지주들의 이러한 노력은 크게 성공했다(이후에 전국적인 정치 사건으로 말미암아 또다시 달갑지 않은 일이 생겼다).

문턱이 리질리언스를 정한다

2장에서 리질리언스는 교란을 흡수하고 변화를 겪지만 본래 기능, 구조, 피드백, 즉 정체성을 전과 다름없이 유지하는 시스템의 능력으로 정의했다. 이번 장을 마무리하면서 리질리언스에 대한 정의를 문턱과 관련해 살펴보는 일은 의미가 있다.

문턱은 어디에나 있다

문턱은 느린 통제변수에 의한 피드백이 시스템의 나머지 부분을 변화시키는 통제변수의 수준이다.[2] 우리가 의존하고 있는 사회·생태 시스템의 대부분은 문턱이라는 이 교차점을 넘어갈 때 미래의 모습이 달라진다. 문턱을 무시한다는 건 탄창이 돌아갈 때마다 총알에 한발 한발 가까워지는 러시안 룰렛만큼이나 무모한 짓이지만, 자연자원 관리기법에서 문턱 개념을 적용한 사례는 거의 찾아 볼 수 없다.

리질리언스 얼라이언스는 현재까지 파악되거나 제안된 문턱 데이터베이스를 만들었다. 리질리언스 얼라이언스 웹사이트http://resalliance.org에서 데이터베이스를 볼 수 있으며 그 중 네 가지 사례를 아래에서 살펴본다. 이 중 플로리다 만은 첫번째 사례연구인 에버글레이즈를 통과하는 물의 대부분이 흘러드는 곳으로 둘은 직접 연결되어 있다.

이스터 섬

이스터 섬에 인간이 정착한 시기는 서기 800년경이다. 이곳은 열대 우림으로 뒤덮여 육지새 6종, 바닷새 37종이 번식하고 있었다. 이스터 섬 사람들은 불을 지피고, 정원과 카누를 만들고, 돌을 굴리고 들어 올려 거대한 석상을 만들기 위해 나무를 베었다. 1600년이 되자 모든 나무, 육지새, 거의 모든 바닷새가 이스터 섬에서 사라졌다.

이스터 섬의 인구는 계속 늘어나, 한창 때에는 대략 1만 명에 이르렀다. 다시 자

2　보충 설명을 하면, 문턱은 '중요한 피드백 과정(critical feedback process)의 변화'와 늘 연관되어 있다. 이 변화는 통제변수의 특정 단계(양)에서 일어나며 이 때문에 생태계의 진로(궤도)가 달라지고 체제가 전환된다. 예를 들어 강우(rainfall)를 통제변수라고 하면 그와 관련된 피드백 과정은 증발산(evapotranspiration), 토양 중 영양분의 용탈(leaching), 지하수위라고 할 수 있다(Brian Walker 등, 2012).

라나 숲을 채우는 나무보다 벌채되는 나무가 많았다. 열대 우림이 줄어들면서 어느 순간 이스터 섬의 생태계는 토양이 심하게 침식되고 자라난 나무들로 숲이 다시 채워지지 못하는 새로운 체제로 옮겨갔다. 거대한 석상은 물론이고 중요한 식량이었던 물고기와 바다 포유동물을 잡는 데 없어서는 안 되는 (그래서 석상보다 더 중요한) 카누를 더 이상 만들 수 없게 되었다. 이렇게 되자 이곳 사람들은 서로를 잡아먹는 식육이 성행하였고 인구는 약 2,000명으로 곤두박질쳤다.

오늘날 이스터 섬을 보면 이곳이 원래 울창한 숲으로 뒤덮여있었다고 상상하기 어렵다.

— **대안 체제** Alternate Regimes

열대 우림, 육지새와 바닷새

침식된 토양, 나무가 없는 초원, 육지새와 바닷새 멸종

— **느린 변수** Slow Variable

토양에 함유된 질소량. 식물 성장에 대한 피드백에서 문턱이 발생했다. 토양에 함유된 질소량이 너무 낮아지면 숲이 재생되지 못하고 새로운 체제로 변환한다. 산림 벌채와 화전 농업으로 문턱을 넘어 버렸다.

플로리다 만

플로리다 만은 플로리다 본토와 플로리다 제도³ 사이에 놓인 석호⁴처럼 얕은 바다이다. 플로리다 만의 서쪽 끝은 멕시코 만과 맞닿아 있다. 플로리다 만에는 육지와 운하에서 흘러나온 담수가 유입되며 물속 염분농도는 계절에 따라 오르락내리락한다. 1987년에서 1991년 사이 4,000ha가 넘는 해초밭 sea grass bed 이 몽땅 사

3　플로리다 제도 : 플로리다 주 남단부에서 호를 그리며 남서쪽으로 240km 가량 뻗어나간, 가늘고 긴 산호질 석회암성 열도로, 대서양과 플로리다 만을 갈라놓는다. 이곳은 열대성 관목으로 대부분 덮여 있다. 어업의 중심지이자 미국의 행락지로 유명하다.

4　석호(lagoon) : 바닷물이 해안의 모래를 운반하여 만의 입구를 막거나 산호초가 암초 주변을 둘러싸 바다와 분리되어 형성된 호수를 말한다.

라졌고, 그보다는 덜하지만 23,000ha에 이르는 해초밭도 피해를 입었다.[5] 피해를 입었던 일부 지역은 1992년 이후 복구되었다.

플로리다 만을 감싼 육지에서 토지용도가 달라지면서 바닷물 높이가 달라지고 물속 염분 함량이 증가하였으며 물이 제대로 순환되지 않았다.[6] 아마도 플로리다 만의 생태계 체제는 이러한 여러 상황이 겹치면서 달라진 것 같다. 바닷물이 제대로 순환되지 못하자 플로리다 만의 일부 지역에서는 용존산소 농도가 낮아져 바다가 생명을 잃게 되었다. 맑았던 바닷물이 급속히 부영양화되었고 그 편차가 심해서 같은 플로리다 만 지역에서도 부영양화가 많이 진행된 곳이 있는 반면 그렇지 않은 곳도 있었다. 이곳에는 여전히 플랑크톤이 대량으로 증식하고 현탁류turbidity plumes가 관찰되는 등 1992년부터 시작된 복구 작업이 생각보다 훨씬 더뎌지고 있었다.[7]

---

[5] 해초(여기서 해초는 *Thalassia testudinum*으로 turtle grass라고도 한다.)가 큰 피해를 입은 이유는 병원성 점균(slime mold)인 *Labyrinthla* sp.에 의한 감염, 환경적 스트레스로 인한 산소 부족으로 바다 속 퇴적물에 생성된 황화물(sulphide)의 독성, 바닷물 온도 상승, 염분농도 상승과 같은 여러 요인이 복합적으로 작용했기 때문이다. 특히 에버글레이즈 습지에 운하를 준설하고, 제방을 축조하면서 물길이 바뀌고, 남 플로리다에 여러 해에 걸쳐 가뭄이 찾아와 염분농도가 높아져 해초가 떼죽음을 당했다고 생각된다(Anthony W.D 등, 2007).

[6] 이 부분을 보충 설명하면 다음과 같다. 첫째, 플로리다 반도는 지리적인 면에서 볼 때 안정한 곳이지만 20세기 들어 해수면이 30cm 정도 상승했다. 둘째, 에버글레이즈 습지에서 플로리다 만으로 흘러가는 물의 양을 줄이고 물이 흘러들어가는 방향을 바꾸면서 플로리다 만의 염분농도가 증가했다. 그 때문에 해초 수가 급격하게 줄어들었고 해초가 다시 자리를 잡기 어려워졌다. 셋째, 1900년대 초, 미국 사업가 헨리 모리슨 플래글러(Henry Morrison Flagler, 1830~1913)가 플로리다 제도에 해안철도를 건설하였다. 그 과정에서 플로리다 제도의 일부 물길을 막았다. 이렇게 되자 1920년대 초, 플로리다 만에서는 바닷물이 제대로 순환되지 않았다(L. H. Gunderson, 2001).

[7] 이 부분을 보충 설명하면 다음과 같다. 1987년 해초가 떼죽음을 당한 이후 플로리다 만의 환경은 여러 가지로 달라졌다. 그 전까지 오랫동안 맑았던 중부, 서부 플로리다 지역의 물이 탁해졌다. 1990년 이전에만 해도 플로리다 만의 바닷물에는 빛이 잘 투과되었다. 하지만 1993~1994년에 들어서 투과되는 비율이 1990년 이전보다 낮아졌다. 이렇게 된 원인은 식물성 플랑크톤이 대량 증식했고 바닷물에 침전된 퇴적입자나 유기물 등이 물 위로 떠올랐기 때문이다. 1991년 이래 중부, 서부 플로리다 지역에서는 식물성 플랑크톤이 계속 대량으로 증식했다. 식물성 플랑크톤이 대량으로 증식하고 물이 점점 탁해지면서 이곳에 서식하는 해초가 받는 빛의 양이 줄어들었다. 바닷물에 투과되는 빛의 양이 지표면에 투과되는 빛의 양의 10% 아래로 떨어지면서 해초는 만성적인 빛 스트레스에 직면했고 그 때문에 해초는 더 죽어 나갔다. 1992년이 되자 특정 지역에서만 발생하던 이런 일들이 플로리다 만 전역으로 확산되었다. 여기서 현탁류란 수면 위로 떠오른 퇴적입자나 유기물 때문에 물이 혼탁해져 형성된 물줄기로 긴 띠 모양을 한다(Joseph C. Zieman 등, 1999).

– 대안 체제

맑은 물, 정상적으로 서식하는 해초, 풍부한 어종

탁한 물, 플랑크톤 대량 번식, 희귀해진 어종

– 느린 변수

해초. 질소나 인과 같은 영양염이 많이 유입되거나 바닷물의 깊이, 온도, 허리케인 발생 빈도, 염분농도가 변해 해초가 감소되었다고 생각된다.

해달과 환태평양 지역의 해양 생태계

해달은 한때 환태평양 전역에서 서식했으나 18세기와 19세기에 걸친 포획으로 거의 멸종했다. 1900년대 초에 이르면 알류산 열도에 해달이 1,000마리도 채 남지 않는다.

해달은 성게와 조개류의 포식자로 이들의 증식을 억제한다. 알류산 열도에 서식하는 해달을 남획해 멸종시키자 성게 무리가 이상 증식하기 시작했다. 늘어난 성게가 다시마를 먹어 치웠다. 다시마는 성게의 먹이이기도 하지만 물고기에게 안전한 서식처가 되기도 했기 때문에, 다시마가 줄어들면서 물고기 수도 감소했다. 물고기를 주 먹이로 하는 바다표범도 같이 감소했다. 체제 1(해달이 멸종되기 전에 존재하던 생태계 체제)로 생태계가 되돌아가는데 필요한 해달의 문턱 밀도 threshold density 는 알려지지 않았다. 마찬가지로 다시마, 물고기, 바다표범의 수가 줄어들기 전까지 유지 가능한 성게의 문턱 밀도도 불명확하다.

– 대안 체제

해달의 높은 밀도, 성게의 낮은 밀도, 다시마, 물고기, 바다표범의 높은 밀도

해달의 멸종, 성게의 높은 밀도, 다시마, 물고기, 바다표범의 낮은 밀도

– 느린 변수

성게의 밀도(느린 변수)와 해달의 밀도(가장 느린 변수). 문턱은 해달의 포획수준과 관련이 있다.

사바나(나무의 밀도가 낮은 초원 지대)는 중요한 방목지이다. 방목되는 가축 수가 적고 주기적으로 들불이 발생하면 이곳 생태계는 계속 초원으로 유지될 것이다. 반면 방목되는 가축 수가 많아지고, 특히 비가 적게 내리면 풀은 점점 수분부족에 시달리게 되고, 결국 들불이 타오르지 못할 정도까지 풀의 밀도가 감소한다. 더 이상 들불이 피어오를 수 없게 되면, 나무가 우세해지면서 풀의 성장이 억제되고 방목지의 생산성이 떨어진다. 방목을 중단하더라도 들불이 일어나기에 충분할 만큼의 풀도 자라지 못한다(이런 곳을 관목사막shrub desert이라고도 한다).

오래된 수목 식생이 죽고 가축들을 상당 기간 방목되지 않는다면 그 틈을 타서 다시 풀이 군락을 형성할 수도 있다. 불은 수목 생태계가 풀 생태계로 다시 돌아가는 데 중요한 역할을 한다.

- 대안 체제
　　풀이 우위를 차지하는 사바나
　　관목이 우위를 차지하는 사바나
- 느린 변수
　　초식압(단위면적당 방목되는 가축 수), 강우량. 문턱은 가축 방목율 및 들불 빈도와
　　관련 있다.

대부분 사람들은 리질리언스복원력, 회복력란 사람이나 사물이 다시 회복되는 능력이라 여기며 일상적으로 쓰고 있다. 누군가 "그 아이는 리질리언스회복력이 있다." 또는 "이 마을은 리질리언스가 있는 공동체이다."라 말한다면, 그 말에는 충격이나 어떤 교란이 닥쳐도 그 아이나 공동체가 빠르고 활기찬 이전의 상태로 돌아올 수 있다는 뜻이 담겨 있다.

교란이 닥쳤을 때 시스템이, 특히 기계 시스템이 얼마나 빨리 평형점으로 되돌아갈 수 있는지를 나타내기 위해 대체로 '공학적 리질리언스복원력,

engineering resilience '라는 용어가 사용된다. 따라서 '공학적 리질리언스'라는 용어는 기계 시스템의 안정성을 나타내는 척도이면서 어떤 면에서는 이전으로 되돌아간다는 뜻도 담고 있다.

이 책에서 다루고 있는 '리질리언스'라는 용어는 교란이 닥친 후에 시스템이 원래 상태로 되돌아가는 속도라기보다 교란을 흡수하고 이전과 같은 방식으로 행동할 수 있는 시스템의 능력을 뜻한다. '리질리언스'는 구덩이 바닥에 있는 평형점 근처가 아니라 구덩이 가장자리 가까운 곳에서 일어나는 상황을 나타내는 용어이다. 리질리언스를 다르게 표현하면 얼마나 많은 교란과 변화가 일어나야 시스템이 위치하고 있는 구덩이 속에 머물 수 없게 되는가에 대한 의문이며 이를 생태적 리질리언스ecological resilience 라 한다(Holling, 1973).[8]

공학적 리질리언스는 문턱을 고려하지 않는다. 반면 생태적 리질리언스는 문턱의 확인과 이해가 전부다. 경영자나 도시계획자가 리질리언스라는 용어를 쓰는 경우(예를 들어 '우리는 리질리언스 있는 산업을 육성한다.'라든지 '우리는 리질리언스 있는 도시를 설계한다.')를 보면 어떤 의미로 리질리언스란 용어를 사용하는지 명확하지 않다. 대개 작은 교란이 발생한 후 사업이 평상시 상태로 빠르게 회복하는 현상을 표현하고자 할 때 공학적 리질리언스라는 용어를 쓴다.

'되돌아간다.'는 말과 '되돌아갈 수 있는 능력을 유지한다.'는 말은 분명히 구별돼야 한다. 교란 후 농장, 유역, 혹은 어떤 지역이 얼마나 빠르게 회복되는지도 중요하지만 리질리언스 사고에서는 회복하려는 시스템의 능력이 더 중요하다고 본다.

다음에 나올 산호초 사례연구는 이러한 사실을 보여주는 좋은 예이다. 건강한 산호초는 교란이 닥친 이후에도 재구성될 수 있지만 카리브 해 산호초는

8 기술적 리질리언스가 시스템의 효율성, 불변성, 예측가능성에 초점을 맞추고 있다면 생태적 리질리언스는 지속성, 변화, 예측 불가능에 초점을 맞추고 있다. 전자는 고장-안전설계(fail-safe design, 기능 단위에 고장이 발생하더라도 전체는 안전성을 유지하도록 배려하는 설계)를 하고 싶은 엔지니어들이 가장 우선시하는 속성들이며, 후자는 엔지니어들뿐만 아니라 진화적 관점을 지닌 생물학자들이 받아들이는 속성들이다(C. S. Holling, 1996).

이러한 능력을 상실하였고 막대한 손실을 가져왔다.

리질리언스 사고의 핵심 포인트

- 여러 변수가 사회·생태 시스템에 영향을 미치지만, 실제로 이 시스템은 (대개 느리게 움직이는) 소수의 주요 통제변수에 의해 주도된다.

- 주요 변수들마다 문턱이 존재한다. 시스템이 문턱을 넘어서면 이전과는 다르게 행동하며 그 때문에 바람직하지 못한 일들과 뜻밖의 놀라운 일들이 벌어지곤 한다.

- 한번 문턱을 넘어간 시스템은 대개 이전 상태로 되돌아가기 어렵다(되돌아갈 수 없을 때도 있다).

- 시스템의 리질리언스는 문턱과의 거리로 측정될 수 있다. 시스템이 문턱에 가까워질수록 문턱은 낮아지고 다른 체제로 넘어가기 쉽다.

- 지속가능성이란 용어에 담긴 뜻은 문턱의 존재와 그 위치 파악, 문턱과 연계된 시스템을 관리할 수 있는 능력을 갖추었는지에 관한 내용이 전부다.

왕관의 보석을 잃다
- 카리브 해 산호초

　산호초는 카리브 해라는 왕관의 보석이다. 산호초 생태계는 수천 킬로미터에 이르는 해안선을 누비면서 수백만에 달하는 사람들에게 먹거리를 제공해 줄 뿐만 아니라 폭풍이 몰고 올 최악의 피해로부터 해안지대를 지켜주고 모래를 어마어마하게 만들어 바닷가를 아름답게 만든다. 산호초 생태계의 가장 중요한 역할은 이곳 경제의 핵심 분야인 관광산업이 번창할 수 있게 하는 견인력일지도 모른다. 하지만 생태계의 직접적 경제 가치가 얼마일지 헤아리기란 쉽지 않다.

　2000년 한 해만 해도, 카리브 해 산호초에서 제공되는 어장, 다이빙 관광, 해안선 보호와 같은 생태계 재화와 서비스를 순 경제 가치로 환산하면 31억에서 46억 달러까지 이르는 것으로 추정된다(Burke와 Maidens, 2004). 그러나 이 지역의 경제적 번영과 앞날에 중요한 카리브 해 산호초는 심각한 타격을 받고 있으며, 이와 관련한 대부분의 증거들은 산호초를 죽이는 장본인으로 인간을 지목한다.

　30년 전에는 산호초 지역 전체의 약 50%가 경산호hard corals로 덮여 있었다. 하지만 오늘날 경산호의 비율은 10% 정도이며, 그동안 경산호가 80% 정도 줄었음을 의미한다(Gardner 등, 2003). 최근 세계자원연구소가 펴낸 보고서는 인간의 다양한 활동으로 산호초가 얼마나 위협받는지를 수치로 나타냈다

©NOAA

사진 6 태풍 프란시스는 2004년에 찾아온 세번째로 거대한 태풍으로 카리브 해를 지나쳤다.

(Burke와 Maidens, 2004). 그리고 폐수 방출, 하수 방류, 도시 유출[9], 토목공사, 도로, 항구 건설, 관광 개발 등 카리브 해가 개발되면서 나타난 여러 가지 스트레스 때문에 이곳 산호초 가운데 3분의 1이 위험에 처해 있다고 추산했다. 한편 카리브 해 전역의 3,000개가 넘는 유역을 분석한 결과, 농지나 토지개발에 의해 발생된 퇴적물이나 오염물질이 유입되면서 큰 위험에 처한 산호초의 비율이 20%에 이르렀다.[10] 또한 유람선, 유조선, 요트에서 배출되는 폐수나 석유 기반시설에서 흘러나오는 원유, 선박이 좌초하거나 닻을 내리면서 발생하는 손상으로 위험에 처한 산호초의 비율은 15%에 이른다. 카리브 해 산호초는 대부분 과도한 어획 때문에 위험에 처해 있는데, 인구 밀집 지역과 가까운 해안

---

9 도시의 도로, 주차장, 인도는 아스팔트나 콘크리트로 포장되어 물이 잘 스며들지 않는다. 그래서 도시에 비가 오면 토양으로 물이 스며들지 못하고 배수관을 통해 하천으로 유출된다. 이때 도로, 주차장, 인도 표면에 있던 오염물질이 물에 포함되어 함께 배출된다(http://en.wikipedia.org/wiki/Urban_runoff).

10 퇴적물은 경사가 가파른 농토가 침식될 때 대부분 만들어지며, 수중 생물이 광합성을 하는 데 필요한 빛을 이 침전물이 차단하면서 결국 산호초를 질식시켜 죽일 수 있다(Burke와 Maidens, 2004; http://marine.wri.org/pubs_description.cfm?PubID=3944).

가에 서식하는 산호초가 특히 그러하다(이 부분은 뒤에서 짧게 설명한다).

수치로 나타나는 위험뿐만 아니라 질병과 해수면 온도 상승 문제까지 더해지고 있다. 지난 30년 동안 발생한 여러 질병 때문에 이곳 산호초는 엄청난 변화를 겪었다. 산호초가 온전하게 살아있는 곳은 극소수였고 인간의 손길이 닿지 않는 곳에 산호초까지도 피해를 입었다. 거기에 기후변화가 주는 스트레스와 관련이 있는 백화 현상이 새롭게 대두하고 있다.[11]

카리브 해의 개요

카리브 해 지역은 하나의 나라 또는 수역이 아니라 카리브 해, 멕시코 만, 대서양 북서부 지역 일부를 아우르는 아주 넓은 수역이다.

생동감 넘치는 역사를 거친 이 지역은 문화적, 정치적 다양성이 높다. 카리브 해 지역은 24개 독립국가(그 가운데 14개가 섬나라)와 11개 식민지령으로 구성되었다. 세계에서 가장 부강한 나라(미국)부터 가장 가난한 나라까지, 민주주의가 잘 확립된 국가부터 전체주의 국가까지, 집약적 농업을 하는 산업화가 잘된 나라부터 자연경관 상태가 대부분이고 산업화가 거의 진행되는 않은 나라까지 다양하다.

물은 약 8백만 km^2에 달하는 육지로부터 카리브 해 지역으로 흘러든다. 육지는 캐나다 남부의 미시시피 강 상류 유역부터 콜롬비아와 베네수엘라의 오리노코 유역에 이르는 곳이다. 해안에서 10km 내에 거주하는 인구는 약 4천만 명이다. 산호초 덕분에 카리브 해 지역, 특히 마땅한 대체 생계수단이 없는 시골이나 섬 지역사람들은 식량과 일자리를 얻는다.

카리브 해 연안에 있는 대륙붕과 따뜻한 열대성 바닷물은 2만 6천 km^2에

---

11 산호는 본래 따뜻한 물에서 살지만 너무 따뜻한 물에서는 살기 힘들다. 산호의 주 에너지원은 황록공생조류(zoosanthellae)이다. 이들은 산호의 몸속에서 살면서 광합성으로 영양분을 합성하여 산호에 제공한다. 하지만 수온이 지나치게 상승하거나 주변 환경이 나빠지면 공생조류가 산호 몸에서 빠져나와, 산호의 색깔이 빠진 듯 보이는 탈색 현상이 발생한다. 그러면 산호의 몸 색깔이 흰색으로 변하는데, 이를 백화 현상이라 한다(http://blog.naver.com/koempr).

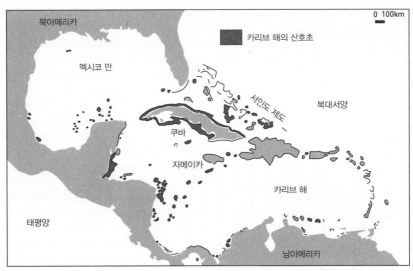

북아메리카

멕시코 만

카리브 해의 산호초

서인도 제도

북대서양

쿠바

자메이카

카리브 해

태평양

남아메리카

0 100km

그림 6 카리브 해의 산호초 분포

이르는 산호초 지대가 형성되는데 더할 나위 없이 좋은 조건이다. 이곳 산호
초 지대는 다른 산호초 지대와 멀리 떨어져 육지라는 장벽에 가로막혀 수백만
년 동안 고립된 채 진화했기 때문에 세계 어느 곳에서도 찾아보기 힘든 수천
가지 희귀 생물종의 보고이다.

인구 밀집 지역 2km 내에 서식하는 산호초가 전체 산호초 가운데 3분의 1
이 넘는다. 여러 해안지역에서는 관광업이 어업을 넘어선 가장 중요한 경제활
동이다.

산호초와 리질리언스

처음은 찰리Charley, 그 다음은 프랜시스Frances, 세번째는 아이번Ivan, 마지
막은 진Jeanne이었다. 한 철에 몰려온 네 번의 대형 허리케인은 엄청난 피해를
입혀, 2004년을 카리브 해 역사상 최악의 해로 만들었다. 허리케인은 카리브
해를 따라 전광석화처럼 이동하면서 산호초를 무참하게 파괴했다. 지난 수세
기 동안(심지어 백만 년 동안) 허리케인은 큰 문제가 아니었다. 산호초는 리질

사진 7 유출, 오염, 지구온난화, 남획, 관광 등에 의한 다양한 영향은 모두 카리브 해의 산호초에게 힘든 대가를 치르게 했다.

리언스가 큰 구조물이기 때문이다.

산호초 생태계는 열대성 허리케인 같은 교란을 늘 겪는 지역에 들어서 있지만, 건강한 산호초는 허리케인 같은 교란이 지나가면 이내 다시 원상회복한다. 하지만 최근 몇 십 년 동안 카리브 해 지역에서 교란된 산호초는 회복되지 않았다. 대신에 카리브 해 산호초의 우점종이 경산호에서 다육질 해초로 바뀌었다(Bellwood 등, 2004).

산호초가 하루아침에 붕괴한 것이 아니다. 한참 전부터 이곳 사람들이 물고기를 남획하여 수산자원이 줄어들었고, 육지로부터 영양염과 퇴적물이 바다로 많이 유출되었다. 퇴적물이 산호초를 덮어버렸고, 영양염이 해초의 성장을 촉진하여 더 이상 초식성 어류에 의한 통제가 불가능하게 되었다. 1960년대까지 다육질 해초가 우점하지 않도록 막는 유일한 것이 긴가시성게*Diadema antillarum*였다. 성게는 포식자 물고기가 부족한 덕택에 번성했다. 1970년대에 물고기가 남획되면서 긴가시성게의 밀도는 비정상적으로 높아졌다. 그때까지 높은 밀도로 유지되던 성게가 해초의 이상증식을 억제했지만, 성게의 섭식행동이 경산호 군락을 퇴화시킨 원인도 되었다.

1980년대 초, 카리브 해 전역에 걸쳐 발생한 어떤 질병 때문에 긴가시성게

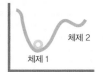

체제 1
= 산호가 우점하는
  암초지대

체제 2
= 조류가 우점하는
  암초지대

그림 7 남획에 따른 산호 생태계의 변화를 '구덩이 속의 공' 모형에 따라 2차원 상에 나타낸 그래프
체제 1(산호초가 우점하는 상태)은 폭풍 피해에 대해서 리질리언스를 가지고 있다(구덩이의 깊이와 체제의
위치에서 알 수 있듯이). 조류에 의한 체제(체제 2) 역시 형성될 수 있지만 굉장히 작은 안정상태를 지니고
있을 뿐이다. 어류에 의한 기능집단이 지나친 어획이나 해양 부영양화에 의해 없어지게 되면, 산호 체제는
리질리언스를 잃게 되고(구덩이가 평평해진다), 조류 체제(체제 2)가 성장한다. 이 시점부터 산호 체제는 충
격에 취약해지고, 시스템은 쉽게 조류 체제의 안정상태로 이동하여 다육질 해초가 우점하게 된다.

가 떼죽음을 당했다.[12] 그 결과 해초는 넓은 지역에 대량으로 발생했고 여전히
건재하다. 현재 산호 질병과 백화 현상이 점점 확산되면서 남아 있는 산호들
은 큰 타격을 입고 있다.

지구 반대편에 그레이트배리어산호초[13]가 있다. 이 산호초는 오스트레일리
아의 동해안을 따라 2천 km나 뻗어 있으며 수천 가지 바다 생물의 서식처이
다. 이곳 산호초는 그들만이 받는 스트레스 때문에 고통을 겪지만 지금까지
카리브 해의 산호초처럼 그 숫자가 급격하게 줄어들지는 않았다. 카리브 해처
럼 물고기가 남획되지 않았고 그레이트배리어산호초가 천혜의 이점을 지니고
있기 때문이다. 사람의 손길이 닿기 전부터 이곳은 카리브 해 지역보다 물고
기와 산호의 종류가 훨씬 많았다.

2백만 년 전쯤에 카리브 해의 수위가 갑자기 달라지고 수온이 바뀌면서 이
곳의 생물종은 병목 현상을 겪었다. 그 결과 생물종 숫자가 급격히 줄었다. 현
재 카리브 해 산호초에 존재하는 생물종 숫자는 그레이트배리어산호초보다
훨씬 적어 어류는 그레이트배리어산호초의 약 28%, 산호는 14%밖에 되지 않

12 가시성게가 떼죽음을 당한 데에는 포식자 감소에 의한 성게의 이상 증식이 유력한 원인으로 꼽는다
   (Bellwood, D. R 등, 2004).
13 그레이트배리어산호초(Great Barrier Reef) : 오스트레일리아의 북동해안을 따라 발달한 세계 최대
   의 산호초로 1981년 유네스코에서 세계자연유산으로 지정하였다.

©Terry Hughes

사진 8.9 회복력을 갖춘 산호초(왼쪽 그림)는 태풍과 같은 교란 후에도 재구축될 능력을 가지고 있다. 하지만 어류에 의한 기능집단을 잃어버리면, 그들은 능력을 잃고 시스템은 경산호가 재생할 수 없는 체제로 넘어간다(오른쪽 그림).

는다. 그레이트배리어산호초의 생물종이 카리브 해보다 훨씬 다양하다.

반응 다양성

리질리언스가 큰 시스템을 만드는 종다양성은 생물종의 많고 적음이 아니라, 생물종이 맡는 역할의 많고 적음이다. 우리는 '기능' 다양성functional diversity 과 '반응' 다양성response diversity 을 구분해야 한다.

기능 다양성이란 한 시스템 내에 생물체의 기능집단functional group 이 다양하게 존재한다는 뜻이다. 이 정의에 따르면 생태계에서는 기능집단마다 다른 기능을 수행한다. 질소를 고정하는 기능집단도 있을 것이고, 노폐물을 분해하는 기능집단도 있을 것이며(초식동물의 개체수를 그 포식자가 억제하는 것처럼), 개체군이 번식하지 못하도록 막아주는 기능집단도 있다. 기능집단마다 방식에는 다소 차이가 있지만 기본적으로는 같은 서비스를 제공하는 여러 가지 생물종이 존재한다. 예를 들어 하나의 생태계에 다육성 조류를 먹는 여러 가지 다른 종들이 있을 수 있다.

다양성을 리질리언스와 연관하여 생각할 때 중요한 점은 다양한 생물체들이 동일한 기능집단의 일원으로 교란에 대해 다양하게 반응한다는 것이다

(Elmqvist 등, 2003). 예를 들어 여러 조류 포식종이 기본적으로 조류 증식 억제라는 서비스를 동일하게 제공하면서도 온도, 환경오염, 질병과 관련된 변화에 각각 다르게 반응한다면 생태계의 리질리언스는 커진다. 생물체들의 반응 유형이 다양하다면, 한 기능집단에서 제공하는 서비스가 다양한 상황에서 지속될 수도 있기 때문에 생태계는 교란을 더 잘 흡수할 수 있다.

한 기능집단 내에서 접할 수 있는 반응 유형의 범위를 반응 다양성이라 하며, 이는 생태계의 리질리언스에 중요하다. 반응 다양성은 기업을 경영하는 사람이라면 누구나 쉽게 이해할 위험보장성 보험, 포트폴리오 투자와 흡사하다. 현재 카리브 해의 산호초를 지탱하는 여러 기능집단에도 반응 다양성이 부족하다.

산호초에 있는 산호의 다양한 기능집단들은 대개 산호 군락의 모양에 따라 나뉜다. 카리브 해 산호초에는 일부 기능집단이 없거나 있더라도 몇 안 되는 산호들만이 그러한 기능집단을 대표하고 있다(즉, 반응 다양성이 아주 부족하다). 예를 들어 카리브 해 산호초에는 병 닦는 솔처럼 입체적인 모양을 한 산호는 없고 사슴뿔산호와 기다랗고 관처럼 생긴 엘크혼산호만 있다. 최근까지 이 두 산호종은 총 산호피복률[14]의 30~50% 이상을 차지할 정도로 카리브 해 곳곳에 풍부히 서식했다. 하지만 오늘날 대부분의 지역에서 이 두 산호종이 사라졌다. 두 산호종이 사라진 지역은 중요한 기능집단 두 개[15]를 잃어버렸고, 얕은 물에 서식하는 주요 산호종의 서식지였던 엘크혼산호와 사슴뿔산호지대가 사라졌다(Bellwood 등, 2004).

어류의 기능집단은 먹이사슬에서 이들이 차지하는 위치에 따라 나뉜다(이를테면 먹이사슬에서 담당하는 포식자, 초식동물이라는 역할로, 이러한 역할을 영양적

[14] 산호피복률(coral cover) : 해면동물, 조류, 기타 생물 대신 살아있는 돌산호가 덮고 있는 산호초 표면의 비율을 나타내는 척도이다. 돌산호, 산호초를 형성하는 산호는 산호초를 입체적 틀로 만드는데 주요 역할을 한다. 입체적 구조는 많은 생물에 중요한 서식처를 제공한다(http://www. healthyreefs.org/cms/coral-cover).

[15] 사슴뿔산호종과 엘크혼산호종은 바닷가재, 비늘돔, 새우 등 산호초에 서식하는 다른 생물종에 서식지를 제공한다.

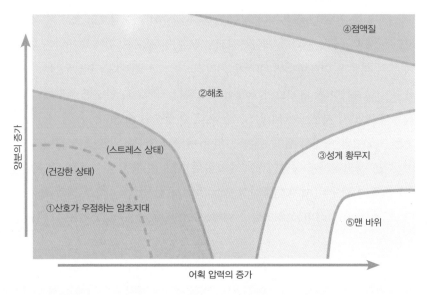

그림 8 어획 압력과 양분 증가에 따른 산호 체제의 이동 가능성
양분이 증가하면 조류가 자란다. 어획량이 증가하면 산호의 재생능력이 감소한다. 이에 따른 5개의 체제는
그림과 같다(Bellwood 등, 2004).

기능집단이라 한다). 영양적 기능집단(전체 먹이사슬)이라는 기준에서 카리브 해
보다 그레이트배리어산호초에 어류가 더 많다.

산호초에 경산호가 다시 자리를 잡도록 조건을 미리 만들기 위해 서로 다르
지만 상보적 기능을 수행하는 세 가지 기능집단인 생물분해자bio-eroders , 저
질 섭식자scrapers , 초식자grazers 의 중요성을 생각해보자.[16] 생물분해를 담당
하는 물고기들은 죽은 산호를 제거하여 새로운 산호가 정착할 수 있도록 경산
호 매트릭스reef matrix, 산호가 자리를 잡을 수 있는 신선한 표면를 노출시킨다. 저질 섭
식자들은 조류와 침전물을 직접 먹어서 제거하여 산호말류와 산호가 성장하
며 살아남을 수 있게 해준다. 초식자들은 해초를 먹어치워 대형 조류가 산호

16 생물침식(bioerosion)이란 산호와 산호말류(coralline algae, 홍조식물 산호말과에 속하는 석회조
류다. 몸 표면에 탄산칼슘으로 이루어진 두꺼운 외벽이 있으며 곧게 서고 뭉쳐나며, 곁가지는 한 평
면에서 깃 모양으로 여러 번 갈라져 난다.)를 침식(erosion)시키는 여러 가지 활동을 통틀어 일컫는
용어다. 생물침식자(bioeroder)란 여러 가지 활동을 통해 산호초를 만드는 산호종의 석회질 골격을
침식, 약화시키는 생물을 말한다(Peter W. Gynn).

를 앞질러 성장하지 못하도록 한다. 기능집단 중 한 부분이라도 없어진다면 산호초 생태계는 교란을 흡수하고 본래 상태를 회복해 중요한 기능을 예전 그 대로 유지할 수 없게 된다.

그레이트배리어산호초에 비하면 카리브 해에는 애초부터 생물종이 많지 않 았다. 카리브 해에 서식하는 물고기가 남획되어 모든 기능집단이 없어지면서 산호초 생태계는 문턱을 건너, 다육질 거대조류가 우세한 새로운 체제로 넘 어간 것이다. 여기에 기능집단이 없다면 산호초 생태계는 경산호가 있던 기존 체제로 돌아갈 수 없다.

토목공학적 방식으로 산호초를 재건하자고 제안된 바 있었고, 실제 2004 년 쓰나미가 인도양을 파괴하고 지나간 뒤 이곳에서 공학적 대책이 적용되었 다. 공사 방법은 산호초의 이식과 소형 인공산호초 건설이었다. 하지만 이런 개입방식은 (생태적으로) 의미 있는 범위에서 전혀 효과가 없다. 또한 지역 수 준에서도 퇴화의 근원적 원인을 바꾸지 못했기 때문에 세계적으로 산호초에 대한 위협이 늘어가는 상황에서 실질적 해결책이 되지 못하고 있다(Adger 등, 2005). 산호를 자연적으로 재생하는 과정이 복구되어야 카리브 해 산호초 전 역에서 경산호가 다시 자리를 잡을 수 있을 것이다. 따라서 산호초 생태계를 복원하려면 수질을 개선하고 고갈된 수산자원을 회복시켜 산호초의 선천적 리질리언스를 높이는데 집중해야 한다.

이 때문에 생태학자들은 이러한 상황에 대응하려면 어획과 기타 인간 활동 을 금지하는 '절대보전지역no take areas'을 아주 크고 신속하게 설정해서 스트 레스를 받고 있는 중요 어류 개체군이 회복되어야 한다고 주장한다.

하지만 현재 드러나는 바와 같이 보전지역의 관리에 자원을 충분히 공급하 지 않거나, 단순히 보전지역의 구상과 운영에서 현지 주민들을 배제한 채 보 호구역을 선포하는 것만으로 그 지역을 보호할 수 없다.

중복성(redundancy)이란 단어가 반드시 금기어일 필요는 없다

'불필요해지다being made redundant'란 말이 누군가가 해고된다는 뜻의 완곡한
표현으로 몇 년 전 재계에 소개되었다. '회사에서 어떤 근로자가 하던 일이 이미 다
른 누군가가 수행한다고 여겨지므로 해고시킨다.'는 전형적인 효율 우선주의 표현
이다. 하지만 생태계 리질리언스를 논의할 때 중복성이 꼭 나쁜 것은 아니다. '근로
자'들은 같은 기능을 수행하지만, 그 방식은 서로 다르기 때문이다.

카리브 해에는 산호초가 생존을 의존하는 많은 기능집단 중에서 단지 몇 종류
만 있을 뿐이다. 그래서 이 기능집단은 여러 가지 교란에 제대로 대응할 수 없다. 많
은 생물종이 존재하면, 각 종이 교란에 대해 각자의 방식으로 다양하게 반응하기 때
문에 산호초의 반응 다양성은 증가될 것이다.

생태계 내에서 같은 기능을 수행하는 생물종을 뜻하는 생물 기능집단의 다양성
이 증가되면 생태계의 성능은 향상된다. 한 기능집단 내에서 생물종의 다양성을 의
미하는 중복성이 증가되면 생태계의 반응 다양성이 커지고, 반응 다양성이 커지면
생태계 성능의 리질리언스가 증가한다.

하지만 카리브 해 산호초의 중복성은 처음부터 그리 크지 못했다. 그래서 물고
기 남획이라는 충격을 받자 산호초 생태계의 반응 다양성은 더욱 줄어들었고, 현재
카리브 해에서 가장 소중했던 생태계는 문턱을 넘어 바람직하지 못한 체제에 돌입
해 버렸다. 원래의 다양성중복성이 없어지지만 않았더라면 산호초 생태계는 충격을
흡수하고 변함없이 그 체제를 유지했을지도 모른다.

산호초는 사회 · 생태 시스템이다

Burke와 Maidens(2004)가 '위험에 빠진 산호초 프로젝트Reefs at Risk

project'를 통해 카리브 해 전체 산호초의 약 20%의 면적에 설정된 해양보호구역 MPAs, Marine Protected Areas 285곳의 유효성을 검토했다. 운영 실태를 조사한 결과 보호구역 중 6%만이 효율적으로 관리되고 절반 가까이는 제대로 관리가 되지 않아, 보호 대상인 자원들이 원래 목적에 맞게 제대로 보호되지 못하고 있었다.

보호구역이 제대로 관리되지 못하는 공통적인 이유는 지역사회가 보호구역을 관리하는 데 필요한 자금을 장기적으로 지원할 능력이 없다는 데 있다. 지역사회의 능력부족은 관리계획을 수립하는 데에 지역사회가 참여하지 못하게 할 뿐 아니라, 보호구역을 관리하면서 발생할 이득을 공유할 수도 없게 만든다.

이러한 실패는 자연자원 관리에 대한 전통적인 접근이 시스템의 사회적 부문과 생태적 부문 간 연계를 거의 고려하지 않는다는 반증이다. 카리브 해 생태계의 사회적 부문을 고려할 때에는 카리브 해에 있는 국가와 역사가 놀라울 정도로 다양하다는 사실을 염두에 두어야 한다. 카리브 해는 여러 나라에 걸쳐 있는 관할권과 만연해 있는 가난 등으로 이 책에 제시된 연구사례 중 가장 엄청난 난관에 직면해 있다.

카리브 해 지역의 역사를 하나로 묶어 간추린다면 유럽 강대국들이 이곳 각지를 식민지로 삼고 오랫동안 혹독하게 다스리면서 자원을 착취, 수탈하였던 역사이다(식민통치가 500년 동안 이어진 경우도 있다). 카리브 해 지역이 독립하여 강대국들로부터 주권을 넘겨받았을 때 자원을 보호하고 개발하는데 도움이 될 기반시설이나 보조 수단은 거의 사라지고 없었다. 이곳 사람들은 적응력이 부족한 상태에서 독립해 살아가기 시작한다.

카리브 해 지역의 바다와 해안은 35개나 되는 여러 나라와 지역에 속해 있어 통합적으로 관리되지 못하고 있다. 카리브 해 지역의 이러한 상황은 그레이트 배리어 산호초와는 대조적이다. 오스트레일리아 정부는 산호초 관리에 드는 엄청난 자원을 투입할 능력을 가지고 있어 독자적으로 그레이트배리어 산호초를 관할, 관리하고 있으며, 카리브 해에서 있었던 남획이 그곳에서는 발생했던 적도 없었다.

리질리언스와 카리브 해 산호초

사회 · 생태 시스템의 리질리언스를 좌우하는 요소에는 여러 가지가 있는데, 그 중에는 지역 주민들이 통제할 수 없는 요소도 있다. 카리브 해 산호초의 경우 기능집단이 아주 다양하게 존재하지만, 기능집단 내에 존재하는 생물종의 숫자는 그레이트배리어산호초와 같은 세계의 다른 산호초 생태계에 비해 극히 적다(즉, 카리브 해의 산호초 생태계는 반응 다양성이 부족하다). 이는 카리브 해의 산호초 생태계가 다른 산호초 생태계에 비해 과도한 어획, 환경오염, 하수 방류, 도시 유출, 해안 개발과 같은 상황에 훨씬 취약하다는 뜻이다. 반응 다양성이 부족하였기 때문에 결국 모든 기능집단이 사라져버렸고, 그래서 교란이 닥친 후 더 이상 경산호가 복구될 수 없는 곳이 많았다.

지금은 많은 사람들이 문제점들을 이해하지만, 사회 · 생태 시스템으로서 카리브해 지역은 이곳을 위험에 빠뜨리고 있는 주요 문제에 제대로 대처할 능력이 없다. 카리브 해의 사회 · 생태 시스템은 적응성이 낮다.

4장

순환고리 속에서 :
단계, 주기, 규모

적응주기와 시스템의
변화 양상

사람들은 생태계가 악화되어 그 상태로 고착된 몇몇 모습들을 경험한 적이 있기 때문에 3장에 다루었던 문턱에 대해서는 비교적 쉽게 이해한다. 이런 모습들에는 한때 인기 있는 낚시터였으나 이제는 악취를 풍기는 호수가 된 곳, 곡창지대였다가 황폐한 땅으로 바뀌어 버린 곳, 미국의 러스트 벨트[1]처럼 지역의 모든 마을에서 산업 경쟁력이 사라져 버린 곳, 아랄 해Aral Sea 처럼 광활한 지역이 생물학적으로 사막이나 다름없는 곳biological desert 으로 바뀌어 버린 곳도 있을 것이다.[2] 이곳들은 문턱을 넘어, 이전과는 다른 피드백이 존재하는 체제로 변했기 때문에 예전 상태로 되돌리기란 쉽지 않다.

　사람들이 문턱의 존재를 알아차리지 못한다면 그 사이에 사회 · 생태 시스템이 문턱을 넘어 새로운 체제로 넘어갈 가능성은 훨씬 더 높다. 리질리언스

---

[1]　러스크 벨트(Rust Belt) : 미국의 대표적 공업지대로 제조업이 쇠퇴하면서 철강, 석탄, 방직 등 사양산업지대로 추락한 미국 중서부, 북동부 지역을 의미한다. 미국 제조업의 몰락을 상징적으로 보여주는 말로 사용된다.

[2]　아랄 해는 카자흐스탄과 우즈베키스탄 사이에 있는 큰 호수이다. 이곳은 고대 문명의 발상지이자 중국에서 시작되는 실크로드의 주요한 물 보급지였다. 하지만 호수로 흘러드는 아무다리야 강과 시르다리야 강의 물을 관개용수로 사용하기 위해 물길을 돌리면서 아랄 해의 수량은 크게 감소했다. 이곳 사람들은 "이곳을 연구하러 온 사람들이 물을 한 동이씩만 가져왔어도 지금쯤 이곳은 원래 모습을 되찾았을 것"이라 비꼬기도 한다.

는 시간과 함께 변화하는 사회·생태 시스템이 매우 다양한 모습으로 나타나기 때문에 알아채지 못한 문턱을 넘는 일이 쉽게 일어난다(3장에서 다룬 바와 같이 리질리언스는 문턱까지의 거리로 정의할 수 있다).

어떻게 리질리언스를 확인하고 키울 수 있을까? 왜 사람들은 빈번하게 리질리언스를 무시하는가? 왜 사람들은 인간 복지에 심각한 영향을 미칠 정도로 소중한 것이 망가지게 놔두는 것일까?

리질리언스 사고의 두번째 구성요소는 시스템이 서로 다른 단계를 통해서 어떻게 움직여 가는지를 설명한다. 이 구성요소는 사회·생태 시스템의 동적인 본질을 이해하고 이를 바탕으로 위 질문들의 답을 찾는 데 도움이 된다.

생명 주기

사람은 태어나서 성장하고 어른이 되었다가 (아마 자녀도 생기고) 죽는다. 이렇듯 사람은 생명 주기의 여러 단계를 거친다. 가정에도, 일에도 주기가 있고 국가와 생태계도 마찬가지다. 주기는 주변 어디에나 있으며 인간은 다양한 시간, 공간적 규모에서 나타나는 주기의 일부분으로 존재한다. 주변에서 작동되는 다양한 주기가 비슷하다는 사실에 독자 여러분은 놀랄지도 모른다.

주기의 중요한 특징 중 하나는 시스템이 머물러 있는 단계가 주기의 어디에 위치하느냐에 따라 사건이 서로 다른 방식으로 일어난다는 것이다. 상황이 서서히 달라질 때, 급격하게 달라질 때, 놀라운 일이 벌어질 가능성이 더 클 때, 혁신이 일어날 가능성이 더 클 때도 있다.

전 세계의 생태계에 대한 연구를 통해서 자연 생태계가 대부분 빠른 성장, 보존, 해체, 재구성이라는 4단계로 이루어진 주기를 반복한다는 사실을 알아냈다(Gunderson과 Holling, 2002). 주기의 각 단계마다 시스템 내부에 있는 요소들의 연결 세기, 시스템의 유연성, 리질리언스가 달라지기 때문에 시스템이 하나의 단계에서 다른 단계로 이동하는 양상도 달라진다.

이러한 주기는 생태계가 어떻게 스스로를 구성하여 변화하는 세상에 대응하는지를 나타내므로 적응주기라고 부른다(Gunderson와 Holling, 2002). 적응주기라는 개념은 생태계에서 일어나는 변화를 비유적으로 나타내는 데 유용한 개념으로 고안되었지만 사회 시스템과 사회ㆍ생태 시스템의 시간에 따른 변화양상을 기술하는 데에도 유용하다. 그리고 '주기'라는 용어를 사용하지만 정작 중요한 점은 4가지 단계가 존재한다는 것이다.

적응주기에 대해 가장 폭넓게 정의한 사람은 생태학자들이지만 이 개념을 처음 도입한 사람은 오스트리아의 경제학자 요제프 슘페터Joseph Schumpeter 이다. 20세기 전반기에 영향을 미쳤던 슘페터는 경제의 호황, 불황 주기를 분석하면서 자본주의를 '창조적 파괴의 끊임없는 광풍'이라 표현했다 (Schumpeter, 1950). 현재 '창조적 파괴creative destruction'는 적응주기 중간 중간에 주기적으로 발생하는 교란을 표현하는데 사용되는 용어다. 창조적 파괴로 안정성이 붕괴되고 시스템이 예측 불가능하게 되지만, 이로 인해 혁신과 재구성에 필요한 자원이 방출되기도 한다.

적응주기의 4단계

리질리언스 사고는 시스템 내부에 있는 요소들의 연결 상태가 지니는 중요성, 교란에 대응할 수 있는 시스템의 능력, 이러한 면들이 적응주기의 각 단계마다 어떻게 달라지는지를 이해하는 것이다. 자연자원을 관리하고 이와 관련된 정책을 수행하자면 이러한 사실을 이해해야 한다. 적응주기에는 상황을 바꿀 더 큰 지렛대가 존재하는 시기도 있는 반면 (상황이 교착상태에 빠질 경우처럼) 상황이 바뀌기 어려운 시기도 있다는 것을 알 수 있기 때문이다. 정책 수립과 관리를 통한 간섭이 어떤 단계에서는 적절하지만 다른 단계에선 그렇지 않을 수 있다.

빠른 성장 단계(r 단계)

적응주기 초기에 시스템은 생물종이나 인간이 새로운 기회와 가용자원을 적극 활용하여 빠르게 성장하는 구간에 놓인다(이를테면 사회 시스템에서 새로운 벤처기업이 등장하는 경우). r은 성장모형에서의 최대 성장률이다.

생물종이나 행위자들(생태계에서는 이를 r-전략가r-strategists라 한다)은 생태적 지위나 사회적 지위를 모두 이용하기 위해 가용자원을 동원한다. 시스템의 구성요소들은 느슨하게 연결되어 있으며 시스템의 내부 상태도 느슨하게 통제된다.

기회를 잘 포착한 r-전략가는 대부분 환경이 크게 바뀌더라도 번성할 수 있으며 짧은 기간 동안 활동한다. 생태계의 r-전략가로는 잡초나 어떤 생태계의 초기 개척종pioneer species[3]이 꼽힌다(북부 산림의 새로 드러난 장소에 자란 오리나무, 개간된 땅에 핀 소리쟁이나 명아주가 그러한 예이다). 경제 시스템에서는 기회를 포착한 혁신가나 기업가가 r-전략가이다(구글을 비롯한 닷컴 기업들의 폭발적 성장을 생각해보라). 신생 기업이자 새로운 재화의 생산자로서 새롭게 열린 시장에서 점유율을 확보하고 열심히 활동하기 시작한다. 범위를 더 넓혀서 새로운 사회뿐만 아니라 국가의 출현, 빠른 성장, 확장에 대해서도 생각해볼 수 있다.

보존 단계(K 단계)

빠른 성장 단계에서 보존 단계로 넘어가는 과정은 점진적으로 진행된다. 보존 단계에는 에너지가 비축되고 자원이 서서히 축적된다. 행위자들은 견고하게 연결되며 성장 단계가 끝날 무렵에 극히 일부의 새로운 행위자들이 자리를 잡을 수 있지만 대개는 기존 행위자 가운데 일부가 그 모습을 바꾼다.

기회활용자opportunists(외부 변화와 불확실한 상황에도 잘 적응하는 생물종, 인간, 단체) 대신 스스로 유대관계를 보강하여 변화에 따른 충격을 줄이는 전문가들이 경쟁에서 우위를 차지한다. 이러한 'K-전략가'(여기서 K는 '수용능력'의 척도 또는 성장모형에 등장하는 최대 개체군 크기)들은 좀 더 오래 생존하면서

---

3 척박한 토양 등 식물이 살아나기 어려운 나지에 가장 먼저 들어와 정착하는 식물을 의미한다.

자원을 더욱 보존적이고 효율적으로 이용한다. K-전략가들은 큰 공간 규모에 걸쳐서 오랫동안 활동한다. 이들은 강력한 경쟁자이다.

성장 중인 비지니스에서 이 말은 업종을 더 특화하고 큰 규모의 경제를 더 효율적으로 운영한다는 의미로 바뀐다. 더 큰 기계, 더 많은 생산, 더 낮은 단가, 더 큰 장기 이익을 뜻한다(예를 들면, 한 지역의 회사에서 국내 굴지의 회사를 거쳐 이제는 세계적 기업이 된 철강 회사).

시스템의 구성요소들이 서로 강하게 결합될수록 시스템의 내부 상태도 강력하게 통제된다. 시스템의 새 구성원이나 새로운 일을 수행하는 방식은 시스템의 자본이 증가하면서 (자본은 점점 동원하기 어려워지지만) 신규 진입이 배제된다. 효율성은 커지면서 시스템의 앞날은 이전보다 훨씬 더 확실하고 확고해 보인다.

생태계에서 축적되는 자본은 바이오매스[4] 같은 자원 속에 저장된다. 자본이 점점 많이 축적될수록 나무의 심재[5]나 동물의 사체처럼 이용할 수 없는 형태로 결합된다. 경제 시스템에서 자본은 기계나 건물 같은 유형자본과 경영 기법, 마케팅 기법, 축적된 지식 같은 인적자본의 형태를 취한다.

시스템의 연결성connectedness 이 커질수록 시스템의 성장 속도는 느려지고 시스템은 점점 견고해지지만 리질리언스는 줄어든다. 효율성의 대가는 유연성 손실이다. 효율성을 높이기 위해 동일한 기능을 수행하는 여러 가지 방법(중복성) 중에서 비효율적인 방법들이 시스템에서 제거된다.

기존의 구조와 과정에 의존하는 시스템일수록 교란에 점점 취약해진다. 이

---

4 생명체(bio)와 덩어리(mass)를 결합시킨 용어로 '양적 생물자원'으로 사용되는 경우가 많다. 원래 일정지역 내에 존재하는 모든 생물의 중량을 나타내는 생태학상의 개념이었는데 미국 에너지성의 대체 에너지 개발 프로젝트인 '바이오매스에서의 연료 생산(fuel from biomass)'에 의해 '양적 생물자원'이란 새로운 개념으로 정착되었다. 바이오매스는 농산물이나 임산물 등의 식물체 외에 클로렐라 등의 미생물, 기름을 짜는 고래 등의 동물체도 포함한다. 생물 전부가 바이오매스라고 할 수 있다. 그러나 소맥이나 쌀 등의 농산물을 식량으로 이용하는 경우에는 그렇게 부르지 않고 연료나 화학원료로 사용되는 생물체를 가리킬 때 사용한다.

5 심재(heartwood) : 나무의 물관부 중 가장 안쪽을 말한다. 살아있던 세포가 전부 사멸하여 수분의 통로 기능과 저장 양분을 잃어버리고 기계적 지지 기능만 남은 부분이다.

러한 시스템이 안정성은 증가하지만 안정을 유지할 수 있는 범위가 좁아진다.

해체 단계(Ω 단계)

보존 단계에서 해체 단계로 넘어가는 과정은 아주 짧은 시간 안에 일어날 수 있다. 보존 단계가 길수록 이 단계가 끝나는데 받는 충격은 작아진다. 교란이 시스템의 리질리언스를 능가한다면 보존 단계에서 보강되었던 유대관계라고 하는 연결망은 찢어진다. 즉, 시스템은 느슨해진다. 견고했던 연결고리가 깨지고 통제가 느슨해지면서 단단하게 결합되었던 자원들이 방출된다. 연결고리가 깨지고 생태계의 구조가 계속 없어지면서 자연자본, 사회자본, 경제자본이 시스템에서 누출된다.

생태계에서는 보존 단계에서 축적되었던 바이오매스와 영양분이 화재, 가뭄, 해충, 질병 같은 요소들로 인해 방출된다. 경제 시스템에서는 신기술이나 시장 충격으로 인해 견고했던 산업이 궤도를 이탈할 수 있다. 각각의 경우에서, 짧은 해체 단계를 거치고 나면 시스템의 동역학은 카오스에 빠진다. 하지만 뒤로 이어지는 파괴에는 창조적 요소가 담겨 있다. 이것이 슘페터가 언급했던 '창조적 파괴'다. 단단하게 결합되었던 자본이 방출되면서, 생태계를 재구성, 재생하는데 필요한 자본이 된다.

재구성 단계(α 단계)

카오스적 해체 단계에서는 불확실성이 우세하여 모든 선택권이 열려 있다. 이러한 불확실성 때문에 해체 단계는 재구성, 재생 단계로 재빨리 넘어간다. 참신함이 넘쳐날 수 있다. 뜻하지 않은 작은 상황들 때문에 미래를 튼튼하게 빚어낼 수 있는 기회가 생긴다. 발명, 실험, 재구성이 다반사로 일어난다.

생태계에서는 다른 곳에 있었거나 이전에 자라지 못했던 초목이 개척종으로 나타나기도, 묻혀 있던 씨앗들이 싹을 틔우기도, 외래 식물과 동물을 비롯한 새로운 생물종이 시스템에 침입하기도 한다. 여러 종이 새롭게 조합되면 향후 검증될 새로운 가능성이 생겨날 수 있다.

경제, 사회 시스템에서는 새로운 집단이 나타나 기존 단체를 장악할 수도 있다. Ω 단계에서 방출된 몇 안 되는 기업가들이 만나 새로운 재생 단계를 시작해 참신한 아이디어로 성공을 이끌 수도 있다(나이키 신발이 이렇게 시작되었다). 각 회사에서 사라졌던 기술, 경험, 전문지식이 새로운 기회를 바탕으로 하나로 합쳐질지도 모른다. 참신함은 새로운 발명, 창의적 아이디어, 사람들의 모습으로 나타난다.

시스템의 관점에서 보면 해체 단계는 카오스적이다. 이 단계에는 안정한 평형상태도, 끌개도, 끌개 구덩이basin of attraction도 존재하지 않는다. 재구성 단계에서는 시스템 참가자들이 정리되고 카오스적 동태에 질서가 생기기 시작한다. 재구성 단계가 끝나고 빠른 성장 단계가 새롭게 시작될 때 등장하는 특징은 새로운 끌개, 다시 말해 새로운 '정체성'이 나타난다는 점이다.

재생 초기에는 여러 가지 미래가 나타날 수 있다. 이러한 단계 때문에 단순히 이전 적응주기가 되풀이될 수도, 이전에 볼 수 없었던 새로운 방식으로 자산이 축적될 수도, 아니면 이미 망가진 생태계가 더 빨리 붕괴될 수도 있다(사회적 시스템에서는 빈곤의 올가미[6]를 지적한다).

시스템은 이 책에 기술된 순서, 빠른 성장 → 보존 → 해체 → 재구성이라는 4단계로 이루어진 적응주기를 따라 움직이는 것이 일반적이다. 하지만 꼭 그런 것만은 아니다. 시스템이 해체 단계에서 보존 단계로 곧장 되돌아갈 수 없지만, 어떤 경우에는 위 순서에 상관없이 다른 단계로 이동할 수도 있다.

가문비나무눈벌레와 사회 · 생태 시스템에 대하여

매니토바Manitoba에서 노바스코샤Nova Scotia를 거쳐 뉴잉글랜드New England 북부에 이르는 광활한 북아메리카 지역에서 자라는 가문비나무 · 전나무 숲은 생태계의 적응주기를 보여주는 좋은 예이다. 이 숲에 서식하는 생물종은 대부

---

6 빈곤의 올가미(poverty trap) : 빈곤층이 취업을 해도 이 때문에 정부 보조금이 줄어들어 생활수준은 변하지 않는 상태를 말한다.

분 가문비나무눈벌레spruce budworm 라는 나방으로, 이 나방의 유충은 침엽수의 새로 난 잎을 먹는다. 눈벌레 개체군은 40~120년마다 폭발적으로 증가하여, 한꺼번에 80%에 이르는 가문비나무, 전나무를 사라지게 한다.

숲을 돌보는 산림 관리자들은 가문비나무눈벌레에 의한 피해를 막아 숲을 보전하고자 노력했으나, 처음에는 이 숲이 겪고 있는 적응주기를 제대로 이해하지 못한 상태로 대응했다.

제2차 세계대전 이후의 가문비나무눈벌레 방제 사업은 살충제를 살포하여 자연자원을 통제하려는, 최초의 엄청난 노력 가운데 하나였다. 사업의 목적은 해충이 임업에 미치는 경제적 파장을 최소한으로 줄이는 데 있었다. 처음에는 상당한 효과가 있었지만, 생산량 최적화를 목적으로 천연자원을 관리할 때 항상 그렇듯이, 얼마 지나지 않아 문제가 발생했다.

어린숲[7]에서는 활엽·침엽 비율이 낮기 때문에, 눈벌레가 잎을 먹어 그 숫자가 불어난다고 해도 새와 다른 곤충을 비롯한 포식자들이 눈벌레를 쉽게 찾아내서 그 수를 통제할 수 있다. 하지만 숲이 성숙하고 잎의 밀도가 증가할수록 눈벌레가 활엽에 가려져 눈에 띄지 않으면 포식자들은 눈벌레를 잘 찾아내지 못하게 되고, 결국 숲은 문턱을 넘어 포식자들이 눈벌레를 더 이상 통제할 수 없게 되면 눈벌레는 눈덩이처럼 불어난다.

적절한 수준에서 살충제를 살포하였기 때문에 눈벌레의 급격한 증식은 막을 수 있었지만 숲 전체를 성숙하게 만들어 오히려 눈벌레가 급격하게 불어날 수 있는 상황을 조성했다.[8] 더 넓은 지역까지 눈벌레가 창궐하지 않게 하려면 살충제를 계속 살포하는 수밖에 없었다(살충제를 계속 살포하면서 비용도 많이 들었을 뿐만 아니라 도리어 문제가 확대되었다). 살충제 살포로 눈벌레를 효과적으로 방제한 초기의 성공으로 인해 살충제 의존 임업이 성장하면서 더 많은

---

[7] 어린숲(young forest) : 어린 나무들로 구성된 임분(산림의 취급단위가 될 수 있는 나무와 땅을 합쳐 임분이라 한다)을 말한다.

[8] 이 부분에 대해 홀링은 '살충제를 살포한 목적은 눈벌레의 제거가 아니라 숲을 계속 푸르게 만드는 것이었지만 불행히도 눈벌레에게는 푸른 숲이 유리하다. 왜냐하면 눈벌레들은 성숙한 숲(푸르른 숲)을 좋아하기 때문이다'라 설명한다(Gunderson, 2002).

나무가 벌채되고 펄프공장도 점점 많아졌다.

결국 가문비나무 잎과 눈벌레는 임계점에 이르렀다. 언제라도 가문비나무 숲 전체에 눈벌레가 눈덩이처럼 걷잡을 수 없이 불어날 수 있는 조건에 다다랐다. 산림 관리자들은 임업계가 해충 대발생이라는 엄청난 충격을 감당할 수 없을 것이기에 살충제를 점점 많이 살포할 수밖에 없었다. 업계에는 산림의 리질리언스가 부족한데 살충제를 계속 살포하니 상황이 더욱 악화되었다. 이로 인해 자원관리의 병폐가 생겨났다.[9]

임업계는 다가오는 위기를 인정하고 생태학자들을 초빙하여 그들이 시스템적 관점에서 어떻게 문제를 해결할지 지켜보았다. 1973년 홀링은 적응주기에 바탕을 두고 가문비나무·전나무 숲의 동태를 새롭게 분석했다.

산림 지대에는 저마다 다른 발달 단계에 놓인 산림 패치林分들이 뒤섞여 있다. 숲이 어리면 산림 패치의 적응주기는 빠른 성장 단계로 시작된다. 그런 다음 위에서 언급된 대로 성숙해 지는데, 약 40~120년 동안 안정된 예측가능한 성장기를 거치고 나면 적응주기는 해체 단계로 확 바뀌어버린다. 새들이 더 이상 눈벌레 유충을 통제할 수 없게 되면서 유충이 급격하게 불어나고 숲에 있는 나무들이 대부분 죽는다. 나무들이 빠르게 죽으면서 어린 나무들이 성장할 수 있는 새로운 기회의 장이 열리고, 재구성 단계 동안 숲 생태계가 재건되기 시작한다. 그리고 나면 적응주기가 되풀이된다.

숲 관리자들은 시스템을 움직이는, 주요 변수들과 적응주기를 이해하면서

---

9 『Panarchy Synopsis』에서 자원관리의 병폐에 대해 다음과 같이 설명한다. "생태계는 화재에서 폭풍까지 여러 교란에 적응하고 있어, 교란이 지나가도 쉽게 회복된다. 하지만 인간이 일으키는 교란들은 흔히 자연적 교란에 비해 더 큰 규모로 발생한다. (자원을 관리하면서 생기는 결과도 포함한) 교란들은 점점 생태계의 리질리언스를 앞지르고 있다. 생태계 관리는 대부분 어획량이나 밀 수확량 같은 특정 생산량을 최대로 산출하는데 초점을 맞추고 있다. 이렇듯 좁게 정의된 재화의 생산성을 높이기 위해 생태계를 관리한다면 리질리언스가 전체적으로 약해지면서 생태계는 경직되고 교란에 점점 취약해진다. 이는 어차피 발생할 일이다. 동시에 정부 당국은 근시안적이고 경직된 방식으로 생태계를 관리하고, 관련 업계는 이러한 정부의 관리방식에 의존하면서 유연성을 상실하며, 사람들의 신뢰도는 사라진다. 생태계는 너무 많은 스트레스를 받아 본래의 모습을 잃고 망가지고 만다. 하지만 망가진 상태는 더 나은 상태만큼 안정될 것이며 몇 십년동안 아니 몇 백 년까지도 지속될 것이다. 이러한 친숙한 과정을 '자원관리의 병폐'라 한다."(Gunderson, 2002).

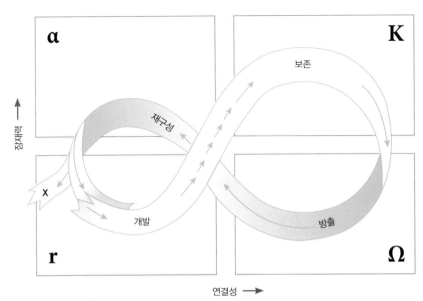

그림 9 적응주기의 첫번째 버전
적응주기의 첫번째 버전은 연결성과 잠재력을 축으로 그림 8과 같이 2차원으로 그려냈다. 잠재력은 축적된 성장과 저장량(나무의 심재나 쌓이는 낙엽같이 이용되지 않고 점점 증가하는 생물량)을 반영한다. 어떤 시스템에서는 방출 단계에서 재구성 단계로 가는 통로를 더 잘 보여주기 때문에 그림 10과 같은 간단한 고리가 사용되곤 했다. 하지만 그림 9와 같은 8자 모양의 적응주기가 상징적인 가치를 가진 원 버전이다. 이러한 이유로 리질리언스와 적응주기에 관한 연구에서 상징처럼 빈번하게 이용된다(Gunderson과 Holling, 2002).

눈벌레를 통제하는 방식을 근본부터 바꿀 수 있었다. 즉, 이전에는 살충제를 넓은 지역에 소량으로 계속 살포했지만 이제는 좁은 지역에 다량을 관리상 꼭 필요한 시기에 간헐적으로 살포하게 되었다. 관리자들은 언제라도 해충이 대발생할 수 있는 넓은 숲을 유지하기보다는, 저마다 다양한 성장, 발달 단계에 놓인 숲들이 뒤섞이도록 산림 지역을 재건하였다.

지역사회에서 생태계의 적응주기가 산림 생산성의 밑바탕이라는 사실을 예전보다 더 많이 이해하고 숲을 주도적으로 관리하게 되면서 산림 산업도 달라졌다.

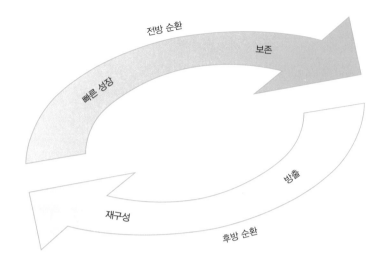

전방 순환

보존

빠른 성장

방출

재구성

후방 순환

그림 10 간단하게 표현한 적응주기
빠른 성장과 보존 단계는 상대적으로 예상 가능한 전방 순환으로 표현한다. 전방 순환에는 안정과 보존을 통해 서서히 자원과 잠재력이 축적된다. 방출과 재구성 단계는 후방 순환으로 표현되는데, 불확실성, 참신함, 실험성으로 특징지어지며, 이 과정에는 모든 형태의 자원의 유실(부족)이 일어난다. 후방 순환은 시스템이 파괴적 또는 창조적으로 변하기 시작할 가능성이 가장 큰 시기다.

눈벌레에서 리질리언스 사고까지

가문비나무 숲과 눈벌레 사례는 리질리언스 사고의 시초가 되었기 때문에 여러 가지 면에서 중요하다. 홀링은 가문비나무 숲과 눈벌레를 조사하면서 지속가능성의 핵심은 교란 후에도 되살아나는 생태계의 능력이라고 주장했다. 생태계와 사회 시스템을 따로 분리하여 분석하기보다 하나의 덩어리로 살펴보아야 하고, 두 시스템이 변하는 환경에 따라 적응주기를 함께 겪는다는 사실도 알게 되었다. 적응주기는 자연계뿐만 아니라 지역사회, 기업, 국가에서도 나타난다.

유사한 형태가 사회 경제 시스템을 연구하는 분야에서 확인되어 오면서, 이후 홀링의 주장은 수십 년 동안 전 세계의 생태학자들과 시스템에 관심을 가진 연구자들의 사고에 촉매제 역할을 했다. 리질리언스 관리와 관련된 모형과 사고는 보다 정교해졌지만 다음의 두 가지 핵심 부분은 그대로 남아있다. 즉 사회·생태 시스템은 여러 가지 안정된 상태로 존재할 수 있으며, 여러 연결된 스케일에 걸쳐 있는 적응주기를 늘 거쳐 간다는 것이다(이 부분은 4장 후반부에서 다룬다).

전방 순환과 후방 순환

전체적으로 적응주기에는 상반되는 두 가지 과정, 즉 성장, 발달 단계로 이루어진 순환('전방' 순환)과 해체, 재구성 단계로 이루어진 순환('후방' 순환)이 존재한다(그림 9와 10를 참조). 전방 순환front loop 또는 forward loop 의 특징은 시스템의 (궁극적으로는 인간의) 복지가 향상되는 데 없어서는 안 될 방식인 자산의 축적, 안정성, 보존이다. 후방 순환back loop의 특징은 불확실성, 참신함, 실험이다. 후방 순환은 시스템이 파괴적 또는 창조적으로 변하기 시작할 가능성이 가장 높은 시기이다. 또한 인간의 행위가 의도적이고 사려 깊은 것이든, 아니면 즉흥적이고 무모한 것이든 간에 시스템에 가장 지대한 영향을 미칠 수 있는 시기이기도 하다.

여기서 적응주기가 절대적인 것이 아니라는 사실이 다시 한 번 강조된다. 적응주기는 4단계를 항상 순서대로 도는 고정된 주기가 아니며 인간사회나 자연환경에서 여러 가지 다양한 형태가 존재한다(그림 11 참조). 빠른 성장 단계는 대개 보존 단계로 넘어가지만 보존 단계를 거치지 않고 곧바로 해체 단계로 이동할 수도 있다. 어느 시점에 이르면 보존 단계는 대부분 해체 단계로 이동하지만 (작은 교란을 거쳐) 성장 단계로 되돌아갈 수도 있다. 생태계나 조직의 현명한 관리자들은 흔히 보존 단계 후기에 나타나는 커다란 붕괴를 막기위해 기술적으로 개입 하곤 한다. 관리대상인 숲이나 조직의 최상위 스케일에서 해체단계를 거치지 않기 위해, 하위 스케일에서 해체와 재구성 단계를 만들어 관리대상 스케일에서 보존 단계 후기를 거치지 않으려는 목적을 달성한다.

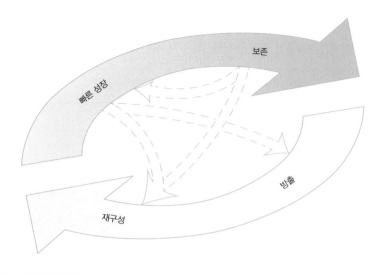

그림 11 적응주기의 변형

방출이나 재구성 단계에서 보존 단계로 바로 가는 것을 제외하고 모든 단계 사이에서 전이가 가능하며, 이러한 과정의 존재가 확인되었다.

자연과 인간의 적응주기

적응주기를 이해하는 가장 쉬운 방법은 직접 관찰하는 것이다. 개척종에서 극상종[10]으로 생물종이 바뀌고 있는 숲을 생각해보자. 전방 순환 단계에서는 산림 자원이 서서히 축적되어, 나무들과 나무에 의존하는 여러 생물에 저장된다. 전방 순환은 예측 가능한 양상으로 길게 진행된다. 이 과정이 오래 이어질수록 축적된 자원은 효율적으로 쓰이고, 그러다 결국 자원들은 묶인다. 이 경우 숲의 리질리언스가 점점 줄어들면서 충격과 교란에 점점 취약해진다. 어느 시점에 이르러 숲은 불가피하게 화재, 폭풍, 해충 대발생과 같은 큰 충격을 겪게 될 것이고, 붕괴로 치달아 축적된 영양분이나 바이오매스를 방출할 수밖에 없다. 오랫동안 보존 단계 후기에 머물렀던 숲일수록 작은 충격에도 해체 단계로 넘어간다. 후방 순환은 전방 순환에 비해 짧다. 후방 순환에 이르면 숲은 스

---

10 극상종(climax species) : 식물간 경쟁에서 이겨 궁극적인 생존자가 되면서 안정된 군집을 형성하는 종을 말한다.

스로를 재구성하고 새로운 적응주기를 시작할 준비에 들어간다.

인간의 사회시스템에 대해 주택을 건설하는 새로운 비즈니스로 생각해보자. 회사는 지금까지 없던, 새롭고 혁신적인 사업 방식을 시도하면서 열심히 자신의 시장을 구축한다. 그리고 성공을 거두면서 성장하기 시작한다. 시간이 흐르면서 회사는 지금 잘되고 있는 사업을 더 효율적으로 처리하며 스스로 거둔 성공에 익숙해지기 시작한다. 가장 효율적인 방식으로 사업을 추진하기 위해, 이를테면 한 가지 방식 또는 특정 고객층의 수요에 맞는 주택을 건설하기 위해 건설 장비를 구매하는데 자원이 묶인다.

하나 또는 몇 안 되는 방식으로만 사업을 추진하면서 회사는 리질리언스를 점점 잃어간다. 다양한 사업을 벌이거나 한 가지 사업을 추진하는데 여러 방식으로 자원을 투자한다면, 현재 잘 되는 사업에만 집중하는 것보다 효율성이 떨어진다. 하지만 이렇게 유연성을 잃는 것은 충격과 교란에 점점 취약하게 됨을 의미한다. 주택 건설이 급락하는 경기침체나 여러 가지 주택을 보급하는 경쟁 회사의 출현이 충격과 교란의 예이다. 이 회사는 특정한 방식으로 건축하는 주택에 전적으로 의존하고 있다가 결국 파산하고 만다. 회사가 후방 순환 단계로 접어든 것이다. 이제 회사가 묶어 놓았던 자원(인력과 자본)이 방출되면, 회사에 남아 있던 사람들이나 다음 적응주기를 선도할 혁신가들이 이를 이용하게 된다. 원래 있던 회사는 다음 적응주기의 일부분이 될 수도 있고 그렇게 되지 못할 수도 있다.

국제 에너지 시장이 화석연료에 어떻게 좌우되는지 생각해보자. 다년간 전 세계의 과학자들과 경제학자들이 화석연료를 대체할 재생에너지를 생산할 필요성에 대해 논의해 왔다. 그러나 사람들은 아직 화석연료에 의존하는 관행에서 쉽게 벗어나지 못하는 것처럼 보인다. 많은 사람들이 불합리하다고 여기겠지만, 화석연료 산업에 이용되는 자원은 가장 효율적인 방법으로 사용되도록 묶여 있고, 이 산업이 느리고 예측 가능한 전방 순환 단계를 거쳐 왔기 때문에 이러한 현상은 적응주기에 들어맞는다.

하지만 화석연료 업계는 다양한 방법으로 사업을 추진할 능력을 이로 인해 잃어버렸다. 기존의 방식으로 화석연료를 사용하는 기관과 업체가 너무나도 많다. 대체 연료를 개발하려는 획기적 시도는 묵살되거나 제대로 지원되지 못하고 있다. 그 때문에 화석연료 업계는 리질리언스를 갖추지 못하고 있다. 화석연료는 제한된 수명을 가지고 있어서, 어느 순간 화석연료 업계에 충격이 닥치면 심각한 붕괴로 이어질 것이다. 겪게 될 변화가 갑작스럽고, 대가가 크며, 고통스러울지는 변화가 닥치기 전에 업계가 스스로를 변화시킬 수 있는지에 달려 있다

화석연료 업계가 갑자기 붕괴되면, 뒤이어 올 후방 순환 단계에서는 기존 업계에 묶여 있던 자원이 방출되어 다른 영역에서 벌어질 혁신적인 일에 쓰일 것이다. 이러한 일이 늦어질수록 해체 단계에서는 더 큰 손실이 발생할 것이다. 그러면 다음에 이어질 전방 순환 단계는 재편성 단계가 더 일찍 진행되어, 출현할 전방 순환 단계와는 다를 것이다. 얼마나 다를지 정확히 알 수 없지만 해체 단계가 더 커진다면, 적어도 다음 순환 단계가 시작될 때 인류의 복지 수준이 훨씬 낮아질 것이다.

지속가능한 에너지의 혼합사용으로 옮겨가는 길을 택할 수도 있다(유럽의 몇 나라에서 시도되고 있다).[11] 이런 양상과 그에 따른 변화는, 작은 규모에서의 변화를 거쳐 후기 보존 단계에서 초기 보존 단계로 되돌아가는 과정 또는 해체 단계에서 발생되는 비용을 최소한으로 줄이고자 업계 전체가 빠른 재구성 단계를 거쳐 새로운 전방 순환 단계로 곧바로 이동하는 과정으로 구성된다.

후방 순환 단계는 불확실한 시기일 뿐만 아니라 큰 변화가 일어나 종래의 질서가 예측 불가능하면서도 획기적인 방식으로 재구성되는 시기이므로 권력을 가진 사람들은 후방 순환 단계를 두려워하며 늦추고자 한다. 하지만 언제까지나 보존 단계 후기에 머무를 수 있는 시스템은 없다. (보존 단계에서 축적된) 복잡한 상황을 단순하게 만들거나, 잠재력 가운데 일부를 방출하여 빠른 성장 단계로 되돌아가거나, 아니면 최소 비용을 들여 보존 단계에서 재구성

---

11 에너지 혼합(energy mix) : 석유, 석탄 같은 기존 에너지에 태양광 에너지 같은 신 에너지원을 다양하게 융합하여, 폭발적으로 증가하는 에너지 수요에 적절히 대응하는 것을 말한다.

단계로 옮겨가려 신중하게 노력하지 않는다면 어떤 형태로든 아주 심각한 후방 순환 단계를 겪을 수밖에 없다.

K 단계(보존 단계) 후기에 도사린 위험

우리는 전방 순환 단계가 자본(모든 형태의 자본)의 축적에 있어 필수적이라 강조한다. 전방 순환 단계는 인간 복지가 증진하는 단계다. 해체와 재구성 단계에서는 자본이 축적되지 않는다. 빠른 성장 단계에서 보존 단계 중기까지가 자본이 축적되면서 리질리언스가 높은 수준에서 중간 수준으로 낮아지는 시기이다.

보존 단계 후기로 접어들어 시스템이 고착되기 시작하면 상황은 썩 좋지 못하다. 이러한 상황에서 나타나는 특징들은 다음과 같다

- 불필요하다고 생각되는 요소들이 제거되어 효율성이 높아진다(일률적 해결책이 점점 일상적으로 쓰인다).
- 사람들을 변화시키기보다 유지하기 위해 보조금이 지급된다.
- 새로운 투자 대상을 탐색하기보다 기존 투자 대상에 더욱 더 줄기차게 공을 들이는 '매몰 비용' 효과가 커진다(콩코드 효과[12]).
- 지휘와 통제가 점점 심해진다(동시에 유연성은 점점 줄어든다).
- 관행에 점점 집착한다(관행을 지키기 위해서 규칙을 더 만들고, 거기에 쏟아 붓는 시간과 노력이 점점 많아진다).
- 참신함이 억압받을 뿐만 아니라 실험에 필요한 지원도 줄어든다.
- 일을 처리할 때 거래비용이 증가한다.[13]

[12] 콩코드 효과(Concorde Effect) : 매몰 비용(sunk cost) 효과라고도 한다. 돈이나 노력, 시간 등을 투자한 경우 성공 가능성에 관계없이 투자한 대상을 지속적으로 끌고 가려는 성향을 말한다. 1969년 영국과 프랑스가 합작 투자한 콩코드 비행기가 탄생했지만 생산비가 많이 들고 마케팅이 영 시원치 않았다. 가망이 없는데도 계속 투자하다가 총 190억 달러를 쏟아 부은 끝에 2003년 4월에서야 운행을 중지했다. 여기서 '콩코드 효과'라는 용어가 생겨났다.

[13] 거래비용(transaction cost) : 각종 거래 행위에 수반되는 비용이다. 거래 전에 필요한 협상, 정보 수집이나 처리는 물론 계약이 준수되는 지 감시하는 데 드는 비용 등이 이에 해당된다.

K 단계 후기에는 자산이 축적되지 않고, 시스템이 커다란 붕괴를 겪을 가능성이 크다. 시스템이 K 단계 후기에 있다면 맨 처음 제기되는 질문이 통제 가운데 일부를 어떻게 푸느냐이다. 어떤 해체 단계든 비용이 많이 들고 불편하며, (사회, 경제, 자연) 자본도 이 단계에서 손실된다. 그러므로 해체 단계가 불가피할 것 같다면 다음과 같은 질문이 제기될 수 있다. 후방 순환 단계를 통과하는 적절한 통로를 찾을 수 있을까?

시스템이 당분간 보존 단계 후기에 머무를지는 몰라도 그 단계에서 언제까지나 있을 수는 없다. 즉, 복잡계는 그런 식으로 작동하지 않는다. 시스템을 보존 단계 후기에 머무르게 하는 비용은 시간이 흐를수록 증가한다. 사회나 국가 규모에서 보존 단계를 유지하는 데 소요되는 비용이 모든 개선책으로 얻을 수 있는 이익을 넘어서게 되면 사회는 붕괴된다(Tainter, 1988).

절호의 기회

후방 순환 단계가 모두 나쁜 것은 아니라는 점이 이제 명확해졌다. 후방 순환은 재생과 회복의 시기이며 새로운 시작과 가능성이 싹트는 시기이다. 그래서 이 시기를 창조적 파괴기라고 한다.

가뭄과 홍수 때문에 창조적 파괴가 촉발될 수도 있지만 경기침체, 전쟁, 강력한 지도자의 죽음 때문에 그렇게 될 수도 있다(새로운 사고방식, 패러다임에 대해 논의했던 2장을 참고한다). 상황이 충격적일 수도 있으며 재산과 생명을 앗아갈지도 모르지만, 새로운 시작이 싹틀 수도 있다. 그리고 새로운 시작은 다음 전방 순환 단계에서 지배적 패러다임이 될 수도 있다. 끊임없이 변화하는 사회·생태 시스템에서 새로운 시작은 변화와 개혁이 이루어지는 중요한 시기다.

에버글레이즈를 되돌아보자. 에버글레이즈 역사는 교란, 해체, 재구성, 점진적 성장으로 구성된 주기였다. 현재 에버글레이즈와 관련된 입법 문제는 교착상태에 빠져 있으나, 새로운 교란을 통해 교착상태를 벗어날 수도 있다.

제방, 적응주기, 좋은 기회에 대하여

좋은 아이디어만 가지고는 어떤 일이 실현될 수 없는지가 때로는 적응주기로 설명된다. 어떤 일이 실현되려면 좋은 기회가 있어야 한다. 재구성 단계 동안 아이디어가 착안되고도 K 단계까지 실현되지 못한 채 남아있었다면, 여러분은 아마도 기회를 잃어버렸을 것이다.

골번브로큰 유역과 관련하여, 홍수를 통제하던 여러 제방을 철거하여 골번 강 범람원의 원래 기능을 재건하자는 혁신안을 제시해보자. 이 책에 제시된 지휘 · 통제 방식에 관한 예가 대부분 그러하듯, 제방이 세워지면서 홍수라는 단기적 문제는 해결되었으나 그보다 더 큰 규모에서 여러 문제가 발생했다. 제방 때문에 중소형 홍수는 리버레드검 River Red Gum 숲의 광활한 범람원에 가까이 오지 못하고 북쪽으로 갔다. 그 덕분에 작물들은 잘 자랄 수 있었지만 강물이 범람하지 않게 되면서 리버레드검 숲의 생태계가 버텨내기 어려워졌다.[14] 홍수가 범람원을 뒤덮지 않고 (머레이 강의) 주요 물길 쪽으로 떠밀려 내려가면서, 물길이 광범위하게 침식되고 물길 주변의 환경이 훼손되었다.

제방은 중소형 홍수는 막았지만 지난 수십 년간 발생했던 대형 홍수들은 거의 막아내지 못했다. 대형 홍수가 발생하자 제방 북쪽에 구멍이 뚫리면서 물이 범람원으로 쏟아져 나왔고 남쪽에도 구멍이 뚫려, 홍수로 불어난 물이 소중한 관개농지를 망쳐놓았다.

설상가상으로 제방을 보수하는 데 어마어마한 비용이 들었고, 귀중한 생태계가

---

14 리버레드검(river red gum, *Eucalyptus camaldulensis*) : 오스트레일리아에서 서식하는 크고 빨간 고무나무로 물길 둑이나 범람원 주위에서 서식한다. 물길과 가까이 있기 때문에 리버레드검은 주기적으로 홍수를 겪는다. 리버레드검은 점토 함량이 높은 토양을 좋아한다. 주기적 홍수가 일어나면 심토가 물로 흠뻑 적셔지므로 리버레드검은 강우뿐만 아니라 이러한 홍수에 의존하게 되는 것이다. 하지만 머레이 강 유역에서 관개용수를 확보하기 위해 제방을 만들어 강물을 통제하면서 홍수가 거의 일어나지 않게 되었고 그 때문에 머레이 강 유역에 서식하는 리버레드검 가운데 75%가 스트레스를 받아 죽어가고 있다(http://en.wikipedia.org/wiki/Eucalyptus_camaldulensis).

피해를 입었으며, 제방이 거의 10년에 한 번 꼴로 망가지면서 중형급 홍수에 의해 발생했던 피해가 더욱 악화되었다. 제방의 이점은 값어치 떨어지는 농지가 작은 홍수에 피해를 입지 않게 해준 일뿐이다. 인간이 얼마나 오랫동안 잘못된 생각을 고집할 수 있는지를 보면 흥미롭다. 혁신이 시작되기란 너무도 어렵다.

1993년 봄에 닥친 홍수는 특히 심각해서, 제방의 피해 규모가 1백만 호주달러에 이르렀고 부근에 있는 기반 시설과 농지의 피해 규모는 2천만 호주달러에 이르렀다.

피해 규모에 화들짝 놀란 사람들은 결국 행동에 나섰다. 저수지관리공사는 강 북쪽에 있는 제방을 철거하자고 제안했다. 그러면 원래 범람지 일부에 홍수로 불어난 물이 또 한번 쏟아져 나올 것이며, 리버레드검의 범람지는 활기를 되찾고, 홍수가 닥쳐도 주요 물길은 침식되지 않으며, 머레이 강 남쪽에 있는 소중한 농지는 훨씬 잘 보호될 것이다. 제방철거 계획에 책정된 비용은 정부가 범람원에 있는 사유지 1만 ha를 사들이는 데 대부분 소요되었으며, 이 구입비용은 1993년 홍수 피해액보다 적었을 것이다.

여러 단체들은 대부분 제방철거 계획이 환경적 면에서 승리이고 경제적 면에서 이득이라고 선전했지만, 불행히도 계획 작성까지 여러 해가 걸렸고 범람지 가운데 일부를 소유하는 기득권자 몇 사람이 계획에 반대했다. 철거 계획의 단점과 지연된 과정을 명확히 하자면 좀 더 많은 연구가 진행되어야 했다. 계획의 촉매제가 되었던 1993년 홍수가 사람들의 기억에서 멀어질수록 계획이 준비되는지 신경 쓰는 사람들도 점점 줄어드는 듯했다.

2005년 사상 최악의 가뭄이 닥치면서 이 특별한 제안이 꽃피울 기회의 창은 적어도 다음번에 홍수가 닥쳐오기 전까지는 닫혀버린 듯했다. 다음번에 홍수가 닥치면 리버레드검은 (그 나름의 적응주기를 거치면서) 제2의 창조적 파괴기에 진입할 것이다. 그때 준비가 다되었다면 계획은 성공할 기회를 잡을 것이다.

생각해보면 리버 레드 검 생태계에서 벌어지는 홍수는 창조적 파괴이다. 홍수 때문에 잡초가 죽고, 쓰레기 더미가 돌아다니고 토사와 영양염이 쌓인다. 동시에 물고기, 양서류, 물새가 번식하고 빌라봉 billabongs [15] (작은 우각호[16]와 비슷한 물줄기), 습지, 하천에 다시 물이 채워진다. (리버레드검에 만들어진) 제방 구역은 인간이 창조적 파괴를 통제하려는 시도였다. 하지만 불행히도 그러한 시도 때문에 창조적 요소는 사라지고 파괴적 요소만 남고 말았다.

일단 생태계가 후방 순환 단계를 벗어나 전방 순환 단계에 이르면 느린 맷돌처럼 새로운 진입자, 새로운 아이디어, 다양한 일처리 방식(사업 방식)을 갈아내기 시작한다. 그러면 혁신과 참신함을 이룰 기회가 줄어들고 결국 기회는 닫혀 버린다.

스케일의 중요성

우리가 사회 · 생태 시스템의 적응주기를 언급할 때, 현재 이해관계가 걸려 있는 특정 스케일에 지나치게 집중하는 경향이 있다. 사람들은 농장이나 비즈니스에 대해 언급하면 보통 그 농장이나 비즈니스만을 생각한다. 하지만 사람들이 관심을 갖는 스케일은 시간, 공간적 스케일의 위, 아래에 존재하는 스케일에서 벌어지는 일과 연관되어 있고 영향을 받는다. 시스템은 각각의 스케일에서 그 나름의 적응주기를 거치고 있으며, 또 다른 (서로 연결되어 있는) 스케일에 존재하는 시스템이 어떻게 행동할지는 여러 스케일에 걸친 연결고리에 따라 크게 좌우된다. 하위 규모에서 교란이 발생하면 그보다 상위 스케일에 존재하는 시스템이 보존 단계 후기로 나갈 수 없다고 앞에서 언급했었다.

이것은 어떤 시스템을 상상하든, 그 시스템은 서로 다른 시간, 공간적 스케일에서 작동하는 적응주기들이 연결된 계층 구조로 구성됨을 의미한다. 각 스

---

15 빌라봉(billabong) : 오스트레일리아에서 강이 범람하여 형성된 호수이다.
16 우각호(oxbow lake) : 하천의 일부가 막혀서 만들어진 호수이다. 예전에 강의 일부였던 호수이므로 하적호라고도 한다. 반달 또는 소의 뿔처럼 둥글게 생겨 우각호라는 이름이 붙었다.

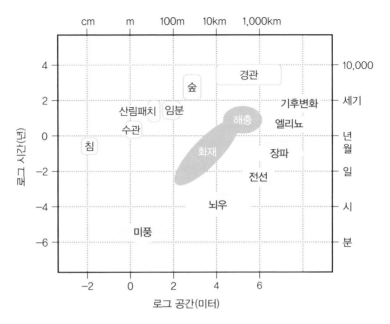

그림 12 북부 산림의 시간과 공간적 규모(Gunderson과 Holling, 2002)

케일에 존재하는 시스템의 구조와 동태는 몇 안 되는 핵심 과정에 의해 좌우되며 결국 이렇게 연결된 계층 구조가 모든 시스템의 행동을 좌우한다. 계층 구조의 연결을 파나키panarchy 라 한다.

'파나키'라는 용어는 서로 다른 스케일에 걸쳐 동적으로 이루어진 인간과 자연 시스템의 상호작용을 설명하기 위해 홀링과 건더슨이 처음으로 사용했다. 홀링 등은 예측 불가능한 변화라는 이미지를 담기 위해 보편적 특성을 상징하는 그리스 신의 이름인 판Pan 을 따고 여기에 자연과 인간 시스템에 존재하는 서로 다른 스케일에 걸친 계층 구조를 나타내는 영어 단어인 hierarchy 를 합쳐 '파나키'라는 단어를 만들었다. 파나키에는 시스템이 스스로를 구성할 수 있고(시스템의 총체성system integrity), 적응을 통해 진화할 수 있으며, 때로는 변화라고 하는 강풍에 굴복하기도 한다는 개념이 담겨 있다.

다중 규모의 구조와 동태를 명확히 이해하는 것은 매우 중요하다. 몇 가지 예를 생각해보면 이해에 도움이 된다. 앞에서 언급했던 북아메리카의 침엽수

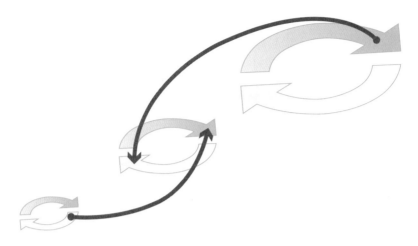

그림 13 파나키는 연결된 적응주기에서의 계층 구조를 의미한다.

림을 다시 생각해보자. (우리의 목적에 맞는) 가장 작은 스케일은 나뭇잎, 각각의 침엽수 잎이다. 그 다음으로 큰 스케일은 수관^{canopy}이다.[17] 그림 12는 침엽수림과 이 침엽수림을 만들어내는 과정에 관련된 모든 공간, 시간적 스케일을 보여준다.

잎 스케일의 구조는 센티미터 단위로 측정되며 최대 1년이라는 시간 스케일에서 작동되는 식물 생리와 환경 조건에 따라 좌우된다. 여기서 1년이란 침엽이 생성되는 시간이다. 수관은 미터 규모에서 작동하며 약 10년 주기로 생성된다. 나무의 주기는 100년 이상이다. 임분 구조에서 여러 수목 종은 수십 미터 스케일에서 활동하며, 상대적 숫자와 크기는 빛, 물, 영양물질을 놓고 이들이 벌이는 경쟁과 수백 년에 달하는 생성 주기에 따라 달라진다. 숲의 전체 구조는 수 킬로미터라는 거리 스케일과 수백 년이라는 시간 스케일에서 작동한다. 그리고 구조는 화재, 폭풍, 해충 대발생 같은 과정들에 좌우된다. 경관 수준이나 수천 킬로미터 공간 스케일은 기후, 지형, 생물학적 과정을 통해 수백 년에서 수천 년이라는 시간 스케일에서 변화를 몰고 온다.

17 수관(crown of tree) : 나무의 가지와 잎이 달려 있는 부분으로 원 몸통에서 나온 줄기다. 바늘잎나무는 원뿔 모양을, 넓은잎나무는 반달 모양을 이룬다.

자연 시스템 스케일과 상호작용은, 숲을 이용하고 숲과 그 주변에서 일하는 인간 사회활동의 일부이다. 근로자 개개인, 그들의 가족, 그들이 속한 지역사회와 관련된 시간, 공간적 스케일이 있다. 마찬가지로, 임업 회사의 운영, 임업 회사에서 사용되는 장비, 임업 회사가 속해 있는 업종, 경제적 번영과 성장이라는 더 큰 주기와 연결되는 목재의 수요 등과 관련된 시간, 공간적 스케일이 있다. 이렇듯 여러 스케일에 걸친 복잡계의 동태가 모이면 사람과 자연이 서로 연결된 시스템인 파나키가 된다.

가장 중요한 사실은 파나키의 모습을 만들어내는 과정들이 결국 이런 모습에 의해 강화된다는 점이다. 파나키의 모습과 이 모습을 만드는 과정들은 자기조직화되는 것이다. 이는 복잡적응계의 중요한 특징이다(2장 참조).

여러 스케일에 걸친 연결

여러 스케일에 걸친 연결고리는 특히 흥미롭다. 연결고리는 파나키를 구성하는 여러 스케일에 걸친 적응주기에서 나타나는 중요한 특징이다. 한 범위에서 발생하는 상황은 다른 범위에서 발생하는 상황에 영향을 미치거나 상황을 이끌 수도 있다.

한 스케일이 다른 스케일에 미치는 영향을 무시하기 때문에 자연자원 관리 시스템이 대부분 실패하는데, 특히 재화 생산량을 최적화하려고 할 때 그런 일이 벌어진다. 여기서 얻을 수 있는 교훈이 있다. 모든 시스템이 다 그렇지만 그 중에서도 사회·생태 시스템을 놓고 볼 때, 특정한 스케일에만 관심을 둔다면 이 시스템을 이해하거나 제대로 관리할 수 없다는 점이다. 사람들은 보통 직접 이해관계가 걸려있는 스케일(농장, 회사, 저수지, 도시)에만 집중한다. 하지만 스케일에서 나타나는 구조, 동태와 스케일에서 시스템이 어떻게 대응할 수 있고 대응할 것인지는 그 스케일의 상위, 하위 단계 스케일에 존재하는 시스템의 상황이나 동태에 따라 크게 영향을 받는다.

이 사실을 명확히 보여주는 예가 몇 가지 있다. 농부들마다 자신이 소유한 땅에서 나무를 베어내고 넘치는 관개수를 강으로 흘려보내고 싶지만 더 높은 단계에서 이루어지는 규제 때문에 그렇게 하지 못할 것이다. 자신의 상품을 파는 농부들의 능력은 무엇보다도 시장이라는 스케일에서 발생하는 선호도의 변화에 영향을 받을 수도 있다. 그리고 가뭄과 같은 혹독한 시련이 닥칠 때 농부들이 자신보다 상위 스케일에 있는 조직(대개 정부)으로부터 도움을 받을 수 있을지 여부는 규모, 시점에서 시스템(여기서는 조직)이 처한 상황에 따라 다르다. 예를 들어 국가 경제가 튼튼하다면 가뭄이 닥쳐도 지역사회에서 가뭄을 극복할 수 있도록 농부들을 지원해달라고 정부에 강력하게 요구할 수 있다. 하지만 국가 경제가 침체되어 있다면 정부는 농부들을 지원해 주지 못할 것이다.

화재나 태풍으로 파괴된 산림 패치가 복구되는 방향은 주변 성숙림에 있는 여러 수종의 종자가 이용될 수 있을지 여부에 달려 있다. 임분의 복구 방향은 숲 전체라는 규모에 속한 임분 시스템의 '기억'에 달려 있다. 공동체가 엄청난 (환경적, 경제적, 사회적) 충격을 겪고 복구되는 양상은 충격에 대응하는 방식을 공동체가 '기억'하는지 여부에 달려 있으며, 이 기억은 공동체가 속한 더 높은 스케일인 사회 속에 깊이 각인되어 있다.

앞에서 나온 하향식 연결고리와 마찬가지로 상향식 연결고리도 중요할 수 있다. 숲이라는 스케일에서 보면 각 임분은 나름 (빠른) 적응주기를 거치며 변화무쌍한 결과를 만들어낼 수도 있다(아니면 숲은 대체로 이전과 거의 같은 상태에 머무를 수도 있다). 하지만 임분들이 동일한 적응주기 단계에 놓인 경우 (임분들이 지나치게 동기화되면) 한 임분이 바뀌면 다른 임분도 바뀔 수 있다. 효과는 상위 스케일까지 파급되어 결국 숲 전체가 바뀔 수 있다. 가문비나무눈벌레를 통제하기 위해 살충제를 살포하면서 사건이 발생했다. 임분들은 해충의 대발생에 버텨낼 수 있었지만 임분보다 더 넓은 지역의 숲이 동기화되었다.

화석연료 산업의 예도 살펴보자. 만약 화석연료 산업이 붕괴되면 수많은 경제활동이 후퇴되거나 침체될 수 있다. 경제의 하강국면은 (화석연료 산업의 규모에 관해 생각하지 않는) 작은 스케일의 비즈니스에 영향을 주어 후방 순환 단계로 넘어가게 할지도 모른다.

때로는 작은 스케일의 시스템이 큰 스케일의 시스템과 연결을 통해 작은 스케일의 시스템이 아니었으면 끝나버렸을 보존 단계를 오랫동안 지속하기도 하다. 에버글레이즈를 예로 들면, 연방정부가 막대한 자원을 투입하지 않았더라면 이곳 사람들은 습지의 물을 계속 개발하고 배출하고 조절하지 못했을지도 모른다. 상위 스케일의 정부 보조금이 투입되면서 보조금이 없었다면 넘어가 버렸을 그보다 하위 스케일에 속한 지역사회의 K 단계가 더 오랫동안 지속된 경우도 많았다.

골번브로큰 유역을 예로 들면, 상위 스케일에 속하는 주정부와 연방정부가 규제를 완화하고 지역 당국에 권한을 넘겨준 덕분에 유역에서는 새로운 차원의 조직을 만들어 1970년대에 닥친 지하수 범람이라는 위기에 대처할 수 있었다. 골번브로큰 유역 관리기구가 지하수 문제를 처리하는 데 성공하자 다른 지역과 주에서도 이를 본보기 삼아 독립된 유역 관리기구를 만들었다. 한 저수지에서 일어난 혁신이 파급되어 더 큰 스케일에까지 영향을 미친 것이다.

골번브로큰 유역 사례연구에서는 복합 스케일 효과cross-scale effect를 보여주는 흥미로운 예가 하나 더 있다. 1970년대, 골번브로큰 유역에 폭우가 내려 지하수위가 엄청나게 상승하면서 이곳에 있는 유실수가 대부분 죽었을 때 영국이 유럽연합에 가입하면서 오스트레일리아는 과일을 팔 수 있는 중요한 수출 시장을 잃어버렸다. 과일 가격이 곤두박질치는 판국에 지하수위 상승이 미치는 영향은 감춰져 버렸다. 죽은 나무에서 열리는 과일은 이제 큰 가치가 없었기 때문이다. 농부들은 결국 죽은 나무들을 뽑아냈다. 이러한 시장 충격이 없었다면 그 당시에 지하수위 상승 문제를 처리하기 위한 더 많은 조치가 취해졌거나 골번브로큰 저수지의 과수 산업이 다른 지역으로 옮겨 갔을지도 모른다.

문턱과 적응주기

문턱(제3장 참조)과 적응주기는 모두 리질리언스 사고의 핵심이다. 적응주기는 시간이 흐르면서 시스템이 어떻게 행동하는지, 시스템이 놓여있는 적응주기의 단계에 따라 리질리언스가 어떻게 다른지를 나타낸다. 반면에 문턱은 대안 체제 사이의 전환을 뜻한다. 특정 시스템의 동태라는 측면에서 문턱과 적응주기라는 두 가지 개념은 서로 관련이 있을 때도 있지만 늘 그렇지는 않다. 이들은 서로 다른 목적으로 쓰이는 다른 모형이다. 그러므로 안정상태의 동태를 적응주기의 동태와 항상 동등하게 취급할 수는 없다. 하지만 두 가지가 실제로 일치한다면 새로운 체제는 대개 새로운 적응주기를 뜻하며 이는 시스템이 새로운 구조와 피드백을 가지게 된다는 뜻이다.

사회·생태 시스템이 문턱을 넘어 새로운 정상상태로 들어가는 시기는 (저수지에 염류가 증가한다거나 산호초가 더 이상 재생되지 않는 경우처럼) 대개 후방순환 중에 일어난다. 보존 단계에서 시스템을 묶어놓았던 연결고리는 해체 단계를 거치는 동안 깨진다. 이후 재구성 단계에서 다시 군락을 형성하지 못해 멸종되고, 생산력마저 사라져버릴 생물종도 있을 것이다. 이러한 변화는 새로운 시스템 체제, 새로운 적응주기의 형성을 뜻하게 될지도 모른다.

큰 환경 변화에 비해 상대적으로 작은 적응주기의 교란이 일어나는 경우에도 시스템은 문턱을 넘게 될 수도 있다. 이를테면 방목지 가운데 한 뙈기가 잔디 체제에서 관목 체제로 바뀌더라도 그 스케일에서 전체 시스템(방목지)이 붕괴되지는 않는다. 흐트러지거나 무질서한 동태도 나타나지 않는다. 하지만 관목 체제로 확 바뀌어 땅뙈기가 많아지면 방목지는 큰 기업처럼 무너질 수 있다.

리질리언스, 문턱, 적응주기가 어떤 관련이 있는지는 비버 연못이 습지를 거쳐 숲이 될 때 잇달아 일어난 변화를 통해 설명된다. 잘 알려진 변천 과정을 살펴보면 단계마다 그 모습과 기능이 다르다. 각 단계에서 기존 시스템은 혁신적 변화를 겪는다. 혁신적인 까닭은 각 단계마다 시스템의 작동 방식이 바뀌고 새롭게 확인된 변수들이 시스템으로 유입되기 때문이다. 구체적으로 첫번째 혁신에서는 늪에 서식하는 식물이, 두번째 혁신에서는 나무가 변수다. 이들은 동일한 시스템에 존재하는 새로운 체제들이 아닌 서로 다른 시스템들이다. 하지만 각 변천 단계는 해체 단계를 거치지는 않는다. 이를테면 영양물질이 어마어마하게 손실되지는 않는다. 이는 빠른 성장 단계에서 보존 단계를 지나 잠시 재구성 단계(새로운 생물종의 유입)를 거쳐 스스로 조직화한 다음 새로운 성장 단계인 습지나 숲(습지 다음 순서)으로 이어진 적응주기가 연속적으로 변화하는 사례이다. 변천 과정은 여러 단계가 연속적으로 일어난다는 특징이 있지만, 각 시스템은 서로 다른 단계를 가진다.

각각의 변천 과정이 발생하는 이유는 기존 시스템의 리질리언스가 사라졌기 때문이다. 연못이 얕아질수록, 침투해오는 수생식물에 맞설 수 있는 연못의 능력은 차츰 줄어든다. 결국 (작은 가뭄이나 계절적 영향으로) 깊이가 조금만 달라져도 연못이란 체제는 무너지고 수생식물이 자리를 잡는다. 습지가 활발하게 성장하여 성숙 단계에 이르면 수위가 낮아지고 활력과 스스로를 구성하는 능력이 줄어든다. 하지만 이 시기가 오기 전에 화재가 발생한다면 방출과 재편성 단계인 후방 순환 단계는 짧아지고 습지의 성장 단계가 새롭게 활기를 띨 것이다. 하지만 퇴적물이 많아지고 습지의 상태가 나빠질수록 나무들이 차츰차츰 습지에 자리를 잡는다. 처음에는 작은 언덕에 자리를 잡기 시작하여 가뭄이나 다른 교란이 닥쳐오면 습지를 완전히 장악한다. 습지가 더 발달할수록, 불가피하게 나무가 습지에 침입할 때까지의 충격은 더 작아지며, 해체 단계를 거치지 않고 산림 시스템으로 재구성된다. 정리하면, 각 변천 과정이 발생하는 이유는 느리게 변하는 변수(물의 깊이, 포화토양의 깊이)가 문턱을 넘어 피드백을 변화시키고 체제를 바꿔놓아 리질리언스가 사라졌기 때문이다.

복잡계 과학과 후방 순환

보통은 전방 순환 단계가 후방 순환 단계에 비해 느리다는 사실을 지적한 바 있다. 대다수의 시스템은 대부분의 기간 동안 전방 순환 단계에 놓여 있을 때가 많다. 주위를 둘러보면 시스템이 대체로 전방 순환 단계에 존재한다는 사실을 알 수 있다.

그래서 거의 모든 연구, 관리, 정책 수립이 전방 순환 단계에서 나타나는 행태에 바탕을 두고 이루어질 수밖에 없었다. 짧지만 아주 중요한 후방 순환 단계를 대상으로 이런 작업들이 진행된 적은 거의 없었다.

사람들은 최근에 들어서야 후방 순환이 대단히 중요하다는 사실을 인식하고 있다. 우리가 복잡한 세상에 살고 있다는 점을 이해하자면 후방 순환을 반드시 알아야 한다. 후방 순환은 리질리언스 사고의 중요한 구성요소이며, 변화가 점진적이고 예측 가능하다는 가정을 세워 그에 따라 세상에 관한 모형을 만들어 왔던 기존 과학과 복잡계 과학이 나뉘는 중요한 지점이다.

그렇다. 전방 순환 단계에서는 점진적이고 예측 가능한 양상으로 변화가 일어난다. 하지만 사람들이 세상만사 가운데 이해가 쉬운 부분만 관리하고 그와 관련된 정책만 수립하면서, 이해가 어려운 부분을 무시한다면 결국 실패할 수밖에 없다.

리질리언스 사고와 관련된 요점

- 사회 생태 시스템은 항상 변하며, 이 변화들은 시스템이 다양한 시간, 공간적 규모에서 상호 연결된 적응주기를 거쳐 나아가고 있음을 반영한다. 적응주기는 빠른 성장(r), 보존(k), 해체(Ω), 재구성(α)라는 4단계로 구성된다.

- 대부분의 시간 동안 사회·생태 시스템은 적응주기 중에서 성장 단계와 보존 단계(전방 순환)를 거쳐 변화한다. 전방 순환 단계의 특징은 시스템이 점진적으로 성장, 발달한다는 점, 삶이 예측 가능하다는 점, 좀 더 효율적인 방식으로 일을 처리하기 위해 자원이 묶인다는 점이다. 이 단계에서는 단기 수익이 (잠시 동안) 최적화될 수 있다.

- 보존 단계도 언젠가는 끝날 것이다. 보존 단계가 오래 지속될수록 작은 충격에도 보존 단계는 끝이 나고, 뒤를 이어 해체 단계가 시작된다. 해체 단계에서 여러 연결고리가 깨지고 자연, 사회, 경제 자본이 시스템에서

누출된다. 그리고 난 후 시스템은 스스로를 재구성한다. 이렇게 해체와 재구성이라는 후방 순환 단계를 거칠 때 시스템은 매우 불확실하고 불안정하기에 전방 순환 단계에서처럼 (당면한 수익이) 최적화되지 못한다.

- 방금 언급한 적응주기는 시스템 동역학의 가장 전형적 모습이지만, 적응주기의 4단계 사이에서 다른 모습으로의 전환이 일어날 수 있고 또 실제로 일어난다.

- 여러 규모에 걸쳐 이루어진 연결은 시스템 전체의 작동 방식에 있어 아주 중요하다.

- 적응주기를 이해하면 시스템의 변화 양상과 이유를 통찰할 수 있고 시스템의 리질리언스를 관리하는 능력을 키울 수 있다. 그리고 무엇보다 중요한 사실은 여러 가지 관리와 개입이 언제, 어디에서 이루어져야 하는지를 깨우칠 수 있다는 점이다.

호수지역 대책 시나리오들
- 위스콘신 주의 북 하일랜드 호수 지대

독자 여러분이 극한 생존 경쟁에서 벗어날 괜찮은 장소를 찾는다면 위스콘신 주 북 하일랜드 호수 지대NHLD, Northern Highlands Lake District 의 땅 일부를 사는 것도 나쁘지 않다. 북 하일랜드 호수 지대에는 호수가 많고, 나무들로 가득한 숲이 있으며, 사람들이 다양한 여가 활동을 즐길 수 있다. 하지만 멋진 장소들이 대부분 사라지고 땅값이 폭등하고 있다. 북 하일랜드 호수 지대에 가고 싶다면 서둘러야 할 것 같다. 왜 그럴까? 이곳으로 옮기고 싶어 하는 사람들이 많아지기 때문이다. 하지만 안타깝게도 이곳으로 옮겨오는 사람이 많아질수록 이곳 상황이 달라지고 미래는 점점 불확실해지고 있다.

이는 세계 곳곳에서 되풀이되고 있는 이야기이다. 뛰어난 자연미를 간직하고 있던 땅에 사람이 많아지면서 이들에게 제공되어야 할 생태계 서비스의 부담이 커지고 환경도 악화되어 쾌적함이 줄어들고 있다. 이를 가리켜 '죽을 만큼 사랑한다.'고 표현하는 이들도, '복을 제 발로 걷어차고 있다.'고 비꼬는 이들도, '환경적 반달리즘vandalism, 파괴주의'이라 말하는 이들도 있다. 인구가 늘면서 기존 거주자들은 더 많은 자원을 원하면서도(대체로 사회적, 경제적 기반시설이 포함된다), '좋았던 옛 시절'의 사랑스러운 환경이 사라지고 있다는 사실에 한탄을 한다. 애초에 사람들은 이곳의 다양한 가치에 끌려서 왔지만 그 가치가 사라지는 모습을 보며 당혹해 하고 있다.

그림 14 북 하일랜드 호수 지대의 지도

    사람들은 이곳의 자연적 가치가 서서히 파괴되고 있다는 사실을 숙명으로 받아들인다. 하지만 휴가지로 좋은 투자 장소로 만들어준 요소들이 모두 사라질 때가 조만간 올 수도 있다. 그 시점을 티핑 포인트[18]라 하며, 사회적 생태계가 문턱을 넘는다고 표현한다. 느닷없이 문턱을 향해 가고 싶은 사람은 없겠지만, 이미 문턱을 넘어간 북 하일랜드 호수 지대는 쇠퇴하기 시작했다.

    여러분이 잠재적 위험을 피하면서 동시에 잠재적 기회를 이용하고자 한다면 어떤 결정을 내리겠는가? 북 하일랜드 호수 지대에 있는 사람들은 불확실한 미래를 어떻게 대비할 것인가?

북 하일랜드 호수 지대의 개요

    북 하일랜드 호수 지대는 위스콘신 주 북쪽에 있다. 이곳에 있는 자연 호수

---

18 티핑 포인트(tipping point) : '갑자기 뒤집히는 점'이란 뜻으로, 때때로 엄청난 변화가 작은 일들에서 비롯될 수 있고 대단히 급속하게 발생할 수 있다는 개념이다.

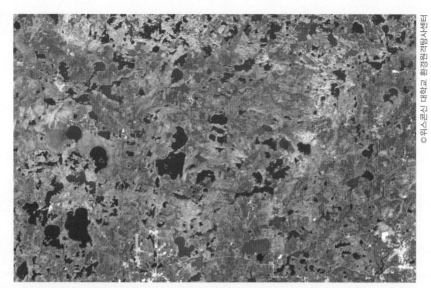

사진 10 위스콘신 주의 북 하일랜드 호수 지대의 위성사진. 호수는 작은 웅덩이에서 광활하고 넓은 호수까지 다양하다.

는 약 7,500개로 이들의 면적은 북 하일랜드 호수 지대 전체 가운데 약 13%를 차지하며, 이 지대의 약 80%가 숲이다. 세계에서 가장 큰 담수호인 슈페리어 호Superior Lake 는 북쪽으로 가까이 있다. 북 하일랜드 호수 지대가 슈페리어 호의 기후에 크게 영향을 미쳐 여름에는 서늘하고 겨울에는 춥다.

몇 차례 빙하기를 거치면서 이곳에는 상대적으로 평탄한 지대가 형성되었다. 1만 2천 년 전 마지막 빙하기가 물러가자 여러 호수가 만들어졌고 자연스럽게 이들은 북 하일랜드 호수 지대의 가장 뚜렷하고 독특한 특징이 되었다. 빙하가 녹으면서 생긴 물에 의해 자갈이 퇴적된 평원의 구덩이가 호수가 되기도, 저퇴석(빙퇴석)[19] 이 가라앉으면서 호수가 만들어지기도, 묻혀 있던 빙하 덩어리가 녹으면서 호수가 생성되기도 한다. 일시적으로 생기는 작은 호수와 검게 물든 '보그' 호수부터 1,000ha에 이르는 땅을 완전히 뒤덮은 광활한 호수까지 이곳 호수는 크기가 여러 가지다. 깊이도 1m에서 30m 이상까지 다양하다.

19 퇴석(ground moraine) : 빙하가 운반하여 퇴적되는 물질의 집합체를 퇴석이라고 한다. 저퇴석이란 빙하가 서서히 이동하면서 밑의 암석에서 깎아내 운반한 빙퇴석이다.

© 아스콘신 대학교 환경연구름사센터

수천 년 동안 북 하일랜드 호수 지대에는 인적이 드물었다. 17세기에 유럽 모피 상인들이 이곳에 들어오면서 토착민인 아메리카 원주민들의 삶이 송두리째 바뀌었다 19세기 미국이 영토를 확장하자 원주민들은 잇달아 협정을 맺어 토지 사용권, 수렵권, 조업권을 얻는 대신 주권을 미국에 넘겨주었다.

1900년 북 하일랜드 호수 지대의 인구는 약 1만 2천 명이었다. 지난 100년 동안 주민은 약 6만 5천 명으로 증가했는데, 특히 지난 30년 동안 급격히 불어났다. 휴양과 관광은 이곳 경제를 지탱하는 중요한 요소이며 호수 주변에는 별장과 은퇴자 주택이 많이 지어졌다. 낚시는 이곳을 찾는 관광객들을 끌어들이는 주요 관광거리 가운데 하나이다. 그리고 시카고, 밀워키, 미네아폴리스-세인트폴 등 주요 도심지 몇 곳을 하루 만에 다녀 올 수 있는 거리에 위치한다.

북 하일랜드 호수 지대에 모여드는 사람들

북 하일랜드 호수 지대가 변하고 있다는 사실을 모르는 사람은 없지만 그 변화의 의미가 무엇인지 확실히 눈치챈 이는 아무도 없었다. 이제 북 하일랜드 호수 지대는 그저 옛날의 한적했던 북 하일랜드 호수 지대가 아니다. 사람들이 늘어나면서 갈등과 긴장도 점점 많아지고 있다.

2000년까지 10년 동안 인구는 15% 증가했고 부동산 가격은 2배로 상승했다. 북 하일랜드 호수 지대와 대도시들을 잇는 고속도로가 확장되면서 이곳을 드나드는 차량과 방문자도 늘어났다. 북 하일랜드 호수 지대의 도심도 더 커졌다. 국제적 체인점, 전국적 체인점이 우세해지면서 숙박시설이나 레스토랑 같은 '기존old' 업체들이 교체되고 있다.

개발 가능한 호반은 거의 다 개발되어 이제 낡고 허름한 집을 헐고 그 자리에 새롭고 큰 집을 짓는 등 재개발이 대규모로 이루어지고 있다. 하지만 재개발 때문에 강가 숲에 있는 나무들이 베어졌고 외래 생물종이 침입하였으며 폐수가 유출되고 정화조에서 물이 새어나오면서 호수가 오염되었다. 또한 호반에서는 야생동물의 중요한 서식지인 갈대밭과 나무 잔해들이 대부분 사라져

©Steve Carpenter

사진 11 호수 경관의 항공사진

버렸다. 사람들의 발길이 많이 닿는 호수에서는 낚시 때문에 큰 물고기가 줄었다. 호수에 가보면 낚시꾼들이 항상 있으며, 낚시보다 호수를 더 심하게 오염시키는 쾌속정이나 수상 오토바이도 눈에 띈다.

침입종 문제도 육상과 수상 생태계에서 점점 심각해지고 있다. 호수에 바다빙어[20] 같은 외래 어종, 털부처꽃[21] 같은 식물, 녹빛가재[22] 같은 무척추동물이 침입하고 있다. 외래종들은 대부분 낚시 미끼통 속이나 선체에 달라붙은 채로, 이전에 침입하지 못했던 호수에 접근한다.

하지만 나쁜 소식만 있는 것은 아니다. 인구가 늘어나면서 보건 문제가 개선되었다. 서비스 지향 산업도 점점 발달하였다. 흔히 대도시에서만 볼 수 있을 고급 커피점이나 음식점 등과 같은 틈새 업종이 여기에 해당된다.

---

20 바다빙어(rainbow smelt) : 바다빙어목 바다빙어과에 속하는 해산어류로 한국 동해 북부와 일본 홋카이도 이북 등지에 분포한다.

21 털부처꽃(purple loosestrife) : 쌍떡잎식물 도금양목 부처꽃과에 속하는 여러해살이풀로 원줄기는 곧게 서고 온몸에 거친 털이 있어 털부처꽃이라는 이름이 붙었다. 한국, 중국, 아프리카, 유럽, 북아메리카 등지에 분포한다.

22 녹빛가재(rusty crayfish) : 미국 인디애나, 켄터키, 오하이오, 테네시 주가 원산지이다. 녹빛가재의 번식 범위는 북미에서 다른 지역으로 빠르게 확장되고 있으며 그 과정에서 토종 가재가 쫓겨나고 있다.

변화의 역사

지금 북 하일랜드 호수 지대가 급변하고 있지만, 다른 지역도 그렇듯 변화는 예전부터 있었다. 1만 2천 년 전 빙하기가 물러가면서 지금의 호수 지형이 만들어졌다. 고고학적 증거에 의하면, 호수 지형이 만들어지고 얼마 지나지 않아 아메리카 원주민이 이곳에 발을 내딛었다. 이 시기를 일컬어 발견의 시대the Age of Discovery [23]라고 일컫는다. 발견의 시대에서 나타나는 특징은 털북숭이 매머드와 같은 거대 동물이 일찍 멸종했다는 점이었다.

유럽인들은 약 500년 전 모피 무역 때문에 이곳에 들어왔다. 이후 그들이 원주민의 토지 소유권을 가로채면서 원주민 숫자는 크게 줄었다.

북 하일랜드 호수 지대의 노령림은 성장하던 남부 지역의 도시에 목재를 공급하기 위해 19세기 후반에서 20세기 초기까지 대규모로 벌채되었다. 1930년대에 이르자 북하일랜드의 숲은 대부분 벌목되었다. 지금 있는 숲은 80% 이상이 재조성된 것이다.

이곳은 이제 새 시대로 접어들었다. 털북숭이 매머드의 서식지는 저택들로 대체되었다. 낚시와 카누 타기는 파워 보팅[24]이나 오프로드 자동차를 이용한 부시배싱[25] 같은 모터 스포츠와 우열을 다투고 있다.

침입종과 신종 질병들이 이곳 환경의 질을 위협하고 있다. 낚시의 재미도 점점 없어지고, 점점 따뜻해진 겨울은 짧아지는데 눈도 적게 내리고 있어 생태계는 물론 관광산업도 타격을 입고 있다.

이 모든 변화가 뜻하는 바는 무엇일까?

---

[23] 여기서 말하는 발견의 시대는 흔히 말하는 대항해시대와 다르다. 대항해시대도 영문으로 Age of Discovery라 번역된다. 하지만 대항해시대는 15세기 초부터 17세기 초까지 유럽 선박들이 세계를 돌아다니며 항로를 개척하고 탐험과 무역을 하던 시기이므로, 여기에서 언급되는 발견의 시대와는 그 시점이 다르다.

[24] 파워 보팅(power boating) : 경기 참여나 취미 활동을 목적으로 모터보트를 운전하는 스포츠이다.

[25] 부시배싱(bushbashing) : 호주 속어로 덤불 속을 뚫고 가는 강행군을 말한다.

불확실한 미래를 탐색하다

이전까지는 과거를 바탕으로 미래를 추정했다. 과거의 추세를 살펴보고 일의 현재 양상을 본뜬 시뮬레이션 모형을 구축한 다음, 미래를 추정하는 것이다. 하지만 이제까지 경험을 놓고 보면 사회 · 생태 시스템의 미래를 탐색할때 이 방법은 그리 쓸모가 없다. 사회 · 생태 시스템은 그야말로 너무 복잡한데 반해 미래를 추정하는 모형의 초점은 너무 협소하다. 더욱이 사회 · 생태시스템 자체가 복잡한 탓에 미래에는 뜻하지 않게 놀라운 일들이 벌어지기 마련이라 시뮬레이션 모형이 실제 현실과 동떨어질 때가 많다.

현재 북 하일랜드 호수 지대에서는 많은 변화가 동시에 일어나고 있어 누적된 결과가 어떨지 짐작하기란 쉽지 않다. 너무 많은 변화가 한꺼번에 일어나는 탓에 미래를 통합적으로 생각하기가 어려워 보인다. 사람들이 좋아하고원하는 사회 · 생태 시스템이 미래의 충격에 대해 어떻게 리질리언스를 갖추어야 할지가 관리자들이 직면한 문제다. 그리하여 위스콘신 대학의 연구자들은 미래를 시뮬레이션 하는 대신 여러 가지 시나리오를 만들어 미래의 북 하일랜드 호수 지대를 위해 25년 동안 비축될 법한 요소들을 탐색하기로 했다 (Peterson 등, 2003a; Carpenter, 미간행 저작).

이 시나리오는 미래에 '일어날' 일을 예측하는 것이 아니라 '일어날 법한'일을 탐색한다. 시나리오란 사회 · 생태 시스템이 미래에 밟을지도 모르는 궤도에 대한 짜임새 있는 서술이다(Peterson 등, 2003b). 연구자들은 시나리오로 미래를 예측하는 대신, 지역 주민 대표들과 협력해 이 지역이 특정 경향을따를 때 발생할 법한 일을 탐색한다.

시나리오 기법은 제2차 세계대전 이후 워게임[26] 분석 기법의 하나로 시작되었다. 이후 이 기법은 경영 계획의 일부분으로 활용되었다. 석유회사 로열더치셸Royal Dutch Shell 은 사업 계획에서 최초로 시나리오 기법을 사용하였고, 실제로 1970년대 세계 석유위기 전후에 로열더치셸이 석유 사업에서 성공하

---

26 워게임(war game) : 어떤 수단을 가지고, 실제 실험이 불가능하고 많은 위험이 뒤따르는 실제 또는 가상 상황을 일정한 규칙, 제원, 절차를 통하여 실시하는 모의 군사 작전이다(박형택, 2005).

는데 중요한 역할을 했다. 최근에는 시나리오들이 새천년생태계평가와 같은 세계 환경 평가 작업에 사용되었다. 또한 남아프리카의 민주화 과정과 미국, 유럽, 아시아에서의 지역사회계획에도 활용되었다.

시나리오를 만드는 과정은 다음과 같다. 먼저 지역의 최근의 (생물물리학적, 사회적, 경제적) 상황에 관해 가장 쉽게 접할 수 있는 정보를 취합한 다음 불확실한 주요 상황, 취약점, 리질리언스의 근원을 비롯해 지역의 미래에 대해 사람들이 품고 있는 희망과 두려움을 확인한다. 이러한 사항들을 고려하여 여러 가지 시나리오가 만들어진다. 시나리오들은 대체로 핵심 사항이 담긴 몇 가지 이야기로 집약될 수 있다. 북 하일랜드 호수 지대의 경우 네 가지 시나리오가 만들어졌다(Carpenter, 미간행 저작).

위 과정을 거쳐 만들어진 시나리오들에는 시간에 따라 지역이 어떻게 변할 수 있을지가 담겨 있으며 현재 진행되는 토의와 관련된 여러 주제가 확인된다. 그러므로 시나리오들은 과정의 종착점이자 현재 진행되는 토론과 토의의 시발점이다.

시나리오들 덕분에 정보가 체계화될 수 있고, 체계화된 정보들은 이해하기 쉽다. 시나리오 기법은 상호 소통하기가 힘든 여러 집단의 사람들이 허심탄회하게 토론할 수 있는 괜찮은 방법이다. 우리는 시나리오 덕분에 한 가지 미래를 예측하기보다 있을 법한 여러 가지 미래를 고려할 수 있다. 시나리오 그대로 있을 법한 미래들이 나타나기는 어렵지만, 시나리오 덕분에 우리가 만들고자 하는 선택과 계획의 영향, 그리고 시스템을 어떻게 만들며 그 시스템에 리질리언스를 어떻게 불어넣을지 대해 좀 더 포괄적으로 생각할 수 있다.

지역 주민들의 참여와 개입은 전체 과정에서 중요한 부분이다. 북 하일랜드 호수 지대의 관계자들은 이 지역을 좌우하는 요소들에 대한 다양한 지식을 지니고 있으며, 시나리오는 그들이 있을 법한 미래를 어떻게 대비할 것인지 생각하는 데에 도움이 된다. 또한 시나리오 덕분에 북 하일랜드 호수 지대 관계자들은 이곳을 사회·생태 시스템, 다시 말해 누구도 통제할 수 없고, 문턱을 건너 달갑지 않은 체제로 바뀔 수 있는 복잡 적응계라 인식하게 된다. 사회적 관계망social network을 이용해 만들어진 시나리오는 사람들이 리질리언스 사고의 여러 가지 측면을 이해하는 데 도움이 된다.

시나리오를 만들어 가는 과정은 여러 면에서 결과물인 시나리오 못지않게 리질리언스를 만드는 데 있어 중요하다. 지역사회의 주민들은 그 영역과 운영 범위가 다양한 사회적 관계망을 만들고 공유하고 있다. 결국 이런 과정을 통해 그 사회의 적응성, 리질리언스를 높이는데 밑바탕이 될 신뢰, 사회 자본을 구축하는 것이다.

북 하일랜드 호수 지대를 위한 시나리오들

북 하일랜드 호수 지대와 관련된 서로 다른 네 가지 시나리오가 2003년에 잇달아 개최된 워크숍을 거쳐 개발되었다. 워크숍에는 북 하일랜드 호수 지대 관계자들과 위스콘신 대학 연구원들이 참여했다. 시나리오를 만드는데 참여한 북 하일랜드 호수 지대 관계자들은 위스콘신 군과 위스콘신 자연자원관리부Wisconsin Department of Natural Resources 공무원, 지역 호수협회 회원, 이곳에 사는 아메리칸 원주민, 북 하일랜드 호수 지대 부동산업자, 사업체 업주, 준 거주자, 주민 등이었다.

북 하일랜드 호수 지대에 대해 현재 알려진 상황과 가까운 미래에 예상되는 상황을 요약한 모든 시나리오의 뼈대가 되는 이야기를 바탕으로 각 시나리오가 만들어진다. 그렇게 탄생한 시나리오에서는 2027년까지 일어날 여러 사건의 추이를 추적한다. 각 시나리오를 자세히 설명하기에 지면이 부족하지만 다음 절에서 시나리오들의 내용을 맛보기로 서술하였다(세부 내용은 '호수의 미래' 웹사이트 http://lakefutures.wisc.edu를 참조).

공통된 뼈대

아메리카 원주민은 북 하일랜드 호수 지대가 앞으로 발전하는 데 중요한 요소이다. 이곳 아메리카 원주민들은 락드플램보Lac du Flambeau [27] 보호구역에서

©Susan Carpenter

사진 12 호수로 연결된 네트워크. 북 하일랜드 호수 지대 커뮤니티의 구성원들이 지역을 위한 미래 시나리오에 대하여 토의하고 있다(스티브 카펜터 박사의 강연을 듣는 모습).

카지노를 운영하면서 새로운 부를 거둬들이고 있다. 이곳을 떠났던 사람들이 성장하는 경제를 쫓아 되돌아오고, 일자리도 많아져 젊은이들이 그대로 머물게 되면서 아메리카 원주민 숫자가 늘어났다. 북 하일랜드 호수 지대 대부분에서 취학 아동 수가 줄어들었는데도 락드플램보 공립학교 학생 수는 늘어났다. 낚시감이나 사냥감 같은 생물자원도 풍부해지고 있다.

하지만 나머지 지역의 상황은 그리 좋지 못하다. 북 하일랜드 호수 지대는 사람들로 바글바글하다. 토지 사용권을 놓고 여러 군 위원회가 갈등을 빚고 당국에서는 호수에서 낚시를 하지 못하도록 규제한다. 호숫가 토지를 소유하는 외지인과 거주민들 사이에 소통은 원활하지 못하다. 주민들은 여관, 식당, 상점 같은 기존 상권이 외부에서 들어오는 체인점에 의해 밀려나는 상황을 못마땅해 하고 있다.

지난 몇 년간 이곳 환경은 달라져왔다. 기상 변화가 더 심해지는 듯하다. 겨

27 [지은이 주] 북 하일랜드 호수 지대의 락드플램보에는 1745년 인디언 족장 키시케먼(Keeshkemun)이 인디언 족 무리를 이끌고 온 이래, 이 부족이 계속 살아왔다. 이 부족은 밤에 횃불을 비추고 물고기를 잡는 습성을 지니고 있어 '횃불의 호수'를 뜻하는 락드플램보라는 이름을 얻었다. 락드플램보 보호구역에 있는 호수는 260개이고, 이곳에 흐르는 시냇물, 호수, 강의 길이는 100여 km에 이르며, 이곳 습지의 면적은 약 100m²에 달한다.

울이 따뜻하고 비가 많아지면서 스키나 스노모빌링[28] 같은 겨울 스포츠 시즌이 짧아졌다. 한때 이곳 경제를 장악했던 스노모빌링 시장을 오프로드 자동차로 대체할지를 놓고 논쟁을 벌이는 중이다. 제트스키를 좋아하는 사람들과 그렇지 않은 사람들 사이에 갈등도 빚어지고 있다. 조용하게 근력을 키우는 오락 활동과 비교할 때, 시끄럽게 모터보트나 자동차를 타는 활동에 얼마나 많은 토지가 이용 가능한가를 놓고 사람들 사이에서 의견이 분분하다.

애너하임 노스(Anaheim North) 시나리오

'애너하임 노스(월마트 네이션 Walmart Nation이라고도 한다)'라는 명칭이 붙은 첫번째 시나리오의 주요 내용은 관광산업이다. 북 하일랜드 호수 지대는 캘리포니아 주에 있는 애너하임이라는 도시와 마찬가지로, 테마파크, 대기업, 도시팽창(스프롤 현상)[29]이 주를 이룬다. 인구가 늘어나고 상업 활동도 활발하지만 북 하일랜드 호수 지대의 일자리는 대부분 저임금 업종이며 테마파크에서 벌어들이는 수익은 대부분 북 하일랜드 호수 지대로 돌아가지 않는다. 이곳에서 지역기업체를 찾아보기 힘들고, 도시팽창, 환경오염 문제가 심각하다. 또한 해마다 방문자 수가 급격히 늘면서 락드플램보에 있는 카지노도 확장된다.

아주 후미진 곳이나 사유지를 제외한, 체력을 이용하는 대부분의 오락거리들이 모터보트나 자동차로 바뀐다. 공영 낚시터와 사냥터는 과도하게 이용되어 물고기와 사냥감이 줄어든다. 낚시와 사냥의 참맛은 몇 안 되는 후미진 곳이나 넓은 사유지에서만 느낄 수 있게 된다.

---

28 스노모빌링(snowmobiling) : 스노모빌을 타는 여가 활동이나 스포츠를 말한다. 스노모빌은 눈 위에서 잘 달릴 수 있게 무한궤도를 설치하고 엔진을 단 탈것을 말하며 이를 이용한 레포츠를 의미하기도 하다.

29 도시팽창(urban sprawl) : 도시의 급격한 발전과 땅값 상승 등으로 도시 주변이 무질서하게 확대되는 현상이다. 도시계획 또는 정비사업이 도시의 발전을 따르지 못하거나 처음부터 고려되어 있지 않을 때 발생한다.

만병통치약은 없다

흔히 사람들은 호수들이 제각기 존재하면서도 서로 비슷하기 때문에, 어떤 호수에만 있는 요소들이 다른 호수에도 같은 영향을 미친다고 생각하면서 북 하일랜드 호수 지대와 같은 호수 지역을 관리하고 있다. 그리하여 사람들은 스포츠 낚시 같은 여러 활동을 관리하는 규정을 만들면서 일률적 방식을 적용할 때가 많다. 하지만 카펜터와 브록(2004)이 북 하일랜드 호수 지대 사례를 바탕으로 면밀히 분석한 결과 이 방식은 전혀 통하지 않았다. 오히려 모든 호수 생태계의 어장이 도미노처럼 무너지고 있다.

카펜터와 브록은 여러 호수에서 물고기 개체군의 동태뿐만 아니라 물고기를 잡으려는 낚시꾼들의 움직임을 자세히 분석한 자료를 활용했다. 호수마다 물고기 개체군의 리질리언스를 좌우하는 특성이 크게 다르기 때문에 (이 사실은 호수연안 서식지에서 특히 중요하다.) 모든 호수를 언제나 안전한 상태로 유지하도록 하는 강력한 법적 규제는 낚시꾼들에게 손해가 되어(낚시 금지) 규정을 위반하고 싶다는 유혹에 빠지게 한다(사회적 리질리언스의 감소). 반면 규정이 너무 느슨하면 호수의 생태적 리질리언스가 줄어들어, 생태계가 붕괴되는 호수도 나타나며 그럴 경우 나머지 호수들이 받는 압력도 커진다.

어떤 경우든 한 호수에서 물고기 개체군이 붕괴되면 낚시꾼들은 나머지 다른 호수로 이동하며 차례로 물고기 개체군을 붕괴시키고 결국 대부분의 호수에서 어장이 무너지게 될 것이다. 일률적 관리방식이 적용되면 모든 지형에 존재하는 천연자원은 원치 않는 변화에 더 취약해질 수밖에 없다.

일률적 관리방식이 지닌 근본 문제는 다음과 같은 사실들을 고려하지 않는다는 점이다.

- 호수들은 본래 제각기 다르다.
- 호수들을 이어주는 연결고리가 존재한다.

모든 호수에 같은 규정이 적용된다면 생태적 또는 사회적 리질리언스가 사라져 호수 생태계는 낭패를 볼 수밖에 없다.

///

2027년이 되면 북 하일랜드 호수 지대는 확 달라진다. 인구는 2배로 증가할 것이다. 경제는 물론이고 업체의 규모도 성장하는데, 북 하일랜드 호수 지대 밖에 거점을 둔 기업들의 역할이 더 커진다. 빈부 격차가 크게 벌어지고, 북 하일랜드 호수 지대 심장부 주변에는 도시 팽창 현상이 뚜렷이 나타나고, 대기오염, 수질오염, 빛 공해[30], 소음 공해 문제가 점점 보편화된다. 미국의 다른 도시처럼 사람들 사이의 신뢰와 협력의 수준이 떨어진다.

월아이 커먼즈(Walleye Commons) 시나리오

두번째 시나리오는 첫번째 시나리오와는 또 다른 미래를 제시한다. 이 시나리오에서 변화를 몰고 오는 힘은 규제 완화이다. 재정 위기로 만신창이가 된 주정부에서는 호수 관리 기준과 건축물 규제 조치를 완화한다. 그러자 사슴과 침입종에 광녹병[31]이 확산되고, 경관이 변하는 등 통제가 힘든 생태적 교란이 닥치고, 관광객과 주민들은 다른 곳으로 발길을 돌렸다.

자원 사용을 놓고 벌어지는 극심한 갈등, 환경 악화, 부동산 거품 붕괴로 이곳을 찾는 방문객 수가 줄어든다. 하지만 이런 경제난에도 락드플램보 족은 살아남았고 생태계는 서서히 되살아난다. 2027년 경제는 규모가 2002년보다 작지만 민속 관광이 번창하고, 야생 생태계에서 사람들이 오락을 즐길 수 있는 기회가 서서히 되살아난 덕분에, 2002년보다 훨씬 다채로운 양상을 띤다.

락드플램보 족은 사유지를 넓혀가고 실험적 관리 기법을 도입하는 한편 문

---

30 빛 공해(light pollution) : 대기오염물질과 인공불빛 때문에 시야에서 별이 사라지는 현상이다. 밤하늘의 오염도를 측정하는 지표로 삼기도 한다.

31 광녹병(CWD, chronic wasting disease) : 사슴 및 엘크 등 사슴류를 감염돼 중추 신경계에 손상을 입히고 결국 폐사시키게 하는 질병이다. 뇌가 광범위하게 파괴되어 스폰지처럼 구멍이 뚫리는 신경 질환인 '전염성 해면양뇌증'의 일종이므로 '사슴 광우병'이라 불리기도 한다.

그림 15 북 하일랜드 호수 지대의 미래는 관광산업이 주를 이루는 애너하임 노스 시나리오와 비슷하게 될 것인가, 아니면 규제 완화가 초래한 경제붕괴 후 다시 일어난 월아이 커먼즈 시나리오에 더 비슷하게 될 것인가(Carpenter 등, 2002).

화적 르네상스를 겪는다. 락드플램보 족의 노력 덕분에 호수와 토양의 질은 서서히 회복된다. '월아이 커먼즈'란 이름은 북 하일랜드 호수 지대에서 인기 있는 낚시감인 월아이[32]가 우점하는 생태계를 사람들이 함께 이용한다는 뜻이다.

경제 규모는 과거에 비해 훨씬 작지만 이곳 주민들은 대부분 자신들의 낮은 수입을 메우는 일보다 북 하일랜드 호수 지대 환경의 점진적 개선, 전원적인 생활방식이 훨씬 중요하다고 여긴다.

---

32 월아이(Walleye) : 강에 사는 눈알이 큰 민물고기를 말한다.

노스우즈 퀼트(Northwoods Quilt) 시나리오

세번째 시나리오는 막 은퇴하고 북 하일랜드 호수 지대로 이주해 온 사람들이 그들을 매혹시킨 이 지역의 자연미를 보존하는 데 필수적 역할을 한다. 은퇴자들이 속한 호수 협회는 북 하일랜드 호수 지대 관리방법을 논의하는 효과적인 기구가 된다. 논의를 거쳐 채택된 지침 중 하나는 파워보팅용, 카누용과 같이 호수마다 그 용도를 지정하는 것으로 북 하일랜드 호수 지대에는 다양한 생태계가 뒤섞여 존재한다.

한편 이주해오는 은퇴자가 늘어나면서 이곳 정치, 경제에 미치는 그들의 영향력은 점점 막강해진다. 은퇴한 전문가들 가운데 일부가 방문 중에 시간제 혹은 자택에서 원격으로 일을 처리하며 북 하일랜드 호수 지대의 경제가 다양해진다. 호수 협회는 다양한 규제와 지원제도를 엮은 시스템이라는 상당한 힘을 갖춰 자원을 둘러싼 갈등을 해결한다.

2027년이 되면, 북 하일랜드 호수 지대에 다양한 생태계들이 모자이크처럼 뒤섞여 존재한다. 생태계의 구성이 다양하기 때문에 생태적 교란이라는 충격이 닥쳐도 북 하일랜드 호수 지대는 견뎌낼 수 있게 된다.

피난자들의 혁명(Refugee Revolution) 시나리오

마지막 시나리오는 극단적 상황을 제시한다. 시카고 상공을 날던 비행기에서 방사능 먼지가 담긴 탱크 2개가 지상으로 떨어지자, 사람들은 도시에서 벌어질 테러를 피해 북 하일랜드 호수 지대로 피신한다. 그리하여 북 하일랜드 호수 지대의 인구는 2배로 불어나고 새로운 상권이 형성된다. 정부도 물, 물고기, 사슴, 심지어 목재까지 국가 자원으로 지원해달라고 북 하일랜드 호수 지대에 요청한다.

테러 때문에 도시민들의 삶은 혼란스럽고 위험해진다. 많은 도시민이 살던 터전을 버리고 시골로 이주한다. 북 하일랜드 호수 지대에 레저용 부동산을 소유한 사람들은 그곳으로 가서 머문다. 처음 북 하일랜드 호수 지대의 기반 시설은 심한 압박을 받지만 주정부와 연방정부가 강력하게 개입, 자립 경제의 바탕을 조성하여 북 하일랜드 호수 지대의 인구는 점점 늘어난다.

2027년이 되면, 물, 크랜베리, 물고기, 짐승, 임산물 등의 상품 생산지로 작동하는 생태계가 북 하일랜드 호수 지대의 경관에서 두드러진다.

불확실한 미래에 대처하기

특수한 상황들은 있을 법해 보이지 않지만 이들도 엄연히 하나의 상황이다. 즉, 일어날 수 있는, 있을 법한 상황인 것이다. 예를 들어 마지막 시나리오는 시카고가 방사능에 오염되어 폐허가 된다는 예측에 초점을 맞춘 것이 아니다. 다만 중대한 외부 사건 때문에 북 하일랜드 호수 지대의 인구가 갑자기 불어난다는, 있을 법한 미래에 대한 줄거리의 일부분으로 방사능 오염을 제시하고 있을 뿐이다.

이 때문에 시나리오 하나하나를 고려하기보다 한꺼번에 모아서 검토해야 한다. 지역이 취약해지는 원인이나 리질리언스를 불어넣는 요소들을 다양한 관점에서 통찰하게 만드는 도구의 집합이 바로 시나리오라 생각해야 한다. 종합하면 시나리오는 다양한 상황이 어떻게 변하는지와 관련하여 여러 관점을 제시한다(Carpenter, 미간행 논문).

그렇다면 북 하일랜드 호수 지대와 관련한 네 가지 시나리오가 암시하는 바는 무엇인가?

우선 이곳은 경제적 기회가 그리 다양하게 제공되지 못하고, 북 하일랜드 호수 지대 외부에 있는 경제적, 정치적 힘에 무방비 상태로 노출된 탓에 취약하다. 역설적으로 이곳 주민들 대부분은 전통적인 자립 의지를 중요하게 여기는 터라, 인적 관계를 제대로 형성하지 못하여 잘 협력하지 못할 수도 있지만, 그래서 외부영향에 취약해지지 않을 수 있다.

북 하일랜드 호수 지대의 몇 가지 특성은 이 지역에 리질리언스를 불어넣는다. 하나가 아메리카 원주민 족으로, 그들은 어떤 일이 닥쳐도 이곳에 머무르려고 한다. 다른 하나는 북 하일랜드 호수 지대 생태계의 회복renewal 능력이다. 북 하일랜드 호수 지대 생태계가 붕괴되는 요인에는 호숫가 서식처의 부실한 관리, 외래종 침입, 물고기 남획 등을 꼽을 수 있다. 하지만 호수 생태계가 다양해지고, 호수마다 다른 용도로 관리된다면, 장차 이곳에 번영을 안겨줄 여러 대안이 만들어질 수 있다.

시나리오들을 살펴보면 북 하일랜드 호수 지대를 혁신시킬 수 있는 자원은 아메리카 원주민과 이제 막 은퇴하거나 반 은퇴 상태로 이곳으로 이주한 전문가들이다. 이 지역에 거주하고 싶어 하는 젊은이들은 대부분 아메리카 원주민으로 이곳의 자원 관리, 관광 종류와 관련해 다양한 견해를 내놓고 있다. 마찬가지로 이주해온 은퇴 전문가들도 자원 관리, 여러 가지 경제활동, 문제를 해결할 수 있는 새로운 기법들과 관련한 다양한 견해를 제시하고 있다.

예기치 못한 상황들로 여러 가지 미래가 열릴 수도, 닫힐 수도 있다. 하지만 이곳의 미래는 근본적으로 취약성, 리질리언스, 혁신이 뒤섞여 빚어질 것이다.

시나리오로 미래가 바뀔 수 있는가?

시나리오들에 의해 미래가 바뀔까? 어떻게 보면 우리는 미래가 바뀔지 바뀌지 않을지 전혀 알 수 없다. 왜냐하면 북 하일랜드 호수 지대라는 한 지역만 제시된 이 시나리오들은 우리가 그 결과를 해석하는 데 도움이 될 표준체계나 기준체계 없이 작동되기 때문이다(Carpenter, 미간행논문).

하지만 시나리오들 덕분에 토론과 새로운 사고가 촉진되었다는 사실을 우리는 잘 안다. 사람들에게 시나리오를 배포하고 설문조사를 한 결과 응답자들은 대부분 노스우즈 퀼트나 월아이 커먼즈 시나리오와 비슷한 상황이 미래에 벌어지길 바라고 있다. 하지만 바람과는 반대로 당시 추세를 고려해볼 때 북 하일랜드 호수 지대의 앞날은 아마 애너하임 노스 시나리오와 비슷할 것이라 사람들은 생각했다.

응답자 가운데 약 70%가 북 하일랜드 호수 지대의 바람직한 미래를 만들기 위해 집단 작업에 참여하고 싶다고 대답했다. 하지만 그런 의향을 품으면서도 응답자들은 대부분 스스로가 북 하일랜드 호수 지대의 미래에 그다지 영향을 미치진 못한다고 생각했다. 응답자 가운데 25%는 북 하일랜드 호수 지대가 바람직하지 못하게 바뀌기 시작한다면 이곳을 떠나겠다고 대답했다.

북 하일랜드 호수 지대가 적응력을 갖추려면 무엇보다 사회관계망이 잘 형성되어야 한다. 시나리오가 만들어진 계기가 된 워크숍에서 북 하일랜드 호수 지대와 관련된 새로운 사회관계망이 이미 형성되었다. 북 하일랜드 호수 지대에서 적응적 변화adaptive change가 일어나려면 핵심 인사들과 집단이 사회관계망을 더욱 넓혀야 한다(적응적 변화는 마지막 사례연구인 크리스티안스타드 습지계Kristianstad Water Realm 편에서 더 자세히 다룬다).

아메리카 원주민 족, 호수 협회, 연구 단체를 비롯한 북 하일랜드 호수 지대의 혁신 단체들이 아이디어를 빈번히 주고받을수록 이곳 사람들은 상당한 이득을 볼 수 있다. 북 하일랜드 호수 지대에서는 거버넌스[33], 협동, 생태계 관리와 관련하여 흥미로운 실험 몇 가지가 이미 진행 중이다. 이런 탐색을 거쳐 얻은 결과들을 사람들이 공유하는 것은 중요하다.

북 하일랜드 호수 지대의 현재 모습에는 네 가지 시나리오에 등장하는 모든 요소가 이미 담겨 있고 미래의 모습에도 마찬가지로 그러한 요소들이 담겨있을 수 있다. 또한 실제 미래의 모습에는 시나리오에 나오지 않는 여러 가지 놀라운 일이 담겨 있을 것이다. 북 하일랜드 호수 지대의 앞날을 좌우할 시나리오의 요소와 예기치 않은 놀라운 일들은 무엇일까? 앞으로 사람들은 과거 모습 가운데 어떤 부분을 가져가려 할 것이며 어떤 부분을 버릴 것인가? 북 하일랜드 호수 지대 사람들이 받아들일 한계는 무엇이고 거부하거나 극복할 한계는 무엇인가? 북 하일랜드 호수 지대가 재구성될 때 생길 새로운 한계는 무엇일까? 북 하일랜드 호수 지대 사람들이 이곳의 앞날을 예상, 전망하고 이를 바탕으로 행동한다면 이러한 질문들은 시간이 흐르면서 해결될 것이다.

적응성과 가변성은 현재 자신이 살고 있는 생태계를 유지하거나 바꿀 인간의 능력에 달려 있다. 이제 인간이 어떤 길을 선택하느냐에 따라 앞으로 다가올

---

[33] 거버넌스란 사회가 힘을 공유하면서 개인과 집단의 행위를 형성하는 구조와 과정을 일컫는다. 거버넌스에는 법률, 규제, 두서없이 이루어지는 토론, 교섭, 중재, 갈등 해결, 선거, 공개 회담, 기타 의사 결정 과정이 포함된다(Louis Lebel 등, 2006; http://www.ecologyandsociety.org/vol11/iss1/art19).

난관에 적응할 수 있을지가 판가름 난다. 놀라운 일이 닥쳐올 때 마음을 열고 화합하여 진화하는 변화에 분명하게 대처하는 것이 현명한 선택으로 보인다.

리질리언스와 북 하일랜드 호수 지대

북 하일랜드 호수 지대 사람들은 미래에 대처하고 있다. 그들은 인구와 생태계 취약성과 관련된 불확실한 주요 상황의 변화를 고려하여 이곳의 미래를 상상하고 있다. 시나리오를 만들어 미래에 대처하는 과정이란 사회관계망을 형성하여 이곳의 적응성과 리질리언스를 높이는 한편 이곳에서 나타나는 취약성과 리질리언스, 이곳에서 이루어질 혁신의 근원을 사회 · 생태 시스템의 여러 관계자가 탐색할 수 있도록 해주는 것이다.

흥미로운 점은 북 하일랜드 호수 지대 주민들을 대상으로 실시한 설문조사에서, 이곳의 자연적 가치가 계속 떨어진다면 다른 곳으로 이주하겠다고 밝힌 응답자의 비율이 25%였다는 사실이다. 그렇다면 다음과 같은 질문이 제기될 수밖에 없다.

어디로 옮기려 하는가? 자연적 가치가 풍부하지만 아직은 다 채워지지 않은 곳으로 갈 것인가?

5장

리질리언스 이해하기

리질리언스 사고를
어떻게 적용할 것인가?

1980년대 초, 일부 기록에 따르면 사상 최악의 큰 가뭄이 오스트레일리아 남동부에 엄습했다. 방목장이 황량하게 타들어 도처에서 농부들이 파산에 직면했다. 풀은 거의 찾아볼 수 없었고, 건조한 바람이 유기물이든 표층토이든 흔적도 없이 날려버리고 있었다.

캔버라 근처 농장에서 3대를 이어온 국가적인 목양업자 존 웨더스톤John Weatherstone은, 냉정하게 판단할 때 그가 최적영농법best practice으로 토지를 혹사시켰기 때문에 더 이상 양모, 가죽, 육류 등 목양 상품을 생산하지 못하게 되었다는 결론에 이르렀다. 웨더스톤의 관심사는 두 가지였다. 가뭄이 지나간 후에 농장이 (그 상태 그대로 있거나 더 나빠지지 않고) 복구되기까지 얼마의 시간이 소요될까?

가뭄으로 토양이 척박해지고 나무가 죽었을 뿐만 아니라 생물 다양성이 감소하고 생산성이 감소되는 등 여러 가지 심각한 문제가 발생하였다. 웨더스톤은 자신의 농장인 린드필드 파크Lyndfield Park를 앞으로도 계속 꾸려나가려면 지금의 영농 방식을 바꿔야 한다고 결론지었다.

가뭄 후 몇 년간, 웨더스톤은 지금까지의 영농법에 의해 토지가 받았던 부담을 덜어주려 최선을 다했다. 풀밭에 방목하는 양의 수를 줄이고 토양을 되도록 적게 경작하는 한편, 농약이나 비료 같은 화학물질의 사용량을 줄였고, 나무와 관목을 8천 그루 넘게 심었다. 실제로 자생 수목, 관목, 씨앗 판매는 이제 린드필드 파크의 주요 사업 가운데 하나가 되었다. 웨더스톤은 양들이 토양에 더 부담을 주기 때문에 축종을 완전히 소로 바꾸기로 결심했다. 그러면서 당시에는 아직 보전 농법¹이 발달되지 않았기 때문에 적합한 방목기술을 찾아야 했다.

린드필드 파크에서는 여러 자생 초목으로 임산물을 만들어내는 농림혼합기술farm forestry ²도 개발하는 중이다. 그 과정에서 웨더스톤은 자생 초목이 자랄 수 있는지, 시장성이 있는지를 검증하는 시도를 수없이 진행해오고 있다. 그는 농장 사업이 번성하려면 업종이 다양해야 한다는 사실을 깨닫고 늘 새로운 아이디어를 찾는데 기꺼이 힘을 쏟고 있다. 또한 야생동물이 먹을 초목을 성공적으로 가꾸려면 무엇보다도 초목의 종류가 다양해야 한다는 사실도 깨달았다. 웨더스톤의 농장은 캔버라 근방에서 자생 조류가 가장 많이 서식하는 곳이 되어 의도한 것은 아니지만 지역의 명소가 되었다.

웨더스톤이 양 방목에서 나무 재배와 가축 방목으로 업종을 바꾼 이후 20년 동안 린드필드 파크 농장은 급변했다. 웨더스톤은 농장의 생명력을 뿌리부터 뒤흔드는 수많은 위협에 맞서는 과정을 통해. 가뭄이라는 스트레스에 대한 농장의 리질리언스를 크게 높여 큰 소득을 거두었을 뿐만 아니라 농장의 자산 가치를 크게 높여 농장을 매력적이고 즐겁게 일할 수 있는 장소로 만들었다.

오스트레일리아 남동부에 어쩌면 1980년대 초기보다도 더 심각할 가뭄이 20년 만에 다시 엄습해오고 있다. 농부들은 그때와 마찬가지로 파산하고 있다.

---

1 보전 농법(conservation agriculture) : 경운(논밭을 갈거나 김을 매는 일)을 최소화하거나 전혀 하지 않는 농법이다. 경운을 통해 땅을 갈아엎으면 미생물이 산소에 노출되어 땅 속에 저장되어 있던 이산화탄소가 오히려 대기 중으로 배출된다. 반면 경운을 하지 않고 땅 위에 떨어진 농작물의 찌꺼기나 짚을 그대로 두면 토양의 수분 유지, 침식 방지에 훨씬 더 효과적이며 분해 작용을 통해 산소를 내뿜는 대신 토양 속으로 탄소를 돌려보내게 된다. 경운을 줄이면 경운기와 같은 농기계의 사용도 줄어들기 때문에 화석연료 사용량도 줄일 수 있다.

2 농가 소유인 산림을 대상으로 하는 자영 형식 임업으로 농촌 임업의 경영 대상은 임산물의 생산, 공급을 주목적으로 하는 농용림이다.

하지만 웨더스톤의 농장은 이웃 농장들보다 가뭄에 훨씬 잘 대처하고 있다.

웨더스톤은 이렇게 적고 있다. '우리는 비가 내리길 기도한다. 하지만 내 눈으로 린드필드 파크를 보니 희망을 품을 만하다. 이곳의 토지는 대부분 교목, 관목, 여러해살이풀로 보호되고 있다. 모든 초목은 메말라 있고, 그중에는 스트레스를 받고 있는 초목도 있고, 어쩌면 죽을지도 모르는 초목이 있다. 하지만 아직도 원기를 대부분 가지고 살아있고, 농장의 피와 같은 소중한 표토를 잘 보호하고 있다. 다른 곳에서는 바람 때문에 귀중한 표토층이 사라져버린 토지가 태반이다. 나는 언제일지 모르지만 비가 내리면, 리질리언스가 있고 건강한 우리 농장이 가뭄을 이겨내고 다시 살아날 것이라 확신한다.' (Weatherstone, 2003)

5장을 존 웨더스톤의 예로 시작하는 이유는, 앞 장과 사례연구에서 다루었던 주제 가운데 일부가 이 사례에 분명히 드러나 있고 리질리언스를 관리하려는 한 사람의 노력에 대한 이야기이기 때문이다. 웨더스톤의 예가 5장과 어떤 관련이 있는지 논의하기 전에, 앞에서 다루었던 내용을 간략하게나마 되새겨 보자.

리질리언스 사고의 구성요소

리질리언스 사고의 중심 개념 중 하나는 사회·생태 시스템에는 여러 체제(안정상태)가 존재하며 이 체제들은 문턱에 의해 나뉜다는 점이다. 이 모형은 구덩이 속의 공으로 비유된다(제3장 참조). 공은 사회·생태 시스템의 현재 상태이며 구덩이는 시스템이 그 안에서 존재하면서 전과 다름없이 동일한 구조와 기능을 지닐 수 있는, 여러 가지 가능한 상태들의 집합이다. 어느 한계(구덩이 가장자리)를 넘으면 사회·생태 시스템을 움직이는 피드백이 달라지고 시스템은 이전과는 다른 평형을 향해 이동하려 한다. 새로운 구덩이 속으로 이동한 사회·생태 시스템은 이전과 다른 구조와 기능을 가진다. 이때 시스템(공)은 문턱을 넘어 새로운 안정상태로 들어갔다고 한다. 이 비유에서 리질리언스란 공과 구덩이 가장자리(문턱)까지의 거리이며 끌개 구덩이의 크기와 모양이다.

한편, 리질리언스 사고의 두번째 구성요소는 적응주기라는 개념이다(제4장 참조). 적응주기라는 개념은 시간이 지나면서 사회·생태 시스템이 성장, 보존 주기(전방 순환)와 그 뒤에 나타나는 해체, 재구성 주기(후방 순환)를 거쳐 어떻게 행동하는지 규정한다. 전방 순환 단계는 자본과 잠재력의 느린 축적, 안정성, 보존이라는 특징을 가진다. 후방 순환 단계의 특징은 불확실성, 참신함, 실험성이다. 주기마다 작동되는 스케일이 다르고, 다른 스케일들에 걸친 연결이 아주 중요하다. 어떤 스케일에서 일어나는 현상은 다른 스케일에서의 현상들에 영향을 주거나 변화를 이끌어내기도 한다.

우리는 이러한 요소들을 모아서, 가장 관심 있는 회사나 단체를 움직이고 규정하는 요인을 이해하는 방법인 리질리언스 사고의 토대를 쌓을 수 있다. 리질리언스 사고에서는 농장·가정·회사·지역을 복잡적응계로 본다. 복잡적응계는 계가 끊임없이 변하면서, 달라지는 세상에 적응하는 시스템이다.

리질리언스란 변화와 교란을 흡수하여 전과 다름없이 본래 구조와 기능, 다시 말해서 시스템의 정체성을 유지할 수 있는 사회 생태 시스템의 능력이다. 리질리언스 사고는 사회 생태 시스템을 문턱과 연관 지어 고려한다. 시스템이 문턱을 건너 새로운 체제로 넘어갈 것인가? 이러한 문턱을 향해 시스템을 움직이게 하는 동력(경제적, 사회적, 환경적 힘)은 무엇인가?

'구덩이 속의 공'이란 비유를 사용해 말하자면, 관리를 통한 구덩이 모양이나 구덩이 속 시스템의 위치에 우리는 영향을 미칠 수 있는가?

상호 연결된 적응주기로 구성된 시스템에 대해 생각해보자. (독자 여러분이 가장 관심 있는 스케일에서) 시스템은 적응주기의 어느 단계에 존재하는가? 해당 시스템의 스케일에서 상·하위의 스케일에는 어떤 일이 일어나고 있는가? 이러한 스케일들을 연결하는 고리는 무엇인가? 시스템을 이끄는 요인은 무엇인가? 시스템은 어디로 향하고 있는가?

리질리언스 사고란 세상을 바라보는 방식이다. 우리에게 중요한 일체와 그

일체가 만드는 변화 속에서의 시스템, 연결고리, 문턱, 주기를 바라보는 방식이다. 리질리언스 사고란 변하지 않으려 애쓰기보다 변화를 이해하고 포용하는 것이다. 리질리언스 사고는 시스템이 시간이 흐르면서 변하는 양상과 이유를 이해하려는 시도에서 비롯되었으나 이어진 이론의 전개과정에서 더 진화하였다.

누구라도 할 수 있다

리질리언스 사고는 너무 커서 삼키기 힘든 알약처럼 좀 버거울 수 있다. 이 사고는 서로 연결된 몇 가지 개념을 담고 세상을 바라보는 새로운 방식이다. 그래서 관심 대상인 시스템에 리질리언스 사고를 적용한다면 시스템에 대해 귀중한 통찰력을 얻을 수 있다. 더구나 리질리언스 사고를 적용하는 데에 있어 박사 학위는 필요치 않다. 린드필드 파크 이야기로 5장을 시작한 이유가 여기에 있다.

이 이야기에 나오는 존 웨더스톤은 농부이지 교육을 받은 생태학자가 아니다. 그는 농장 시스템의 리질리언스를 정식으로 분석해본 적이 없었다. 웨더스톤이 농장을 바꿀 때만 해도 리질리언스 사고는 채 정립되지 않은 이론이었다. 웨더스톤이 실행에 옮긴 변화의 방향은 위기의 시대를 맞아 본능적으로 찾아낸 것이다. 리질리언스에 대한 웨더스톤의 이해는 문턱이나 적응주기에 관한 학습을 통해 얻어진 것은 아니지만, 그의 판단은 문턱이나 적응주기의 개념과 완전히 부합한다. 웨더스톤은 오랜 기간의 가뭄을 겪고도 되살아나, 농장의 밑바탕인 시스템으로부터 생산물과 서비스를 계속 제공하는 토지의 능력을 리질리언스라 정의하고 있다. 이는 우리가 정의하는 리질리언스와 상통한다.

웨더스톤은 스스로 '리질리언스 사고'를 창출해낸 좋은 예로 누구라도 그렇게 할 수 있다는 사실을 보여준다. 우리가 리질리언스 사고를 적용하면서 문턱과 적응주기를 자세히 이해할 필요는 없다. 그 대신 자신의 회사를 좀 더 폭넓게 연결된 사회 · 생태 시스템 가운데 일부라고 생각하고, 회사를 운영하는 데 밑바탕이 되는 중요한 과정과 변수를 확인하고, 적절한 질문을 제시할 수 있어야 한다. 거기에 회사를 변화시킬 수 있어야 한다.

그래도 다양하게 연결된 스케일에 존재하는 문턱과 적응주기란 개념 덕분에 린드필드 파크에서 일어난 일과 그 일이 다른 농장, 유역, 상 · 하위 스케일과 맺을 수도 있는 관계에 대해 좀 깊게 통찰할 수 있었다.

웨더스톤이 1980년대 초에 닥쳤던 가뭄을 돌이켜보니, 농장 시스템에는 기존 영농 관행이 적용되어 문턱을 향해 움직이고 있었다. 시스템이 문턱을 향해 계속 나아갔다면, 웨더스톤과 그의 조상들이 힘들게 일구어 놓은 농장이 무너지고 말았을 것이다. 가뭄이 들기 전, 린드필드 파크는 최신 기술과 경제 모델링을 적용한 전통적 농장 효율성의 전형이었다. 20년 전 목초지 개량 촉진 프로그램이 시행되면서 생산성이 크게 향상되었고 가축 수용능력은 1970년대보다 2배 이상 증가되었다. 환금작물[3]도 아주 많이 재배되었다. 목초지 개량 촉진 프로그램은 성장과 최적화를 바탕으로 효율성을 지향하는 영농법이었다.

웨더스톤이 당시에 알아채지 못했지만, 자연은 농장의 토양을 소생시켜 새로운 기운을 불어넣고 가뭄에 견디도록 토양을 덮어주는 초목이 생육할 수 있게 했는데, 농장의 번창은 그러한 혜택을 포기하고 얻은 대가였다. 하지만 모든 일이 잘 풀리는 호시절에는 미심쩍더라도 그냥 넘어가는 법이다. 농장은 적응주기 가운데 보존 단계로 이동했고 효율적으로 소득을 산출하면서 자원 투입량도 증가했다. 웨더스톤은 막대한 자본을 투자하여 농약이나 비료를 많이 투입하고 단위 면적당 가축 방목율을 높이는 등 집약 농업에 박차를 가했다. 그는 더 많은 수입을 올리고 투자한 원금을 건지기 위해 열심히 땅을 경작했다.

그때 어마어마한 충격이 농장을 강타했다. 농장의 생태계 뿐만 아니라 웨더

---

3   환금작물(cash crop) : 생계유지보다는 수익을 위해 재배되는 농업작물을 말한다.

스톤 일가로 이루어진 사회·생태 시스템이 타격을 입은 것이다. 그러면서 이 사회·생태 시스템은 적응주기의 방출 단계로 이동하였다.

웨더스톤은 그때의 일을 이렇게 서술한다. '위기가 닥치면 농부는 당연히 스스로를 되돌아본다. 굳이 장황하게 말하지 않더라도 그토록 오랫동안 가꾸어 온 땅이 하루아침에 가뭄으로 말라붙고 표토층이 바람에 날아가 재정적 든든함이 없어져버린다면 어떤 농부라도 이것저것 생각해볼 수밖에 없다.' (Weatherstone, 2003)

'이것저것 생각해보고' 전혀 새로운 업종으로 바꾸기란 쉽지 않다. 특히 적응주기 가운데 해체 단계는 새로운 아이디어와 이전과는 다른 방식이 우세해지면서 기존 방식과 연결고리들이 무너진다는, 창조적 파괴를 보여주는 좋은 예이다. 웨더스톤 일가에게는 이 위기가 오히려 좋은 기회의 시작이었다. 적응주기가 재구성 단계에 이르렀을 때 웨더스톤은 양을 얼마간 보유하고 있었지만 새로운 네 가지 영농업으로 가축 방목업, 나무종자 사업(나무종자는 웨더스톤이 농장 안팎에서 수집하였다), 관목과 육묘업, 목재를 얻기 위한 육림 사업을 시작하였다. 몇 년이 지나지 않아 웨더스톤은 여러 세대에 걸쳐 가업으로 키워왔던 양을 모두 처분하고, 묘목장 사업을 다른 사람에게 넘긴 다음, 가축 방목업, 나무종자 사업, 육림 사업에 전념하였다.

스케일과 적응주기

웨더스톤의 이야기는 영농 활동이라는 더 큰 스케일에서도 생각해볼 수 있다. 웨더스톤은 요즘 높은 생산성을 갖추고 가뭄에도 끄떡없이 견뎌낼 수 있는, 다른 사람들보다 행복한 농부다. 하지만 그는 보통 농부들을 대표하는 사람이라기보다 괴짜 같은 사람으로 인식된다. 인근 지역의 다른 농부들은 아직도 기존 영농 방식을 고수하면서 생산방식을 최적화하려 한다. 그러다 보니 이들은 가뭄이나 다른 기상 이변을 점점 많이, 계속해서 겪고 있다. 가뭄으로 많은 농부들이 문턱을 넘어 파산하자 늘 그래왔듯이 또다시 피해보상 대책이 실시되고 있다.

이것이 현재 상황이며 쉽게 달라지지 않고 있다. 그런데도 사람들은 여전히 효율성을 높일 수 있는 기존 영농 방법을 지지하고, 주정부와 연방정부에서도 관행농법을 권장하고 있다. 농부들은 목초지를 개량하고 토지이용률을 높이며, 변화에 민감한 요소들에 대한 통제를 화학물질과 농기계로 관리하도록 지원, 교육 받는다. 웨더스톤의 영농법은 내성이 있고, 일부 사람들은 웨더스톤의 영농법을 찬양하기도 한다. 하지만 농업계나 정부에서는 아직도 웨더스톤의 영농법을 적극 권장하지 않는다.

모든 농장은 그보다 더 상위의 스케일인 농업계, 주정부, 국가에 의해 영향을 받는다. 린드필드 파크 인근의 보통 농장들은 가뭄에 타격을 입을 수 있다. 그러면 관행의 집약 농법으로 관리되는 보통의 농장들은 후방 순환 단계로 접어든다. 가끔은 기존의 농부가 경제적으로 파산하고 떠난 자리에 새로운 농부가 똑같은 일을 벌이기도 한다. 상위 스케일 시스템(농업지대)의 상황은 그보다 작은 스케일 시스템(농장)의 적응주기 경로에 영향을 미치는데, 이 경우에는 작은 스케일의 적응주기가 되풀이해서 작동한다(이는 시스템 상에서 일어나는 과정으로 '기억'이라 한다). 때때로 이 현상은 가뭄이 닥쳤을 때 정부에서 농민들에게 지원하는 보조금이란 형태로 나타난다. 일부 농부들은 이 보조금 덕분에 가뭄에서 벗어나 '전과 같은 방식'으로 다시 시작한다.

여러 스케일에 걸친 연결고리는 양방향으로 작동될 수 있다. 예를 들어 몇몇 농부는 웨더스톤과 유사한 방향으로 조치를 취하고 있다. 이들은 최근 찾아온 가뭄에 대처하면서 아마 몇몇 의문을 가졌을 것이다. 만약 유역 전체에서 큰 리질리언스를 지닌 영농 모델을 적용하는 농부가 충분히 많다면, 이들의 활동은 지역 단위의 유역 스케일까지 영향을 미쳐서, 결국 주정부나 연방정부의 법령이 개정되고 다른 지역에서도 그러한 농법이 장려되게 만들 수도 있을 것이다. 그리고 작은 스케일의 적응주기에서 일어난 변화들이 합쳐진다면, 그보다 상위의 스케일에서 변혁이 시작되어 변화와 재구성이 촉진될 수도 있을 것이라는 가정이다.

리질리언스라는 틀을 운영하기

웨더스톤 농장의 이야기는 리질리언스 사고라는 실체를 명확하게 해줄 만한 예이다. 넓은 유역을 관리하는 사람들은 리질리언스라는 틀을 어떻게 적용할까? 주정부, 국가, 국제기구의 지도자나 정책 입안자들은 어떻게 할까? 아니면 기업주나 기업의 정책 입안자들은 어떻게 할까? 리질리언스 사고는 여러 상황, 여러 시간, 공간적 스케일에서 어떻게 적용될까? 이 책의 다섯 가지 사례연구는 세계 여러 곳에서 적용되는 리질리언스 사고와 관련한 몇 가지 개념을 제시하고 있다.

일반적으로 리질리언스 사고란 이해관계가 걸려 있는 사람들이 일부로 속한 사회·생태 시스템을 복잡적응계라 이해하고, 시스템의 주요 속성들을 정의하는 일을 뜻한다. 이 시스템을 움직이는 주요한 느린 변수들은 무엇인가? 이런 변수들이 변할 때 사회·생태 시스템의 행동방식이 바뀌는 전환점이 될 문턱은 존재하는가? 만약 그렇다면 문턱은 어디에 위치하는가? 문턱이 피드백의 변화라고 정의된다면, 특정 상황에서 변할 수도 있는 사회·생태 시스템의 중요한 피드백은 무엇인가? 사회·생태 시스템은 적응주기의 어떤 단계를 거치는가? 관심 대상인 특정 스케일의 위, 아래 스케일에 있는 적응주기에서는 어떤 일이 벌어지는가? 여러 스케일들 사이에 존재하는 연결고리는 무엇인가?

이들은 모두 중요한 질문이지만 그 답은 간단하지 않다. 각종 서적에서 이 질문들에 어떻게 접근해야 할지 다루었지만 현재 명확한 답은 없다. 이 책에서 리질리언스 사고를 운영할 방법에 대해 자세히 다루기란 힘들다. 리질리언스 얼라이언스에서는 2006년 말 출간을 목표로 리질리언스 분석 방법을 다룬 실무자 지침서Pracitioners Workbook를 개발하는 프로젝트를 진행하고 있다. 이 책이 나올 때까지는 아이디어, 사례연구를 비롯하여 이 책의 추천도서 목록에 포함된 지침서를 참고하기 바란다.[4]

---

4 저자는 이 책의 후속 편으로 리질리언스 사고를 운영하는 방법을 담은 『Resilience Practice』라는 책을 2012년에 간행했다.

Box 8

리질리언스라는 렌즈로 세상을 바라보기

자원 관리와 지속가능성을 이해하는 사람들에게 리질리언스 사고를 설명하는 일은 흥미로운 경험이다. 사람들이 리질리언스라는 사고의 틀을 만드는 여러 가지 요소들에 대해 이해하지 못하지만 쉽게 그러한 생각을 받아들이기 때문이다.

하지만 리질리언스라는 메시지와 구성요소들을 그들이 몸에 지니고 생활하면 새로운 방식으로 세상을 바라보기 시작한다. 그러한 상태에서, 주변에서 벌어지는 상황들과 과거, 현재를 해석하기 시작하면 리질리언스를 구성하는 요소를 마침내 이해하게 된다. 문턱과 적응주기는 주변 어디에나 있으면서 여러 스케일의 시간, 공간에서 작동하고 있다. 문턱과 적응주기가 존재한다는 사실, 시간에 따른 사회·생태 시스템의 작동 방식과 변화 양상에 문턱과 적응주기가 미치는 영향력을 인식하고 나면, 문턱과 적응주기를 찾기 시작한다. 그리고 이들을 인지하게 되면 사회·생태 시스템이 왜 그렇게 행동하고 있는지, 특정 결과 뒤에 숨어 있는 요소가 무엇인지 깨닫기 시작한다.

이를테면, 문명이 이스터 섬을 무너뜨린 이유는 무엇인가? 연방정부에서 막대한 자본을 투입하는데도 에버글레이즈의 생물학적 쇠퇴가 멈추지 않는 이유는 무엇일까? 인간은 어째서 살충제와 제초제에 그토록 의존하고 있는가? 항생제 내성 세균이 전 세계의 인류를 위협하는 이유는 무엇일까? 소비에트 연방에 종지부를 찍게 만든 것은 무엇일까? 로마 제국은 왜 무너졌을까?

이러한 질문마다 그 답을 찾기 위해 다양한 이론이 제시되었다. 하지만 질문 뒤에 숨어 있는 상황을 곰곰이 생각해보면, 구태의연한 이론은 이러한 상황들과 잘 들어맞지 않았다. 기존의 이론으로는 각 상황에서 드러나는 복잡적응계의 동태를 이해할 수 없었던 것이다. 문턱, 리질리언스(리질리언스의 부재), 적응주기가 매번 상황마다 중요한 역할을 한다는 것을 확인할 수 있다.

리질리언스라는 사고의 틀로 행동한다는 것은 사람들이 정신적 문턱을 건너 사회·생태 시스템에 여러 가지 안정상태와 적응주기가 존재한다는 사실을 이해하는 새로운 사고공간으로 들어간다는 뜻이다. 이 특별한 이해의 문턱을 넘어서면 세상이 달라진다.

하지만 이런 질문들을 만드는(그 답을 제시하고자 시도하는) 노력은 리질리언스와 지속가능성을 정의하는 데 중요한 단계이다. 독자 여러분이 속한 그 존재를 도저히 무시할 수 없는 사회·생태 시스템에, 변화 중인 특정 변수들이 존재한다는 사실을 이해하는 것에서 우선 시작한다. 다음으로 문턱을 찾고 사회·생태 시스템이 어떤 경로를 따라 움직이는지 질문한다.

지속가능성과 관련된 질문은 '사회·생태 시스템이 어떤 체제에 있기를 바라는가?'(또는 '벗어나고 싶은 생태계 체제는 무엇인가?')가 된다. 이 질문에는 문턱 개념이 중요하다. 이전과 다를 뿐 아니라 바람직하지 못한 방식으로 행동하는 전환점인 문턱을 향해 사회·생태 시스템이 계속 나아간다면 지속가능성과 관련된 질문은 '문턱을 건너가지 않으려면 어떻게 해야 하나?'가 된다. 또는 사회·생태 시스템이 인간에게 필요한 재화와 서비스를 제공하지 못한다면 '문턱을 건너 다른 체제(안정상태)로 넘어가려면 어떻게 해야 하나?'라는 질문이 제기된다. 시스템 체제와 가능성 있는 문턱 때문에 불안하다면 어떻게 리질리언스와 적응능력을 구축해야 외부 충격에 대처하는 능력이 향상될 수 있을까?

적응주기와 시스템 체제를 인식하려면 관심 대상이 되는 시스템의 역사에 대해 이해하는 것이 좋은 출발점이다. 이 책에 나오는 다섯 가지 사례연구의 역사를 생각해보자. 각 사례마다 성장과 예측가능성이 특징인 전방 순환 단계와, 창조적 파괴와 새로운 시작이 특징인 후방 순환 단계가 존재한다. 적응주기가 생태계의 어느 곳에서 어떻게 작동되는지 이해한다면 여러 스케일에 걸친 연결고리를 볼 수 있을 뿐만 아니라, 이 연결고리들이 관심 대상인 스케일에 어떻게 영향을 미치는지 알 수 있다. 그리고 좋은 기회가 생길 때 이를 포착해 생태계에 영향을 미칠 시기를 선택할 수 있다.

적응성과 가변성

관심대상인 사회·생태 시스템을 분석하고 이 시스템을 움직이는 주요한 느린 변수들을 이해한 다음, 확실하거나 불확실한 문턱을 알아내고, 적응주기와 여러 스케일에 걸친 연결을 확인하고 나면, 시스템의 리질리언스를 어떻게 다룰지 생각해야 한다.

시스템의 리질리언스를 관리할 수 있는 시스템의 역할자actors in a system 의 능력을 적응성(또는 적응능력)이라고 한다. 여기서 적응성이란 문턱을 옮기는 능력, 시스템을 문턱에서 멀어지게 하거나 문턱 쪽으로 옮기는 능력, 시스템이 문턱에 다가가기 쉽게 또는 어렵게 만드는 능력이다.

에버글레이즈 사례에서 적응성은 물속 인의 농도 또는 인의 농도가 생태계에 미칠 영향을 조절하는 역할자의 능력이라 정의된다. 골번브로큰 유역의 사례에서 적응성은 토지에 초목을 대규모로 재조성하여 지하수위의 상승을 막는 유역 역할자의 능력과 관련되어 있다. 카리브 해 사례에서 적응성이란 이곳 생물체 가운데 핵심 기능집단을 원래 상태로 되돌리는 능력, 다시 말해서 중추종을 원래 시스템에 다시 자리 잡게 하는 능력과 연관된다.

사회·생태 시스템이 바람직하지 못한 안정상태 속에 갇혔다면 문턱이나 이 시스템의 경로를 관리하기가 불가능할 수도 있다. 그렇다면 시스템의 특성을 전부 바꾸는 일을 고려하는 편이 더 나을 수도 있다.

리질리언스의 비용

대체로 리질리언스는 의도하지 않게 손실된다. 하지만 리질리언스가 분명히 손실되었는데도, 다시 말해서 사람들은 문턱을 인식하면서도 여전히 리질리언스를 무시하고 대수롭지 않게 여긴다. 왜 그럴까? 주된 이유는 리질리언스를 유지하는 데 비용이 뒤따르기 때문이다.

반응 다양성(잉여해고redundancies)을 높이고, 효율성을 줄이며, 최대 수익을 포기하려 하는 전략들은 모두 비용이 따른다. 여기서 말하는 비용이란 단기 기회 이득의 손실을 뜻한다. 상황이 잘못되지만 않는다면 리질리언스를 줄여야 더 많은 이득을 얻을 수 있다. 이런 상황이 길게 이어질수록 리질리언스가 줄어들어 체제가 바람직하지 못하게 바뀔 가능성이 커진다.

그러므로 리질리언스를 관리하자면 리질리언스를 유지하거나 높이는 일과 관련된 단기 손익을, 체제가 바뀌지 않을 때 얻을 장기적 이득과 비교하여 평가할 수밖에 없다.

추가 수익을 포기할 때 드는 단기 비용

vs.

사회 · 생태 시스템이 새로운 체제에 머무를 때 드는 비용

(= 비용 × 체제가 달라질 확률)[5]

하지만 비용과 수익을 정할 수 있을 정도로 자세히 알려진 사회 · 생태 시스템이 많지 않아 단기 손익과 장기 이득을 균형 있게 평가하기 어렵다.

리질리언스라는 사고의 틀을 채택하는 사람들이 늘어나고 정보, 특히 체제 변환에서 비롯되는 결과에 대한 정보가 많아질수록 단기 손익을 훨씬 수월하게 평가할 수 있다. 그러므로 현재 단계에서는 단기 비용이 있다는 사실과 어떤 업무계획에서든 단기 비용을 고려해야 한다는 점을 우선 인식하는 것이 중요하다.

---

[5] '추가 수익을 포기할 때 드는 단기 비용'은 리질리언스와 관련된 비용으로, 추정하기 쉽다. 반면, '사회 · 생태 시스템이 새로운 체제에 머무를 때 드는 비용'은 효율성과 관련된 비용으로, 추정하기 어렵다. 골번브로큰 저수지 관리 공사 홈페이지에 있는 자료로, 지은이 브라이언 위커가 발표했던 발표자료다(http://www.gbcma.vic.gov.au/downloads/wshop_resilience_presentations/Resilience_intro_and_application.pdf).

보편적 리질리언스와 특정화된 리질리언스

사회·생태 시스템의 리질리언스를 어떻게 관리할지 생각할 때는 시스템이 받을 특정 위협들을 이해하는 데 대부분 중점을 둔다. 리질리언스를 관리하는 방법이란 문턱이라는 관점에서 시스템을 정의하는 것이다. 이 말은 시스템을 형성하는 주요한 느린 변수들, 다시 말해서 문턱 효과를 드러낼 수도 있는 변수들을 이해하려 시도한다는 뜻이다. 골번브로큰 유역에서는 지하수위가 주요한 느린 변수일 것이며, 에버글레이즈에서는 퇴적물의 인 농도일 것이다. 이렇게 주요 변수들을 확인하면 리질리언스와 관련된 질문이 '(인의 농도가 증가할 때) 화재나 가뭄이 닥쳐온다면 에버글레이즈 식생의 리질리언스는 어떻게 될까?'처럼 구체화된다.

이 경우 리질리언스의 종류는 특정화된 리질리언스specified resilience 또는 표적 리질리언스targeted resilience, 그러니까 '특정 대상을 겨냥한, 특정 대상을 위한' 리질리언스인 것이다. 누군가 사회·생태 시스템을 대상으로 특정화된 리질리언스를 분석할 수 있다면, 그 사람은 기존의 방식에서 탈피해 한걸음 앞으로 나아간 것이다. 하지만 그것만으로 부족하다. 리질리언스 사고를 하려면 특정 변수나 교란을 관리하는 차원에서 넘어서야 한다.

이 책의 일관된 주제는 특정화된 리질리언스를 비롯해 무엇을 최적화하든 뜻하지 않은 충격과 교란에 대응할 능력이 약해지는 비용을 치러야 한다는 점이다. 어떤 리질리언스가 최적화되면 다른 리질리언스가 약해질 수 있다는 것이다.

특정화된 리질리언스를 관리하는 것은 중요하다. 그렇지만 사회·생태 시스템이 예상 밖 교란을 흡수하게 해주는 이 시스템의 보편적 리질리언스를 유지시키는 것 또한 중요하다.

사회·생태 시스템이 보편적 리질리언스general resilience 을 갖추는 데 어떤 요소가 작용하는가? 이 책에 제시한 다섯 가지 사례연구와 사회·생태 시스템에 대한 여러 연구결과를 보면, 보편적 리질리언스를 유지하는 데 중요한 역할을 하는 요소는 다양성diversity, 모듈화modularity, 피드백의 견고성tightness of feedback 이다. 이 모든 핵심적 특징은 생태계를 대상으로 한 레빈Levin(1999)의 연구로 정립되었다.

다양성이란 사회 · 생태 시스템에 존재하는 생물종, 인간, 단체의 수가 다양하다는 뜻이다. 다양성에는 시스템의 기능 다양성 functional diversity 과 반응 다양성 response diversity 이 모두 포함된다('카리브 해 산호초' 사례에서 논의되었던 내용을 떠올려보라). 충격에 대응할 수 있는 구성요소가 시스템에 다양하게 존재할수록 충격을 흡수하는 시스템의 능력도 커진다. 다양성은 또한 유연성이나 선택 보류 문제keeping your option open 와도 관련이 있다. 즉 다양성이 없어지면 시스템의 선택권(대안)은 줄어들기 때문에 교란에 대응하는 시스템의 능력은 약해지는 것이다. 효율성이 커지면 (최적화될수록) 다양성은 약해질 수밖에 없다.

단위성이란 사회 · 생태 시스템의 구성요소가 연결되는 방식이다. 사회 · 생태 시스템이 고도로 연결될수록 (전체 구성요소들 사이의 수많은 연결) 충격은 시스템 전체에 빠르게 퍼진다. 내부적으로는 강하게 연결된, 그러나 구성요소들 상호 간의 연결이 느슨한, 시스템은 단위적 구조modular structure 를 가진다. 시스템이 어느 정도 단위성을 갖추고 있다면, 느슨하게 연결된 시스템 구성단위들의 집합인 하위 집단에 이상이 생기더라도 각 구성단위는 계속 작동되며 시스템 전체는 스스로를 재구성하기 때문에 충격을 더욱 잘 흡수한다.

피드백의 견고성이란 시스템의 한 부분에서 변화가 일어날 때 다른 부분에서 이러한 변화를 알아차리고 얼마나 빨리 얼마나 강력하게 대응하는지를 의미한다. 피드백의 견고성을 좌우하는 중요한 요소는 여러 단체와 사회관계망이다. 중앙집권화된 정부나 세계화 추세로 피드백이 약해질 수 있다. 피드백이 길어질수록 시스템이 제때에 변화를 알아차리지 못하고 문턱을 넘어갈 가능성이 커진다.

골번브로큰 유역의 사례를 보면 1970년대 이곳의 지하수가 범람하자 중앙정부에서는 저수지 관리 공사라는 새로운 단체를 설립하여, 환경을 위협하는 요소에 대응할 책임을 지역기반 단체라 할 수 있는 이곳으로 넘겼다. 유역관리공사는 이 지역의 사회관계망과 강하게 결합하여, 지하수위 상승이라는 위험에 대응하는 데 중요한 역할을 했다. 관리공사가 만들어지면서 피드백은 더욱 견고해져 골번브로큰 유역의 리질리언스는 증가했다.

북 하일랜드 호수 지대는 시나리오 개발로 이곳의 리질리언스가 다음의 두 가지 방식으로 향상되었다. 시나리오 개발로 사회관계망이 구축, 강화되면서 이곳은 변화에 더 빨리 대응할 수 있었고, 시나리오는 바람직하지 못한 변화를 알려주는 지표를 제시했으며, 이러한 변화를 미리 경고해준 덕분에 지역사회가 변화에 피드백하는 시간이 줄어들었다.

이 장 다음에 나올 크리스티안스타드 바텐리케(또는 크리스티안스타드 수역) 사례연구를 보면, 이곳의 환경이 위태롭다고 느끼는 사람들이 점점 많아지자, 각계각층의 대표자들이 모여 사회관계망을 구성하였고 이를 통해 이 지역의 리질리언스의 핵심요소가 도출되었다.

자연자원 정책과 관리에 대한 몇 가지 시사점

리질리언스에 기반을 둔 자원 관리는, 거버넌스 방식으로 자연의 변동성을 통제하고 최적의 시스템으로 인식된 상태로 유지하기보다는, 시스템의 대안체제와 문턱 그리고 대안체제나 문턱 값을 피하거나 관리할 수 있는 능력에 주안점을 둔다. 자연자원을 관리하고 관련 정책을 세워 집행할 때, 어떻게 이 추상적 문장을 구체적으로 실행할 수 있을까?

리질리언스 얼라이언스에서 준비한 실무자 지침서에서, 자연자원 정책에서 리질리언스라는 틀이 어떤 의미를 지니는지 자세히 다룬다. 하지만 여기에서는 자연자원 정책을 담당하는 사람들이 명심해야 할 몇 가지 고려사항을 제시하려 한다. 마지막 6장에서 '리질리언스를 갖춘 세상은 어떤 모습일까?'라는 맥락에서 이 고려사항에 다시 초점을 맞출 것이다.

• 생태계와 사회 시스템은 별도로 관리될 수 없다. 두 시스템은 강력하게

상호작용하기 때문에 이들 사이에 존재하는 피드백을 고려해야 한다.

- 사회·생태 시스템의 리질리언스를 고려하려면, 이 시스템이 적응주기 가운데 어떤 단계에 머물러 있는지 알아야 한다. 시스템은 머지않아 다른 단계로 넘어갈 것인가? 현재 적응주기 단계에서 적절한 개입은 무엇이고, 그렇지 못한 개입은 무엇인가?

- 현재 정책 관리자 여러분이 대상으로 하는 스케일보다 상위, 하위에 존재하는 스케일에서는 어떤 일이 벌어지고 있는지 이해해야 한다. 이러한 스케일들은 정책 관리자 여러분이 대상으로 하는 스케일에 어떤 영향을 미치는가?

- 문턱 효과가 있을지도 모르는(또는 문턱 효과가 있는) 중요한 (느린) 통제 변수도 확인해야 한다. 느리게 변하는 변수들을 움직이는 요소들을 찾아서 이해해야 한다(생태계와 사회 시스템 모두 해당된다).

- 느린 통제변수에 기초하여 가능성 있는 대안 체제를 확인해야 한다. 시스템이 (문턱을 건너) 대안 체제로 바뀐다면 기존의 재화, 서비스와는 다른 재화, 서비스가 제공될 것이다.

- 효율성을 높이기 위해 시스템을 단순하게 만들면, 이 시스템은 교란에 다양하게 반응하기 힘들어지고 스트레스나 충격에 더 취약해진다는 사실을 인식해야 한다.

- 바람직하지 못한 대안 체제를 피할 수 있게 꼭 개입해야 할 중요사항을 확인해야 한다. 이렇게 되면 (문턱을 좌우하는 시스템의 속성을 확인, 관리하여) 문턱의 위치나 시스템의 궤도를 바꿀 수 있다.

- 어려움에 처한 지역사회나 산업계를 도우려면, 이들을 바뀌지 못하게 하는 보조금보다 바뀔 수 있도록 하는 보조금을 생각해내야 한다.

- 적응성(사회적 능력-신뢰, 리더십, 관계망)을 구축하는데 예산을 투자하고, 실험과 학습을 (저해하지 말고) 장려해야 한다.

- 적절한 스케일과 시점에서 중요사항에 개입할 수 있도록 거버넌스 구조를 새롭게 설계하거나 기존 거버넌스 구조를 수정해야 한다.

- 리질리언스를 유지하면 비용이 뒤따른다는 사실을 인정해야 한다. 결국 문제는 단기적 관점에서 추가로 얻을 수 있는 이익을 포기하는 경우와 장기적 관점에서 위기를 관리하는 데 드는 비용을 절감하는 경우, 이 두 가지 경우가 어떻게 균형을 유지하는지에 있다.
- 이미 바람직하지 못한 체제(이 체제에서는 용납될 수 없는 평형상태나 종착점이 존재하며, 평형상태나 종착점에 가까이 가지 않으려고 노력해도 소용이 없다.)로 바뀐 시스템은 어느 시점이 되면 사회적, 경제적 변화에 더 이상 적응할 수 없게 된다. 탈바꿈이 유일한 길인 경우, 사람들이 이를 빨리 인식하고 받아들여 실행할수록 거래비용이 적게 들고 시스템을 탈바꿈하는 데 성공할 가능성도 커진다.

리질리언스 사고와 관련된 요점

- 리질리언스 사고를 적용하는 데 과학분야 학위가 꼭 필요한 것은 아니다. 리질리언스 사고를 적용하려면 사회 · 생태 시스템을 다양한 관점, 다양한 스케일에서 전체적으로 살펴볼 수 있어야 한다.
- 리질리언스를 관리하려면 두 가지 리질리언스, 즉 이미 알려진 교란이 닥칠 때 되살아날 수 있는 특정화된 리질리언스와 생각지도 못한 교란이 닥칠 때 되살아날 수 있는 보편적 리질리언스를 고려해야 한다.
- 적응성이란 (문턱과 관련된) 사회 · 생태 시스템의 궤도와 문턱의 위치에 영향을 미칠 수 있는 시스템 역할자들의 능력이다.

습지에 리질리언스를 구축하다
- 스웨덴 크리스티안스타드 바텐리케

　1975년 크리스티안스타드 주민들은 이곳에 있는 세계적으로 유명한 습지
로 인해 이곳의 환경이 좀 더 나아질 것이라 생각했다. 하지만 10년이 흘러 이
곳의 환경이 파괴되어가자 희망은 절망으로 바뀌었다. 다른 지역에서 인식도
다르지 않았다. 크리스티안스타드의 환경을 지속가능하게 관리하려면 주민들
스스로 책임을 져야 할 것 같았다. 그 때문에 이곳은 달라져야 했고 달라질 준
비가 되어 있었다.

　크리스티안스타드 주민들이 희망을 걸고 있었던 세계적 명성은 국제습지조
약과 관련이 있었다.[6] 인근에 있는 헬게 강을 따라 35km나 뻗어 있는 습지는
국제습지조약이 발효된 직후 람사르습지로 선언되었다. 람사르습지로 지정되
었다는 것은 자연적 가치를 보호하기 위해 마련된 종합보전계획의 제정과 관
리에 의하여 더 이상의 개발로부터 보호되어야 하는 습지가 되었다는 것을 뜻
한다.

　크리스티안스타드 주민들은 습지 선언이라는 소식이 수년간 이곳에 팽배했

6　국제습지조약 : 정식 명칭은 '특히 물새 서식지로서 국제적으로 중요한 습지에 관한 협약(Convention
　on Wetlands of International Importance, especially as Waterfowl Habitat)'이며 '람사르협약
　(Ramsar Convention)'이라고도 한다. 가맹국은 철새의 중계지나 번식지가 되는 물가의 습지를 보호
　할 의무가 있으며, 가맹할 때는 국제적으로 중요한 습지를 1개 이상 보호지(람사르습지)로 지정해야
　한다.

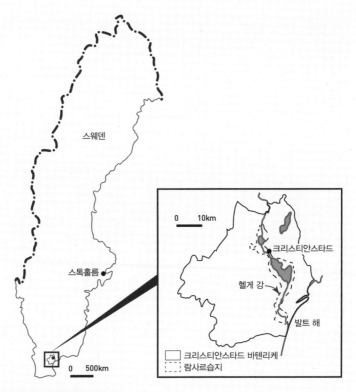

스웨덴

스톡홀름

0   10km

크리스티안스타드

헬게 강

발트 해

□ 크리스티안스타드 바텐리케
⫶ 람사르습지

0   500km

그림 16 크리스티안스타드 바텐리케의 지도

던 환경 가치의 훼손이 회복세로 전환되는 전조가 되기를 바랐다. 하지만 불행히도 10년이 지나자 습지 선언으로 이곳이 보호되리라는 생각은 환상에 지나지 않는 듯 보였다. 단체들이 람사르습지 주변을 조사, 관찰한 결과 이곳의 자연 가치는 여전히 하락하고 있었다. 조류 개체군 수가 줄어들고, 부영양화가 점점 심각해지고, 수생식물이 성장하면서 호수는 꽉 막히고 있었다. 크리스티안스타드 습지가 람사르습지로 국제적 인증을 받았지만 그 문화적, 자연적 가치가 보존될 수 없다면 더 이상 아무런 역할도 할 수 없을 것이라고 걱정하는 사람들이 점점 늘어갔다.

때로는 사람들이 위기를 알아차리면, 실제로 위기가 닥칠 때 못지않게 효과적으로 변화가 촉진될 수 있다. 1980년대가 되면서 크리스티안스타드에서

사진 13 앞쪽으로 헬게 강과 함께 크리스티안스타드 바텐리케와 크리스티안스타드 자치주가 있고, 뒤쪽으로 발트 해의 하노 만이 보인다(Olsson 등, 2004).

는 혁신적으로 자연자원과 문화자원을 관리할 수 있는 분위기가 무르익고 있었다.

크리스티안스타드 바텐리케의 개요

크리스티안스타드 바텐리케KV, Kristianstads Vattenrike는 대강 '크리스티안스타드 수역'이라는 뜻으로 번역되지만 바텐리케라는 단어의 'rike'에는 '풍부함'이란 뜻도 담겨 있다. KV는 수역이라는 뜻을 규정하고 있을 뿐만 아니라 이곳의 풍부한 자연적 가치도 드러내기 때문에 아주 적절한 명칭이다.

KV는 스웨덴 남동부에서 생물학적, 문화적으로 아주 중요한 준 도시지역으로 크리스티안스타드 시 안에 있으며 약 1,100km²에 달하는 헬게 강 유역에 걸쳐 있다. KV의 남동부는 하노 만Hanö Bay과 경계를 이루고 있다.

KV에는 소를 방목하고 건초를 만드는 데 이용되는, 세계에서 가장 큰 범람 목초지flooded meadow가 있다. KV의 독특한 가치 가운데 대부분은 이러한 인간 활동과 헬게 강의 연례적인 범람에 좌우된다.

사진 14 헬게 강의 지류인 브람산 강(Olsson 등, 2004)

KV의 중심은 크리스티안스타드 시로 인구는 2만 8천 6백 명이다. 크리스티안스타드 시를 포함하는 크리스티안스타드 주에는 7만 5천 명이 살고 있다. KV의 대부분은 농업생산에 중요한 사토와 식질토로 이루어진 농지다. KV는 스웨덴에서 농업생산성이 높은 곳 가운데 하나이다.

범람목초지 외에도 KV의 중요한 자연 서식지로 울창한 너도밤나무 숲, 습윤림, 버드나무 관목림, 모래 초원 등이 있다. 각 서식지마다 여러 가지 고유의 동·식물이 서식한다. 또한 이곳에는 북유럽에서 가장 큰 지하수 보전구역이 있다.

KV는 습지를 흐르는 물속에 있는 영양염을 여과하여 발트 해 쪽으로 보내거나,[7] 사람들을 위한 여가 공간을 만들거나, 이곳을 상징하는 황새를 비롯한 여러 야생동물에게 서식지를 제공해주거나, 이곳의 문화유산과 농업 유산을

---

[7] 물속에 질소나 인을 비롯한 영양염이 과다하게 유입될 경우 부영양화가 일어나 물고기가 죽는다.

유지하는 등 여러 가지 중요한 생태계 서비스를 제공한다.

람사르협약에서는 1975년 KV를 세계적으로 중요한 습지로 지정했고, 최근 유네스코에서는 이곳을 생물권 보호지역으로 승인했다.

크리스티안스타드 바텐리케의 사회, 생태적 역사

스코네Skåne 지방 북동부(현재 크리스티안스타드 자치주)에 사람이 살기 시작한 시기는 수천 년 전이다. 이곳의 선사 시대를 다룬 여러 연구결과를 보면, 이곳에는 사냥감이 될 만한 동물들이 서식하는 숲이 있고, 물고기를 잡고 여기저기로 이동할 수 있는 강이 있으며, 농사를 지을 수 있는 비옥한 땅이 있어서 사람들이 정착해서 살기에 좋은 조건이 갖춰져 있었다. 이 모든 특징과 이런 특징을 차지하기 위해 벌어진 싸움들은 현재의 크리스티안스타드가 형성되는 데 영향을 미쳤다.

스코네 지방이 아직 덴마크 영토였던 중세 시대에 오후스Åhus와 보Va 같은 지방 도시들은 무역, 종교의 중심지였다. 이 무렵은 덴마크와 스웨덴이 늘 치열하게 싸우고 있었던 탓에 불안한 시기였다. 1600년대 초에 스웨덴 보병 부대가 여러 차례 스코네 북동부 지역에 침입하여 노략질을 하고 길목에 있는 모든 것을 불태웠다.

덴마크 왕 크리스챤 4세는 스웨덴과의 국경인 동쪽을 방어하기 위해 요새를 구축하기로 결정했다. 1614년, 스웨덴 군대가 침투해오기 힘들 습지의 중심부인 알뢴Allön에 요새를 만들었다. 이듬해 이곳을 방문한 크리스챤 4세는 자신의 이름을 따서 마을 이름을 짓기로 결정했고, 그렇게 하여 이곳의 이름은 크리스티안스타드가 되었다. 하지만 대부분의 일이 그러하듯, 40년 정도가 지나자 이곳은 스웨덴의 영토가 되었다. 이후 350년 동안 크리스티안스타드 마을은 무역, 문화, 교육, 행정의 중심지로 발달해왔다. 또한 사람들은 이 시기에 농지를 늘리고 홍수를 다스리기 위하여 땅을 개발하고 길들였다.

물을 다스리다

세계의 여러 지역과 마찬가지로(이를테면 에버글레이즈) 습지개발에서는 수위와 물 흐름의 조절이 중요하다. KV를 바꾸어 놓은 특별한 사건이 바로 1774년, 지역 농부들이 매년 찾아오는 홍수에 농토가 망가지지 않게 하려고 발트 해 쪽으로 배수로를 판 일이었다. 불행히도 1775년 봄에 너무나도 혹독한 홍수가 닥쳐, 농부들이 파놓은 배수로가 헬게 강에서 발트 해로 이어지는 새로운 물길로 바뀌었다. 농부들의 모험적 시도 때문에 KV의 수위는 50cm 넘게 낮아졌다.

특히, 애초에 깊이가 얕았던 호수들이 이러한 수위 감소에 영향을 받으면서 부영양화에 더욱 취약해졌다. 갈대를 비롯한 여러 식물이 마구 자라서 아라슬뢰브스원 호수Lake Araslövssjön 와 함마르스원 호수Lake Hammarsjön[8]는 늘 위험한 상태에 놓여 있다.

1940년대에 헬게 강을 통제하기 위해 제방을 축조하고 강을 준설하는 사업이 시행되면서 습지는 더 큰 위험에 처했다. 이 사업의 목적은 습지를 통해 물을 빨리 흘려보내어 홍수를 막는 데 있었지만 오히려 KV의 수위가 30cm 정도 더 낮아지고 말았던 것이다. 그 과정에서 함마르스원 호수와 발트 해 사이에 있던 작은 호수 몇 개가 사라졌다. 도시가 점점 무분별하게 확장되고 도로가 건설되면서 자연 풍경은 더욱 심각하게 훼손되었다.

강과 습지가 개발되면서 이곳의 자연적 가치는 심각한 타격을 입었고 사회에서 부담해야 할 비용도 커졌다. 한편, 공장과 가정에서 처리되지 않고 배출된 하수가 강으로 쏟아져 나오면서 수질이 악화되었다. 20세기 상반기 동안 사람들의 불만은 점점 커지고 있었고, 1941년이 되자 크리스티안스타드 시는 헬게 강물을 더 이상 상수원으로 이용할 수 없었다.

제2차 세계대전 이후 비료의 사용은 헬게 강 하류 습지 주변에서 농업의 집약화를 가능하게 했다. 집약 농업으로 호수에 부영양화가 발생할 위험이 커졌

---

8 헬게 강 주변에 있는 호수들이다.

을 뿐만 아니라 지하수도 질산염과 농약에 오염될 위험에 놓였다.

1964년 여름, 헬게 강 하류 50km 구간에서 물고기가 떼죽음을 당했다. 물속 유기 오염물질 농도가 높고 산소 농도가 낮았던 것이 원인이었다. 강에서 서식하던 유럽산 희귀 메기 집단은 이 상황 때문에 몰살당한 듯했다.

이 무렵 여러 단체가 어떻게 환경이 이렇게 다뤄질 수 있는가에 대해 분노를 드러내면서 공개적으로 논쟁하기 시작했다. 크리스티안스타드 시가 1966년 이곳과 가장 가까운 습한 초원(범람 초원)에 쓰레기 매립장을 만들겠다고 결정하면서 상황이 악화되었다. 크리스티안스타드 시와 스웨덴의 자연보전 단체는 범람원의 생물학적, 미적 가치를 강조하며 시 당국의 결정에 반대했지만 결국 범람원은 크리스티안스타드 시의 쓰레기 매립장으로 바뀌었다.

이 결정이 내려진 직후, 시에서 남쪽으로 멀리 떨어져 있는 범람원에 제방을 쌓아 영구 농지를 만든다는 계획이 나왔다. 이렇게 되자 보전 단체들은 이 지역의 자연 가치를 열거한 일람표를 만들며 다시 이의를 제기했다. 이에 대응하여 크리스티안스타드 자치주 행정위원회에서는 150ha에 이르는 경작지를 자연보전구역으로 설정하여 보호하기로 결정했다.

1974년 크리스티안스타드 자치주에서는 갈대를 비롯한 호수에 무성하게 자라난 식물을 제거하는 아라슬뢰브스왼 호수와 함마르스왼 호수 복원사업을 착수했다. 이듬해, 헬게 강 하류를 따라 뻗어있는 습지 35km가 람사르습지로 선포되었다. 많은 사람들은 이러한 외부 개입이 전환점이 될 것이라고 생각했지만 그렇지 않았다.

범람원 유지하기

습지를 보전하려는 몇 가지 노력이 시도되었지만, 1980년대에 이곳을 대상으로 진행된 연구에 따르면 헬게 강 하류와 람사르습지의 가치는 계속 하락하고 있었다. 이는 소를 방목하고 건초를 만드는 데 이용될, 범람원이 급격히 줄어들었다는 사실과 관련이 있었다.

19세기 말이 되자 스웨덴 사람들은 대부분 범람원에서 소를 방목하거나 건초를 만드는 일을 그만두는 대신, 농지에 소 사료를 재배했다. 그러나 이런 농업 구조조정 및 합리화 대책 이후에도 1,200ha에 이르는 헬게 강 하류의 습지 가운데 적지 않은 부분이 살아남았다.

더 이상 소를 방목하거나 건초를 만들지 않았기 때문에 이곳에 남은 습지들은 1980년대가 되자 위험에 처했다. 범람원에 있는 풀을 솎아내지 않으면 갈대, 사초[9], 버드나무가 마구 자라게 되는데, 범람원에서 숲으로 생태계의 모습이 바뀌는 전이과정 가운데 한 단계이다. 그러므로 계속해서 소를 방목하고 건초를 만들어야 습지가 유지될 수 있다. 범람원은 생태적인 안정상태에 놓여 있지 않다. 사회·생태 시스템의 바람직한 체제는 경작cultivation 이라는 필수 구성요소를 갖춘 문화경관[10]이다. 방목에 의한 관리가 없다면, 이 생태계는 안정적 평형상태인, 범람원이 없는 (범람원이 없기 때문에 이러한 범람원에 의존하는 야생동물도 없는) 숲 생태계로 넘어간다.

이 시기에 크리스티안스타드 주립 박물관의 자연사부 큐레이터 스벤 에릭 마그누손Sven-Erik Magnusson 은 습지를 품고 있는 이 문화경관의 역사와 동태에 관련된 정보를 열심히 수집했다. 마그누손은 지난 수천 년간 헬게 강 하류 지역의 농업 관행에 의해 이곳의 경관과 생태계가 어떻게 만들어졌는지 파악했다. 그는 사람들과 여러 이해관계자 집단에게 파악한 내용을 전달하기 위한 여러 가지 방법도 개발했다. 그러한 방법 가운데 하나가 옥외 박물관 유테뮤지엄, Utemuseum 설립으로, 방문자들은 이곳을 둘러보면서 습지 경관을 이해할 수 있었다.

마그누손은 람사르습지를 연구한 결과, 아직까지 소를 방목하고 건초를 만드는 곳에 독특한 문화적, 자연적 가치가 여전히 남아있었지만(전통적 농업

---

9 사초(sedge) : 사초과 사초속 식물의 총칭이다. 여러해살이풀로 땅속줄기가 있다. 열대지방에서 한대지방까지, 건조한 바위틈에서 습지에 이르기까지 널리 분포하지만 특히 온대지방 이상의 습지에서 자란다.

10 문화경관(cultural landscape) : 자연경관에 인공을 가하여 이룩한 논밭, 광공업, 교통, 도시 등의 경관이다.

형태나 물새 개체군) 그렇지 못한 곳에서는 이런 가치들이 사라지고 있었다. 1980년대 중반 마그누손은, 광범위한 지역에서 (1950년대까지 거슬러 올라간) 장기간에 걸쳐 탐조하면서 조류들에 대한 정보를 축적한 북동부스코네조류협회BSNES, Bird Society of Northeastern Scania 회원들과 함께 일하기 시작했다. 마그누손과 BSNES회원들은 보호구역 내에 있는 범람원을 관리하는 크리스티안스타드 자치주행정위원회County Administrative Board, 국가임업위원회National Forestry Board에게, 생태계의 자연적 가치를 유지하려면 생태계 보호에 그치지 않고 적극 관리해야 할 뿐만 아니라 전통 농업을 재개해야 한다는 점을 자신들의 경험과 지식을 모두 동원하여 납득시켰다. 그렇게 해서 습지의 문화적 역사와 소 방목, 건초 제조를 위해 습지를 계속 이용하는 행위는 조류 서식지를 풍부하게 유지하는데 필요한 생태계의 질과 연결시켰다.

간단히 말해, 이곳 사람들이 범람원 체제의 리질리언스를 관리하여 이 체제가 숲이라고 하는 평형상태로 넘어가지 않게 하려면 높은 적응성을 갖추고 있어야 했다.

크리스티안스타드 바텐리케 생태박물관 설립

마그누손은 이런 일들을 겪으며 여러 조직 계층에 존재하는 관계자들의 지식과 경험이 하나로 연결되어야 한다는 사실을 깨달았다. 마그누손은 다양한 활동에 종사하는 여러 계층의 사람들과 단체를 알고 있었다. 그들의 활동에는 자연적 가치와 문화적 가치에 대한 목록 작성, 관찰 프로그램 가동, 복원활동 수행, 개선된 토지이용, 관리지침을 개발하려는 시도가 있었다. 또한 마그누손은 활동을 수행하는 집단들이 서로 소통되지 않을 때가 많다는 사실도 알고 있었다. 활동들을 한 가지 개념으로 합쳐야 한다는 것을 깨달았고, 그래서 나온 개념이 크리스티안스타드 바텐리케 생태박물관EKV, Ecomuseum Kristianstads Vattenrike 이었다. EKV는 근본적으로 크리스티안스타드 바텐리케에 이해관계가 있는 관계자와 집단들이 만나서 아이디어와 가치를 주고받고 이곳의 미래

©Carl Folke

사진 15 대화는 습지 경관 거버넌스의 구조 수정에 중요한 요소이다. 사진에 관리 수준을 대표하는 주요 인사 3명이 보인다. 주 관리위원회, 크리스티안스타드 주민(EKV)과 농부(Olsson 등, 2004).

를 함께 이해하고 미래에 대한 견해를 공유할 수 있는 하나의 장이었다.

EKV에 대한 지원을 얻어내기 위해 마그누손은 크리스티안스타드 및 그 주변 습지와 이해관계가 있는 핵심 단체의 특정한 개인을 주요 대상으로 삼았다. 여기에는 지역 대학의 연구자들, 세계자연보호기금 임직원, 전 크리스티안스타드 관광청장, 스웨덴 국립 자연사 박물관장이 포함되어 있었다. 이들이 지원하고 참가한 덕분에 EKV는 갈등을 해결하고 정보를 공유하며 여러 활동을 조정하는데 중요한 역할을 하는 조직으로 만들어졌다.

EKV라는 개념이 확산되면서 크리스티안스타드 자치주 행정위원회, BSNES, 환경단체, 농업인 단체를 비롯한 여러 단체가 EKV에 지원과 개입을 했다. 이 단체의 대표자들은 최근에 만들어진 사회관계망의 접점이 되었다.

1988년 크리스티안스타드 자치주 집행위원회는 습지에 미치는 환경적 위험이 점점 심각해져 EKV처럼 여가, 관광, 생물 다양성, 수질 정화에 유용한 자원인 습지를 관리하는 데 조력을 하는 조직이 만들어질 가능성이 점점 커진다는 사실을 인정했다. 그리고 이듬해 크리스티안스타드 자치주가 EKV를 운영할 책임을 맡았다.

EKV에 초기 자금은 참여한 여러 관계자가 자발적으로 제공했다. EKV 프로젝트의 부문마다 다른 후원자들의 관심을 끌었고, 모든 후원자들은 다른 후원자들이 폭넓게 참여할 수 있도록 지원에 대한 조건을 내걸었다. 예를 들어 크리스티안스타드 자치주에서는 주 행정위원회에서 자문역을 파견하고 자금을 지원한다는 조건으로, 한 사람이 범람원을 복원할 EKV 프로젝트를 시작할 수 있도록 자금을 제공했다. WWF에서는 크리스티안 스타드 주에서 행정력을 제공한다는 조건으로, 소를 가두어 놓을 울타리를 치고 습지에 자란 갈대와 덤불을 치우는데 들어갈 비용을 기꺼이 제공했다.[11]

차별화

EKV는 이후 크리스티안스타드라는 한 지방에서 세계에 이르는 여러 사회 계층의 대표자들로 구성된, 유연성 있는 협동 네트워크로 성장했다(Olsson 등, 2004). EKV가 창설된 이래 수많은 단체가 여기에 참여했다. 1989년 EKV에서 제작한 범람원 지도에는 이 습지 생태계를 바람직하지 못한 상태에 이르지 않게 하는데 도움이 될 정보가 담겨 있다. 갈대와 덤불이 마구 자라서 범람원이 위험에 처할 때, 이에 대한 대응이 사회적 구조와 방법을 만들면서 크리스티안스타드 사람들이 계속 범람원을 경작할 수 있었다. 범람원에 의존하며 살았던 조류 개체군이 다시 늘어나는 데도 이 대응이 중요한 역할을 했다.

EKV는 WWF, 조류 협회, 스웨덴 환경보호청, 크리스티안스타드 자치주 행정위원회와 함께 보호구역, 경작지, 조류 개체군, 영양염 농도를 나타낸 지

[11] 이 단락에 대해 보충 설명하면 다음과 같다. 마그누손은 크리스티안스타드 자치주 행정위원회에서는 1년 동안 자문역·관리자를 파견하고 자금을 지원한다는 조건으로, EKV 프로젝트의 한 부분인 범람 평원 복원 사업을 시작할 사람 한 명을 시 당국에서 채용한다는 협약을 크리스티안스타드 자치주와 체결했다. 하지만 습지에 울타리를 치고 갈대나 덤불을 치우는데 들어갈 자금이 지원되지 않았다. 그리하여 새로 만들어진 사회관계망의 한 부분인 WWF에서 자치주와 자치주 행정위원회가 행정력을 제공한다는 조건으로 이 활동에 소요될 자금을 제공했다(Peter Olsson 등, 2004; http://www.ecologyandsociety.org/vol9/iss4/art2/).

도 등 KV의 실태가 담긴 여러 조사 보고서를 꾸준히 펴냈다. EKV에서는 이러한 결과들을 다양한 방법을 동원하여 일반 대중을 비롯한 여러 관계자에게 전달했다. 지속가능한 방식으로 복잡계가 관리되려면 먼저 이러한 순환고리 feedback loop가 만들어져야 한다.[12]

농업 관행은 오래 전에 생겨 대대로 이어지기 마련인데, EKV에서는 농부들이 관행에서 터득한 지식을 활용하면서 그들과 긴밀한 협력관계를 이어간다. 협력관계를 보여주는 한 가지 예가 범람 습지의 생물다양성을 고려하여 가축 수를 조절해서 방목하는 것이다. 소만이 풀을 뜯어 먹는다면 습지 표면에는 풀이 무성해진다. 반면 말이 풀을 뜯어 먹는다면 땅 표면은 매끄럽고 평평해진다. 사람이 습지에 자란 풀을 베어도, 말떼가 풀을 먹을 때와 비슷하게 땅 표면이 매끄럽고 평평해질 수 있다. 풀이 무성하게 자란 땅과 매끄럽고 평평한 땅이 섞인 곳에서 서식하는 조류들도 있다. EKV에서는 농부들이 습지의 독특한 가치를 더욱 폭넓게 인식할 수 있도록 이런 서식지를 놓고 여러 가지 방목 구역을 설치했다.

한편 EKV는 이 습지를 사람들이 좀 더 쉽게 다가올 수 있는 장소로 만들고 총 13개 안내소를 습지에 설치했다. 그리하여 해마다 15만 명이 넘는 사람들이 이곳을 방문한다.

처음에 EKV는 범람원을 복원하는데 집중했지만, 이후 KV에서 발생하는 다른 문제로 활동 영역을 넓혀갔다. 황새와 유럽산 메기를 KV에 다시 들여왔고, 거위와 두루미가 점점 많아져 문제가 발생하자 이를 처리했으며, 헬게 강의 여러 지류를 복원하였고, 시 당국이 홍수를 관리하는데 도움을 주었다. 이렇게 여러 프로젝트가 진척되면서 EKV 협력자들의 관계망이 확장되었다.

EKV가 두루미 문제를 다루었던 방식은 EKV의 활동 방식을 보여주는 좋은 예다. 두루미가 점점 많아지면서 여러 농장이 피해를 입고 있었다. 하지만 두루미 덕분에 KV는 휴양지, 생태 관광지로서 그 가치가 높아졌다. EKV는 피해

---

12 순환고리(feedback loop) : feedback으로 줄여 쓰기도 하며, 결과가 그 원인에 영향을 주는 상황이다(Cumming, 2011).

©S-E. Magnusson, Kristianstads Vattemike
Biosphere Reserve

사진 16 KV의 두루미는 온종일 농장에서 먹이를 먹는데, 이는 관광객들에게 볼거리가 되고 있다. 농부들은 두루미를 쫓아내기보다 그들의 생산량 일부를 희생하여 이득을 얻고 있다.

를 입은 농부들과 대화를 하고, 여러 이해관계 집단의 대표자들로 '두루미 단체crane group'를 구성하여, 혹시라도 벌어질지 모를 갈등을 미리 차단했다. 농부들은 두루미를 쫓아내는 대신에 농지 일부를 두루미 서식지로 내놓고 손실되는 수확량을 보상받는 데 동의했다.

크리스티안스타드 시에 여러 이해 집단으로 구성된 협력관계망이 존재했기 때문에 이러한 과정이 진행될 수 있었다. 협력관계망에 속한 사람들은 이미 서로를 신뢰했기 때문에 새로운 문제·위기·기회가 모두에게 이로운 상황으로 바뀌었던 것이다.

다양성은 복잡성 관리에 도움이 된다

EKV가 헬게 강 하류의 습지 생태계를 관리하는 데 성공했다는 사실은 EKV의 구조 및 기능과 깊게 관련되어 있다. EKV는 크리스티안스타드 자치주에 속한 단체 중 하나로 자치주 위원회에 프로젝트 진행 상황을 보고한다. 하지만 EKV는 공공기관이 아니기 때문에 공식 규정을 제정하거나 집행할 권한이 없다. EKV는 여러 사람과 단체들이 모여서 새롭게 떠오른 화제를 토론하여 합의점을 만들고, 피드백을 제공하며, 의견을 공유할 수 있는 포럼의 역할을 하여, 사람들이 신뢰를 쌓고 사회·생태 시스템인 KV의 리질리언스가 커지는 데에도 중요한 역할을 한다. EKV의 인적 다양성은 EKV가 시스템에서 발생하는 복잡한 문제들을 효과적으로 다루는 데 중요한 요소이다.

EKV는 문제가 발생하면 그 유형에 따라 이를 해결하기 위한 여러 관계자를 소집한다. 이 상황에서 EKV는 중재자, 조정자 역할을 수행한다. 관계자들은 기획, 실행, 모니터링, 평가 단계로 이루어진 학습 과정의 일부분이다. 이들은 관리지침을 새롭게 만들어 실행하고 (적절하지 못한 부분을) 수정한다.

그뿐만이 아니라 EKV 내부의 준거집단[13]은 갈등을 다룰 방법을 만들기 위해 정기적으로 모인다. 이 모임의 목적은 KV와 관련된 활동에 종사하는 집단의 대표들을 한자리에 모으는 데 있다. 한 자리에 모인 대표들은 서로 신뢰를 쌓고 이러한 신뢰는 협력과정이 성공하는 데 없어서는 안 될 요소이다. 갈등이 벌어지고 나서 어떻게 협력할 것인지 토론하기 시작한다면 합의점에 도달하기 훨씬 어렵다.

협력과정에서 공식적 합의와 실행 계획이 도출된다. 그 덕분에, 대표들은 행동방식과 관습을 고쳐 습지 생태계를 관리하는 방법을 개선한다. EKV의 성공은 '열린 단체open institution'라 일컬어지는 방식으로, 정부 당국에서 만드는 규정 때문에 어쩔 수 없이 행동을 고칠 때보다 사람들이 스스로 자신의 행동을 고친다면 결과는 더 빨리 만들어지고 좀 더 오래 지속된다는 것을 보여준다.

KV 사례에는 사람들이 사회 · 생태 시스템의 리질리언스를 이해하는 데 도움이 될 몇 가지 교훈이 담겨 있다. 첫째, 국제습지조약에서 KV를 람사르습지로 지정한 경우처럼, 생태계를 보호할 여러 가지 규정을 제3자가 시행한다면 한 지역의 자연적 특성이 오래도록 보존되기 힘들다. 어디서나 일률적으로 적용 가능한 방식이란 없기 때문에 한 지역에 존재하는 여러 가지 가치를 관리하려면 그 지역의 역사와 문화를 이해해야 한다. 그러자면 그 지역 사람들이

---

13 준거집단(reference group) : 한 개인이 자신의 신념, 태도, 가치, 행동 방향을 결정하는데 준거 기준으로 삼고 있는 사회집단이다. EKV 내부의 준거집단은 1990년대 초에 EKV 자연보호과(nature conservancy section) 내에 만들어졌다(Peter Olsson 등, 2004; http://www.ecologyandsociety.org/vol9/iss4/art2/).

과정에 참여해야 한다.

둘째, 한 지역을 관리하는 데 영향을 미치는 과정과 가치들은 지역, 지방, 국가, 세계를 비롯한 여러 스케일에서 작동되므로 한 단체가 복잡성에 적절히 대처하려면 사회관계망의 각 계층을 대표하는 사람들을 단체에 포함해야 한다. 이 대표자들은 생태계의 거버넌스에 기여를 하고, 다른 대표자들과 함께 지역을 관리하고, 지역을 관리하면서 생길 수 있는 여러 가지 상황을 관련 단체에 알려주어야 한다.

마지막으로, KV에 이해관계가 있는 일부 단체들이 비전을 공유하고 KV를 어떻게 관리할지 합의점을 도출해 낼 준비를 하고 있었기 때문에 EKV가 만들어졌다. 하지만 초반에 마그누손 한 개인이 다양한 관계자들을 불러 모으지 않았더라면 KV가 그렇게 빨리 만들어질 수는 없었을 것이다. 리더십은 적응성과 가변성을 갖추는 데 꼭 필요한 요소이다.

사회 영역 개혁

골번브로큰 유역과 마찬가지로 KV라는 사회·생태 시스템의 생태 영역은 누구도 원하지 않는 안정상태로 이미 끌려가고 있다. 골번브로큰 유역의 경우 관개농업 체계가 계속 선호되는 한, 아무리 사람들이 노력해도 시스템이 이러한 상태(지하수와 염분이 지표면에 닿아 있는 상태)에서 벗어나기는 힘들 것 같다. 여기서 적응성은 도움이 되지 않는다. 가변성만이 유일한 해결책인 것이다.

하지만 KV 사례에서는 큰 변화를 겪은 사회 영역에 적응능력이 형성된 덕분에, 이 사회·생태 시스템의 생태 영역(습지 생태계)은 바람직한 상태에 머물며 자신과 짝을 이루는 평형상태(숲 생태계)에서 벗어난다. 생태계가 바람직한 상태에 오래 머무를수록, 생태계를 관리하는 기법이 좋아질수록, 생태계를 이러한 상태로 만들기 위해 필요한 노력은 줄어든다.

KV 사람들은 자신의 거버넌스와 활동 범위를 개인 농가에서 크리스티안스타드라는 지역으로 바꿔놓았다. 이러한 사회영역의 개혁으로 생태 영역은 범람원이라는 준안정상태quasi-stable state를 유지할 수 있었다. 골번브로큰 유역에서도 사회 영역이 송두리째 개혁된다 하더라도 이 생태계를 이용하는 사람들의 방식이 개혁되지 않는다면 생태 영역이 (바람직하지 못한) 평형상태에 다다르게 되는 것을 막을 수 없다.

EKV 구성원들이 범람 평원 말고 다른 것을 원했다면 어땠을까? 만약 그들이 생태계가 숲으로 존재하는 데 합의했다면 EKV는 이전과는 다르게 생태계를 관리해야 했을 것이다. 하지만 어찌 되었든 크리스티안스타드에 이미 형성된 사회 자본으로서 EKV 구성원들이 바람직한 상태를 만들어 유지했을 것이다.

리질리언스와 크리스티안스타드 바텐리케

이 사례연구에서는 어떤 지역이 리질리언스를 갖추려면 그 지역사회에 생태계를 관리할 권한이 주어지고 동시에 그보다 상위의 스케일에서 거버넌스가 형성되어야 한다는 사실을 보여준다. 크리스티안스타드 주민들은 한때 사람들이 쉽게 들어올 수 없는 습지였던 KV를 직접 관리하기 시작하면서 끈끈하게 결합되었다. 크리스티안스타드의 역사를 살펴보면, 한 지역의 자연자원이 기존의 단편적 방식으로 관리된다면 환경적 가치뿐만 아니라 사람들이 선택할 수 있는 미래도 줄어들 수 있다. 하지만 KV에서는 지역단체가 형성되어 이곳을 관리하는 방식을 놓고 사람들이 의견을 개진할 수 있게 되면서 위기가 호전되었다.

사회 각계각층에 존재하는 이해 관계자들이 느슨하게 이어진 네트워크를 형성하여 복잡한 문제에 대처할 수 있다면, 사회·생태 시스템의 적응능력은 향상된다. 동적 구조로 이루어져 있어서 전 네트워크에 걸쳐 실험과 학습이 진행되므로, 네트워크 구성원들은 유연하게 협력하고 폭넓게 대응하여 문제를 해결할 수 있다. 지식 정보망과 결합한 시도는 새로운 문제를 해결하는 데 필요한 경험과 아이디어의 다양성을 창출한다. 그렇게 되면 혁신과 여러 스케일을 걸치는 순환고리가 만들어지는 데 도움이 된다.

6장

줄어드는 세상 속에 공간 만들기

리질리언스와 지속가능성

세상은 줄어들고 있다. 우리 주위 어디에서나 그 모습을 볼 수 있으며, 줄어드는 자원 기반에 얹혀 살아가는 사람들이 점점 많아지고 있다(Palmer 등, 2004).

- 플로리다 주 에버글레이즈에서는 수질이 악화되고 자연 서식지가 사라지고 있다. 세계적 명소인 에버글레이즈 국립공원 대부분은 부들이 우위를 차지하는 새로운 체제로 확 바뀌어버렸다.
- 오스트레일리아의 골번브로큰 수계에서는 과거의 토지관리 방식으로 생산성이 높은 농업지대의 지표면 턱밑까지 염분 지하수 수위가 높아졌다. 다음에 우기가 지속되면 염분 지하수는 지표면으로 솟아오를 것이다.
- 카리브 해 산호초는 급격히 쇠퇴하고 있다. 산호초가 사라지면서 카리브 해의 경제적 번영도 함께 사라지고 있다.
- 위스콘신 주의 북 하일랜드 호수 지대에는 사람들이 가득 차면서 자연 경관이 서서히 사라지고 있다.
- 스웨덴 크리스티안스타드에서는 수질이 점점 악화되고 야생동물 서식지가 점점 줄어들었다. 사람들은 이곳의 상태가 더 악화되지 않도록 끊임없이 노력해야 한다.

이 다섯 곳은 아주 판이한 문제들이 벌어지고 있는 전혀 다른 지역이지만 다음과 같은 공통점이 있다. 지역마다 인구는 늘어나고 있지만 자연에 존재하는 다양성, 생태계가 제공하는 서비스, 자연적, 경제적, 사회적 가치는 줄어들고 있다. 같은 실타래에 묶인 것 같은 이러한 공통점은 우리가 사는 세상을 휘감고 있으며, 우리는 지속가능함이 무엇을 뜻하는지 계속 질문할 수밖에 없다.

지속가능성의 핵심은 무엇인가?

지속가능한 개발의 개념과 실현할 방법을 놓고 수많은 이론이 발표되고 수없이 많은 토론이 벌어지는 상황에서, 리질리언스라는 틀이 특별한 이유는 무엇일까?

리질리언스 접근법에서는 (1장에서 정의한 대로) 효율개선과 자연적 다양성의 통제를 통해 생산량·수확량·수익을 늘릴 수 있다는 사람들의 선입관을 부정한다. 반면 리질리언스 사고는 세상의 동적 특성을 모두 포괄한다. 리질리언스 사고는 특정 재화의 생산이나 시스템의 상태를 최적화하면 위험하다는 사실을 이해하고, 왜 현재 자원을 관리하는데 쓰이는 방식들이 실패하고 있는지 설명한다(Holling과 Meffe, 1996). 지역, 경제, 생태계라는 시스템이 귀중한 재화와 서비스를 제공할 수 있는 적응성과 기능성이 있는 시스템에서부터 왜 그리고 어떻게 적응성과 기능성을 상실한 시스템으로 전환되는지를 리질리언스 사고를 통해 설명할 수 있다. 이러한 사고방식을 통해 인간이 의존하며 살고 있는 시스템의 중요한 문턱들을 이해할 수 있으며, 만약 시스템이 문턱을 건너 바람직하지 못한 체제로 넘어갔을 때 그 상태에서 왜 그렇게 빠져 나오기 힘든지, 시스템이 그런 상태에 빠질 때 어떤 조치를 취해야 할지 설명할 수 있다. 리질리언스 접근법이란 선택할 수 있는 대안들을 가늠하고, 선택의 여지를 남겨놓고, 기존 대책이 막혔을 때 새로운 대책을 만들어 내는 것이다. 오늘날 리질리언스 접근은 그 어느 때보다 중요하다.

줄어드는 세상에서 감소하는 대안

여러 면으로 볼 때 세상은 줄어들고 있다. 1장에서 늘어나는 인구와 줄어드는 자원과 관련한 몇 가지 세계 통계를 열거했다. 또한 수축은 다양성의 손실을 의미한다. 끝을 모르고 진행되는 세계화로 인간관계가 점점 밀접해지고 문화, 시장, 생물계가 연결되면서, 사람들은 연결되고 동질화 되어간다. 한때 사람들을 구분하고 특정하는 기준이 되었던 차이점들은 점점 줄어들고 있다. 다양성이 감소하는 것이다.

다양성이 줄어드는 또 다른 이유는 생물종이 지니고 있는 유전자와 함께 생물종 자체가 멸종되고, 그들이 속한 생태계가 사라지고 있기 때문이다. 인간이 농사를 짓고 도시를 개발하면서 자연 서식지가 사라져 생물종들은 느끼지도 못하는 사이에 도태되고, 해충의 침입, 질병 발생, 남획으로 뜻하지 않게 멸종되고 있다. 2004년을 기준으로 보면 5천종이 넘는 동·식물이 멸종될 위기에 놓였다(국제자연보호연맹에서 발표한 적색목록을 참고, http://www.redlist.org). 좀 무미건조한 이 숫자들에 의미를 부여하면, 국제자연보호연맹에서는 조류의 8분의 1, 전체 포유류의 약 4분의 1, 양서류의 3분의 1, 바다 거북이와 육지 거북이의 약 절반, 침엽수의 4분의 1을 적색목록에 넣고 있다. 무척추동물과 미생물의 멸종 상황은 거의 알려져 있지 않아서 전 세계에 존재하는 생물종 수를 추정한 자료는 없다. 하지만 분류학자들은 고등 생물이나 식물보다 무척추동물, 미생물이 더 많이 멸종되고 있다고 생각한다.

인구증가와 자원고갈을 급격히 다양성이 감소하며 균일해지는 세계와 결합된다면, 우리가 선택할 수 있는 대안은 감소할 수밖에 없다. 줄어든 대안과 감소한 다양성으로 새로운 도전과 뜻하지 않은 위기에 대응해야 한다.

하지만 세계 지도자들과 기술관료들은 이것이 문제가 아니라고 말하면서 지속가능성의 열쇠는 좀 더 효율성을 높이는 데 있다고 덧붙인다. 자원을 적게 들여 더 많은 상품을 생산하고, 전문 기술을 동원하여 점점 줄어들고 있는 자원 공급량을 사람들의 수요에 맞게 늘리는 등 궁지에서 벗어날 수 있는 가장 적합한 방법을 찾으면 된다는 것이다. 그래야 성공할 수 있다고 주장하는 보존주의자들도 있다.

기술 발달과 쓸모없는 쓰레기를 줄이는 것이 효율성을 높이는 데 큰 도움이 될 수 있다는 사실을 인정하지만 이 책에서 얻을 수 있는 교훈이 하나 있다면 바로 최적화(엄격한 통제를 통한 효율 극대화)는 문제의 본질일 뿐 해결책은 아니다. 동적 시스템에 하나의 최적상태란 존재하지 않는다. 우리가 살고 있는 시스템은 늘 움직이고, 늘 변하는데 이 과정을 통해 리질리언스(충격을 견뎌내고 인간이 원하는 재화와 서비스를 계속 전달하는 능력)를 유지한다.

우리가 시스템의 일부를 엄격하게 통제하여 수익 효율을 증가시키려 할 때, 대체로 그 시스템의 리질리언스는 줄어든다. 시스템의 다른 부분과 반응하여 변화하던 한 부분이 변동하지 않고 일정해지면, 거기에 맞춰 시스템의 나머지가 변하기 시작한다. 리질리언스가 약한 시스템은 문턱을 넘어, 기능과 구조가 이전과는 다른 새로운 체제로 바뀌기 쉽다. 앞에서도 살펴보았듯이 새로운 체제는 인간이 원하는 재화와 서비스를 제공하지 못하는 경우가 대부분이다. 그리고 가장 중요한 사실은 이 새로운 공간에서 쉽게 빠져나올 수 없다는 점이다.

어부들이 단기 최적화 수확방식으로 각자 선택한 어종을 남획한 결과, 세계의 많은 중요한 어장들이 붕괴되었고 지금껏 복원되지 못했다. 관개농업 생산성을 위한 농업 수계의 최적화 과정은 해당 수계를 망가뜨렸고 그 상태가 오랫동안 지속되었다. 최적화 경영은 종종 새로운 상황에 대한 대응력 상실을 초래하고 값비싼 대가를 치르기도 한다.

인간이 시스템을 최적화하여 짧은 기간 동안에 수익을 늘릴지는 몰라도 바뀌는 주변 세상에 점점 취약해질 수 있다. 이로 인해 선택지가 닫혀 버리게 된다.

줄어드는 다양성 – 본론으로 들어가 보자

세상이 줄어드는 방식 가운데 하나는 생물다양성이 사라지는 것이다. 생명 다양성, 그 생명이 속한 종 다양성, 생명이 담고 있는 유전자, 생명이 속한 생태계가 사라진다는 뜻이다. 생물다양성이 사라지면 여러 가지 가능성도 사라진다.

안타깝게도, 선진국에 사는 사람들은 대부분 자연 생태계와 동떨어져서 살고 있기 때문에 그들이 보기에 여러 가지 미래 선택지와 지구 반대편에 있는 열대 우림에서 나비 종이 멸종되는 상황은 크게 연관이 없다(느슨한 피드백loose feedback[1]이라 한다). 이는 아마도 사람들이 생물다양성을 보호하는 데 그리 큰 노력을 기울이지 않는 이유 가운데 하나일 것이다.

사람들은 절대로 미래의 행복과 생물다양성을 연결해서 생각하지 않는다. 이러한 사실을 기초하여 먹거리를 제공해주는 가축과 식물을 예로 삼아 사람들이 대부분 익숙하게 생각하는 생명의 다양성이라는 측면을 생각해보자. 농업분야에서 유전적 다양성은 중요하다. 유전적 다양성이 부족하면 병원균에 대한 사회적 취약성과 식량에 미칠 위험이 커질 수 있다(Heal 등, 2004).[2]

인간은 늘 가축과 식용작물을 효율적으로 길러 먹거리를 최대한으로 생산하고 상업적 수익을 극대화하려 한다. 더구나 인간은 좀 더 몸집이 크고, 더 빨리 자라고, 쉽게 통제할 수 있는 품종만을 생산하는 데 온갖 노력을 기울이고 효율성이 부족한 품종은 도태시킨다. 적응주기라는 관점에서 보면 4장 참조 몇 안 되는 전략을 이용해 효율적으로 품종을 생산하는 데 익숙해지고 있다. 이는 K 단계에서 나타나는 전형

---

[1] 피드백은 느슨한 피드백(loose feedback)과 팽팽한 피드백(tight feedback)으로 구분된다. 팽팽한 피드백이 짧은 시간에 변화를 빚어내는 데 비해서, 느슨한 피드백은 변화를 빚어내는데 더 오래 걸린다(McLeod와 Leslie, 2009).

[2] 사회적 취약성(social vulnerability) : 사람, 조직, 사회가 여러 스트레스에 노출될 경우, 스트레스에서 파생되는 여러 부작용을 견뎌낼 수 없다는 것을 뜻한다. 식량작물의 유전적 다양성이 부족하면, 병원균에게 공격받을 경우 사회에서는 어마어마한 비용을 감내해야 할 수도 있다는 뜻이다(http://en.wikipedia.org/wiki/Social_vulnerability; Heal, G 등, 2004).

적 양상이다.

이렇게 주변 환경을 세밀하게 조정하고 첨단 기술을 동원하여 길러낸 품종은 많은 먹거리를 생산하지만 보통 그렇게 하려면 고단백질 사료를 먹이고, 질병을 치료하고, 냉·난방이 잘되는 축사에서 기르는 등 품종을 집중 관리하고 자원을 아주 많이 투입해야 한다. 최첨단 품종이 수천 년 동안 한 지역의 농업을 지탱해주던 토착 품종을 밀어내면서, 변화할 상황에 맞게 미래 선택지를 제공해줄 생물종과 유전자 공급원이 사라지고 있다. 인간은 한 가지 시도에 모든 것을 걸고 있다. 제한된 조건에서 오로지 생산량을 극대화하기 위해, 전체 유전자 베이스 중에서 고른 몇 안 되는 유전자에 모든 사활을 걸고 있는 것이다.

이를테면 미국의 공장식 축산 농장[3]에서는 상업용 흰 칠면조를 대량으로 생산하는데, 가슴살이 너무 크고 두툼해서 여기서 사육하는 칠면조는 더 이상 스스로 번식할 수 없다. 오늘날, 이러한 칠면조 품종은 미국 전체 칠면조 가운데 99%를 차지한다. 그리하여 인간이 칠면조의 암·수컷을 인공적으로 수정시키지 않으면 칠면조 품종은 한 세대도 못 가서 멸종될 것이다. 게다가 유전적 기반이 부족하여 질병, 기후변화, 경제적 충격 같은 교란에 너무 취약해진다.

유전자가 점점 균일해지는 현상은 기업형 육종업자들이 여러 축산농장을 합병, 통제, 소유하는 현상과 밀접하게 관련된다. 기업형 육종업자 3명이 전 세계 칠면조 시장에 독점적으로 칠면조를 공급하고 있다. 이렇게 유전적 기반이 점점 균일해지고 몇 안 되는 사육업자들에게 소유권이 집중되어 있다는 사실을 통해 세계 식량 공급시장이 어쩌면 그렇게도 취약할 수밖에 없는지 쉽게 이해할 수 있다.

---

[3] 기업형 농장(industrial farm)이라고도 한다. 현대 농업의 한 가지 형태로 다음과 같은 특징을 지닌다. (1)자본, 비료, 노동력이 많이 투입된다(농작물을 생산할 경우는 노동력을 절감하기 위해 농약을 살포한다).
(2)특정한 농작물이나 품종을 재배하려는 경향이 있다(단일재배, monoculture). 단일재배는 기업형 농장, 다시 말해 공장식 동물농장과 작물농장에서 흔히 나타나는 특징이다. 공장식 동물농장에서는 동물(대개 닭, 칠면조, 가축, 돼지)들을 여러 동물들로 가득 찬 곳에 가두고 호르몬과 항생제를 투여하여 동물들이 질병에 걸리지 않고 최대 크기로 생장시킨다. 본문에서 언급된 흰 칠면조도 이런 방식으로 사육되고 있다(http://www.sustainabletable.org/432/talking-turkey, http://en.wikipedia.org/wiki/Sustainable_Table).

최적화 과정은 모든 가축 품종에서 진행되고 있다. 가축 품종의 다양성 비율은 매년 5%씩 뚝뚝 떨어지고 있다. 동물 육종의 앞날에 더할 나위 없이 중요할 귀중한 유전 형질들이 사라지고 있기 때문에, 유엔식량농업기구에서는 국제 식량 안보에 닥친 위기라고 표현하고 있다.

유엔식량농업기구에서 멸종될 위기에 처했다고 분류한 여러 생물종 가운데 몇 가지 예를 들어보면, 스코틀랜드 북부 오크니 섬에서 사라지고 있는 해초만 먹고 사는 양, 사람의 손길이 닿지 않아도 극심한 온도 변화를 견뎌낼 수 있는 시베리아 북부 야쿠트 족이 기르는 소, 폴란드 남부 지방에서 서식하는 유난히 새끼를 많이 낳으며 때로는 어린 양 대여섯 마리를 한 배에서 생산하는 오쿨스카Okulska 라는 양이 있다.

동물뿐만 아니라 식물에도 다양성이 사라지고 있다. 세계의 밀 공급량은 밀 재배업자와 밀에 발생하는 질병 사이에서 벌어지는 힘겨루기에 달려 있다. 밀의 품종들이 많이 사라질수록 질병에 맞설 수 있는 새로운 유전자 공급원도 줄어든다. 벼도 마찬가지이다. 가축과 식물의 다양성이 줄어들고 있듯이 미래 선택지도 마찬가지로 사라지고 있다.

공간 만들기

앞서 몇 차례 관찰한 대로, 안전한 대안들의 감소에 대한 현재 우리의 접근법은 효율 증가, 변화에 대한 통제 강화, 불필요한 요소의 감소를 통해 우리가 관리하는 시스템의 효율을 증가시키는 것이다. 하지만 새로운 선택, 새로운 공간을 창조하지 않는 최적화 방식은 문제만 더 악화시킬 뿐이다. 리질리언스의 근간은 공간을 창조하는 것이다.

이 책의 사례연구에서 제시된 여러 지역처럼 어떤 지역의 미래를 만들어 가는 데에는 수많은 경로가 있다. 그렇지만 효율 증가나 최대 이익을 창출하는 것을 바탕으로 하는 경로는 지역 주민들의 미래 선택을 줄일 것이다. 반면에 실험과 혁신이 장려되는 경로는 리질리언스를 구축하는 다양성들이 유지되고 지역을 움직이는 사회적 네트워크를 증진시킬 것이다. 이러한 경로들은 장기적 행복을 성취할 무한한 가능성을 지닌다. 그리고 이런 접근은 공간을 창출한다.

에버글레이즈에서 공간을 만들려면, 의회의 교착상태를 해결하여 주요 과정에 관여하는 자연 물순환 체제를 불완전하게나마 재건하고, 습지 내 인의 유입을 최소화해야 한다.

골번브로큰 유역에서는 적응력 회복을 기대하며 시간을 허비했다. 사회 생태 시스템은 수문학적 문턱(지하수위)을 건너서 새로운 체제로 바뀌었기 때문에 이 상황에서 공간을 만들려면 시스템 개혁이 필요하다. 골번브로큰 사람들은 이 사회·생태 시스템을 다른 모습으로 바꾸어 생계를 꾸려 갈 새로운 길을 모색해야 한다.

카리브 해 산호초에서는 산호초를 되살리는 데 필요한 생물 기능집단을 원상복구해야 공간이 만들어질 수 있다. 안타깝게도, 카리브 해 사회 시스템들은 너무도 빈약하고, 넓은 지역에 분산되어 서로 연계성이 결여되어 있기 때문에 귀중한 산호초 생태계에 닥쳐오는 여러 가지 공격에 효과적으로 대응할 프로그램을 시작하는 데 필요한 자원이나 조정력을 갖추고 있지 못하다. 적응력을 갖추지 못한 카리브 해는 바람직하지 못한 체제 속에 점점 갇혀가고 있다.

북 하일랜드 호수 지대의 여러 이해 관계자들은 북 하일랜드 호수에 생길 법한 미래를 담은 시나리오를 개발했고 현재 이를 분석하고 있다. 북 하일랜드 호수 사람들은 사회 자본을 구축하고 적응성을 키우면서 변화에 대비하고 있다. 그들은 사회관계망을 형성하고 다양성을 증대시켜 장래의 궤도를 바꾸면서 공간을 만들어 가고 있다.

크리스티안스타드 바텐리케 사람들은 스스로 무엇을 원하는지, 무엇이 필요한지 알고 있었기에 북 하일랜드 호수와 같은 시나리오가 필요하지 않았다. 그들에게 필요했던 것은 사회 영역의 적응성을 키우는 것이었고, 이는 리더십과 사회관계망 창출을 통해 이루어졌다. 새로운 형태의 실험을 통해 관리 스케일을 일개 농장에서 크리스티안스타드 지역으로 확대시켰다.

　사회·생태 시스템을 관리하는 사람들은 해당 생태계에 안전한 변화를 위한 공간을 만들 때, 시스템의 리질리언스에 각별히 신경을 쓴다. 리질리언스를 갖춘 시스템은 많은 충격과 교란을 흡수하면서도 문턱을 건너가 새로운 체제로 바뀌지 않기 때문이다. 리질리언스를 갖춘 시스템은 관리의 실수나 판단 착오에도 너그럽다.

리질리언스를 갖춘 세상은 어떤 모습일까?

　리질리언스를 갖춘 세상을 확립하는 데 필요한 요소를 사람들은 쉽게 이해하지 못한다. 그리고 우리가 명확히 이해할 수 있기를 바라지만 리질리언스 접근법을 규정하기란 쉽지 않다. 이 두 가지 위험부담이 있지만 리질리언스를 갖춘 세상의 모습에 대한 몇 가지 비전을 제시하려 한다(이와 비슷한 목록을 제시한 레빈(1999)이 있었다. 그도 '환경관리 8계명'을 제시했기 때문에 여기에서 제시한 목록이 유일무이하다고 주장하지 않는다).

　리질리언스를 갖춘 세상에서는 다음과 같은 가치가 중요할 것이다.

1. 다양성(Diversity)

리질리언스를 갖춘 세상은 모든 형태의(생물적, 지형적, 사회적, 경제적) 다양성을 증진하고 지탱할 것이다.

　다양성이란 미래 대안들의 중요한 원천이며 변화와 교란에 다양한 방법으로 대응할 수 있는 시스템의 능력이다(특히 사례연구 3에서 언급되었던 반응 다양성을 떠올려보라). 리질리언스를 갖춘 사회·생태 시스템에서는 다양성을 환영하고 권장하여, 동질화 되는 (단순화 되는) 세상을 보완하고 보충할 것이다. 다양성은 토지와 자원을 폭넓게 사용하도록 할 것이다.

앞으로 리질리언스가 나아갈 방향

리질리언스를 이해하는지 물어보면 우리는 모두 제대로 대답을 못한다. 배워야 할 것이 많다. 생태 영역, 사회 영역이 서로 연결되어 체제변환이 연쇄적인 시스템의 다양한 스케일에 나타나는 문턱을 어떻게 이해하고 다루어야 하는지에 대한 새로운 연구분야다.

이 책은 사회 · 생태 시스템을 이용, 통제하고 그 안에서 살 때 현재 자연자원을 관리하는 방식이 아니라 리질리언스 사고방식을 적용한다면 인간은 분명히 오랫동안 행복하게 살 수 있다는 사실을 설명한다. 지금까지의 연구들과 그 결과들을 토대로 특정 장소에서 특정 지역을 예로 들었다. 그리고 이 원리는 국가, 세계 범위로까지 확장된다(Tainter, 1998; Diamond, 2005).

세계가 큰 후방 순환big back loop 단계로 접어들 준비가 되었다고 생각하는 사람들도 있다. 세계는 이미 후방 순환 단계로 접어들었을지도 모르며(Holling, 2004), 지역 범위에서 후방 순환 단계가 발현된다고 생각하는 사람들도 있다. 지구와 대륙 규모의 후방 순환 단계가 예전에 있었다. 흑사병과 산업혁명, 바로 이 두 가지다. 인간은 흑사병이 닥쳤을 때는 별로 달갑지 않은 경험으로만 지냈지만, 산업혁명이 일어났을 때에는 어마어마한 발전을 경험했다. 앞으로 무슨 일이 일어나든, 인간이 리질리언스 사고를 바탕으로 하면, 뒤에 이어질 방출 단계와 재구성 단계로 가는 은혜가 넘치는 길을 찾아낼 것이다

---

2. 생태적 변이(Ecological Variability)

리질리언스를 갖춘 세상은 생태적 변이를 통제하고 줄이려 하기보다 받아들여서 이러한 변동과 함께 움직일 것이다.

현재 인간이 직면하고 있는 심각한 환경문제들은 대부분 이전에 생태적 변

이를 축소하고 통제하려 노력했던 결과다. 홍수 수위를 통제하고 (해로운) 생물종 집단이 '대량으로 발생'하지 못하게 방제하는 일은 앞서 다루었던 사례연구들에 포함되는 예이다. 시스템의 리질리언스를 유지하려면 생태적 변이의 한계를 살펴보아야 한다. 산불이 발생하지 않으면 얼마 지나지 않아 불에 내성을 지닌 생물종이 사라지고 숲은 불에 아주 취약해진다.

3. 모듈화(Modularity)

리질리언스를 갖춘 세상은 여러 모듈 요소로 이루어질 것이다.

리질리언스를 갖춘 시스템에서 한 구성요소가 반드시 나머지 모든 구성요소와 연결될 필요는 없다. 과잉 연결 시스템은 충격에 취약하고 그 충격들은 시스템 전체에 빠르게 전파된다. 리질리언스를 갖춘 시스템은 이런 경향을 거스르며 어느 수준의 모듈화를 창조하고 유지할 것이다.

4. 느린 변수 인정하기(Acknowledging slow variables)

리질리언스를 갖춘 세상에서는 문턱과 관련된 '느린' 조절 변수에 초점을 맞추어 정책을 수립, 집행할 것이다.

사회 · 생태 시스템의 틀을 형성하는 중요한 느린 변수와 이 변수들 사이에 존재하는 문턱에 초점을 맞춘다면 우리는 시스템의 리질리언스를 더욱 잘 관리할 수 있다. 그렇게 되면 바람직한 체제의 공간(크기)이 늘어나 시스템은 인간의 행동 때문에 생길 수 있는 교란을 좀 더 많이 흡수해 바람직하지 못한 체제로 바뀌지 않을 수 있다(이미 바람직하지 못한 체제 속에 있다면 인간은 그 체제에서 좀 더 잘 벗어날 수 있다).

5. 견고한 피드백(Tight feedbacks)

리질리언스를 갖춘 세상에는 견고한 피드백이 존재할 것이다(그렇다고 너무 견고하지는 않다).

리질리언스를 갖춘 사회 · 생태 시스템은 피드백의 강도를 지금처럼 견고하게 유지하거나 더욱 견고하게 만들려고 노력할 것이다. 이러한 피드백 덕분에 인간은 문턱을 건너기 전에 미리 문턱을 알아차릴 수 있다. 한때 견고했던 피드백은 세계화 때문에 더뎌지고 있다. 선진국 국민들은 개발도상국에서 만든 상품을 최종적으로 소비함으로써 약한 피드백 신호를 받게 되었다. 피드백은 모든 스케일에서 느슨해지고 있다(이 범위에는 책에 제시된 사례연구 중 일부에 등장하는, 동일한 스케일에 있는 시스템을 포함한다).

6. 사회 자본(Social capital)

리질리언스를 갖춘 세상은 구성원 간 신뢰, 잘 형성된 사회관계망, 리더십(적응력)을 증진시킬 것이다.

사회 · 생태 시스템의 리질리언스는 어떤 변화나 교란에도 힘을 합쳐 효과적으로 대응하는 시스템 구성원들의 능력과 아주 밀접하게 관련되어 있다. 신뢰, 강력한 관계망, 리더십은 모두 리질리언스가 확실히 일어나도록 하는데 중요한 요소들이다. 사기꾼[4]을 강력하게 처벌할 수 있는 기관의 존재 여부도 마찬가지로 중요한 요소이다(Ostrom, 1999).

이러한 각 속성들은 흔히 '사회 자본'이라고 일컬어지는 자본의 구성요소이다. 적응성을 발현시키려면 이 구성요소들이 함께 작동되어야 한다. 재러드 다이아몬드Jared Diamond 가 일찍이 그린란드에 정착했던 유럽인들이 어떻게 죽어갔는지 생생하게 묘사한 바와 같이(Diamond, 2005), 정착민들 사이에서만 형성된 유대감은 비생산적이었고, 적응적 변화를 저해했다.[5] 이제 다음 항목으로 넘어간다.

7. 혁신(Innovation)

리질리언스를 갖춘 세상은 새로운 일을 학습, 실험해보면서 그 지역 나름대로 규칙

---

[4] 여기서 말하는 사기꾼이란 여러 사람이 공유하는 자원을 부당하게 사용하거나 횡령, 도용하는 사람들을 일컫는다. 사기꾼들에게 적용되는 처벌 유형은 (1)벌금 부과, (2)자원 사용권 박탈, (3)투옥이 있다(Ostrom, 1999).

을 만들고 변화를 받아들이는 데 역점을 둘 것이다.

리질리언스 접근법은 참신함과 혁신을 권장한다. 현재 시스템에서는 대부분 변화에 도움을 주기보다 변화하지 않게 하려고 보조금을 제공한다. 물론, 인간의 개입으로 가뭄이 극복되고 홍수 수위가 줄어들고 있지만 기존 일처리 방식을 계속 고집한다면, 적응성을 거스르며 일하고 있는 것이다. 리질리언스를 갖춘 시스템은 구성원들이 실험을 하고, 다양한 방법으로 (새로운) 일을 시도할 수 있도록 보조금을 지급하며, 변화하려는 사람들에게 기꺼이 도움을 줄 것이다. 혁신을 가능하게 만드는 일은 공간을 만드는 데 있어 중요하다.

리질리언스 사고방식은 변화와 교란을 무시하거나 억누르지 않고 받아들인다. 후방 순환이 견고했던 결합과 행동을 파괴하면, 새로운 기회가 열리고 성장에 쓰일 새로운 자원이 만들어진다. 리질리언스를 갖춘 시스템에서는 기회가 열려있지만 기존 접근법에서는 기회의 가능성이 차단되어 있다. 예를 들어, 과정에 계속 집착할수록(회사 방침, 손해배상, 준법감시[6], 불법행위법[7] 등, 제4장 'K 단계 후기에 도사린 위험', 본문 97쪽 참조) 리질리언스 사고자resilience

---

[5] 여기서 말하는 유럽인이란 정확하게 말하면 바이킹족이다. 다이아몬드는 이들이 죽을 수밖에 없었던 다섯 가지 이유를 열거했다. (1)기후변화, (2)환경훼손과 자원고갈, (3)바이킹족들은 중세 시대 유럽 기독인처럼 좋은 자리에 교회를 짓고, 유럽식 최신 옷을 입었으며, 소고기와 닭고기를 선호했다. 그렇게 공통된 정체성이 확립되어 바이킹족들은 사이좋게 지내며 역경 속에서도 살아가고 있었다. 다이아몬드는 '바이킹 족은 교회를 짓는 데 돈을 덜 투자하고 원주민인 이누이트 족(Inuit)의 풍습을 따랐으면 겨울이 다시 찾아오더라도 살아남았을 것이다'라고 적고 있다. (4)노르웨이와 너무 멀리 떨어져 있었다. 그래서 그린란드는 점점 고립되었고 일용품과 교역 물품이 이곳에 도착하기까지 너무 많은 시간이 걸렸다. 바람, 폭풍우, 빙산(iceberg)도 바이킹족을 늘 위협했다. (5)원주민인 이누이트 족과 원만하게 지내지 못했다. 아이슬란드 연보(Iceland's Annal)에 따르면 '이누이트 족은 그린란드를 습격해 어른 18명을 죽이고 아이 2명을 붙잡아 노예로 삼았다.' 이누이트와 바이킹 족 간에는 교역도, 혼인도 하지 않았다. 바이킹 족은 기독교도로 이누트 족을 이교도라 여기며 멸시했다. 다이아몬드는 다음과 같이 결론을 맺고 있다. '바이킹 족이 죽을 수밖에 없었던 이유는 기초 자원에 의존해 살고 있다는 사실을 깨닫지 못했고 경직된 사고방식을 바꾸지 못했기 때문이다." (Diamond, 2005)

[6] 준법감시(compliance) : 고객 자산의 선량한 관리자로 회사 임직원이 모두 제반 법규를 철저히 지키도록 사전 또는 상시적으로 통제, 감독하는 것을 의미한다.

[7] 불법행위법(tort law) : 사회에서 정한 일정 기준 이상으로 손해를 유발하는 불법행위에 관한 법률이다. 개인적 손해나 신체 상해에 대해 손해배상을 청구할 수 있는 근거가 이 법률에서 비롯된다. 교통사고로 인한 손해배상 청구도 이 영역에 포함된다. 이 법과 관련된 영역에서 최근 가장 빠르게 늘고 있는 분야는 불량 제품에 대해 생산자가 소비자에게 지는 책임이다.

thinker에게는 경종이 울린다. 시스템이 불가피하게 K 단계 후기로 이동하면, 리질리언스 사고방식을 지닌 사람들은 '교란'을 촉발시키고 자원을 방출하여 성장 단계의 동력을 되찾자고 주장할 것이다.

8. 거버넌스 중복(Overlap in governance)

리질리언스를 갖춘 세상에는, '중복된' 거버넌스 구조가 담겨 있고 접근권이 중복된 공유재산과 사유재산이 뒤섞여 있는 단체들이 존재할 것이다.

리질리언스를 갖춘 사회·생태 시스템은 여러 가지 중복된 방식으로 변화하는 세상에 대응한다. 단체의 중복성이 클수록 시스템의 반응 다양성과 유연성은 커진다(Ostrom, 1999). 그렇게 구성된 단체는 여러 범위에 걸쳐 일어나는 작용을 확실히 인식하고 대응할 수 있다. 중복된 기능이 없는 하향식 거버넌스 구조는 단기적으로 볼 때에는 효율적이지만 그 구조를 만들어 냈던 상황이 갑자기 바뀌면 제대로 작동하지 못할 때가 많다. 변화의 시간에는 좀 더 '지저분한' 구조가 오히려 잘 작동한다.

자원을 사용하면서 발생하는 여러 가지 비극은 접근권과 소유권에서 발생한다. 법적권한이 중복되고 공유재산권과 사유재산권이 뒤섞이면, 서로 연결된 여러 사회·생태 시스템의 리질리언스가 늘어날 수 있다(Diez 등, 2003).

9. 생태계 서비스(Ecosystem services)

리질리언스를 갖춘 세상에는 값을 매길 수 없을 정도로 귀중한 모든 생태계 서비스가 담겨 있을 것이다.

사람들은 생태계에서 이득(이를테면 종자식물에서 수술의 꽃가루가 암술머리에 붙는 과정인 수분이나 수질 정화를 비롯하여 새천년생태계평가단에서 확인한 여러 가지 이득을 말한다. 자세한 내용은 새천년생태계평가단 웹사이트http://www.millenniumassessment.org를 참조한다)을 얻으면서도 이를 알지 못하거나 '공짜'라 여긴다. 생태계 서비스들은 대개 체제가 바뀔 때 달라지며, 사람들은 서비스가 사라지고 나서야 이러한 서비스를 인식하고 이해한다. 또한 시장중심 경제에서 생태계 서비스는 완전히 무시되고 있다(그러므로 경제학자들이 정의한 시장 효율성 개념에 비추어보면 생태계 서비스는 비효율적이다).

리질리언스 대^對 욕심

1장에서 세계의 자원 실패 목록이 계속 늘어나는 근본 원인을 폭넓게 다루었다. 첫째, 우리의 자원 기반이 쇠퇴하고 있다는 사실을 사람들이 어쩔 수 없이 받아들여야 할 때가 있다(이 경우에는 가난과 생존 문제가 자원 실패의 원인이다). 둘째, 의도적으로 자원 기반을 무너뜨리는 경우가 있다(이 경우에는 왜곡된 유인책, 욕심, 부정부패가 자원 실패의 원인이다). 지속 불가능한 개발 방식의 세번째 요인은 세상이 작동되는 방식에 적합하지 않은 모형을 적용하는 데 있다(이 경우 자원 실패의 원인은 사람들이 좀 더 효율성이 높은 해결책을 찾으려 하고 최적 지속 생산량optimal sustainable yield을 달성할 수 있다고 생각하기 때문이다).

이 책은 특히 효율성을 위주로 하여 최적 지속 생산량을 달성하는 방법이 얼마나 잘못되었는지에 대해 다루면서 리질리언스에 기반을 둔 대체 모형을 제시했다.

리질리언스라는 틀에서는 인간이 욕심을 부리고 자원을 고의적으로 소비하여 발생하는 문제들을 직접 다루지 않는다. 하지만 여기서 간략하게 서술했던, 리질리언스를 바탕으로 한 다양한 주제를 받아들이는 세상은 욕심이나 부정부패와 관련된 여러 문제에 훨씬 수월하게 맞설 수 있다.

리질리언스 접근법은 물고기를 포획하는 경우처럼 파생할 결과를 확인하는 과정을 명확히 포함한다. 그렇게 하여, 생태계 서비스(수질 정화, 홍수 조절, 해충 방제, 종자식물의 수분 등)를 인식하고 그 가치를 강조하므로 자원을 착취한 사람들은 자신의 욕심에서 비롯된 결과들을 쉽게 숨길 수가 없다. 이와 비슷한 맥락에서 보면, 리질리언스를 갖춘 세상은 다양성을 유지하고 미래의 선택들을 열어두기 때문에, 다양성의 가치를 무시하면서 모든 다양성을 한 가지 해결책으로 바꿔놓는 일이 정당화되기는 힘들다. 인간의 욕심은 단기적 개발

이득에 눈이 멀어 생태계 변이를 부정하는데, 리질리언스를 갖춘 세상에서는 생태계 변이를 통제하지 않고 받아들이며 이런 형태의 개발에 저항할 것이다.

리질리언스를 갖춘 세상은 견고한 피드백을 가지고 사회 자본을 투자하고, 중복된 거버넌스 계층 구조를 지닌다. 기회주의자들은 그들의 활동 공간이 좁아지고 탐욕스러운 행동이 신속하게 다양한 수준으로 처벌된다는 사실을 알게 될 것이다.

게다가 여기에서 논의되는 내용은 자원고갈의 첫번째 원인인 빈곤의 올가미와도 관련이 있다. 빈곤의 올가미와 관련된 아주 나쁜 세계적 사례들을 보면, 직접적 원인이 아니더라도 적어도 나머지 두 가지 원인(욕심, 부적절한 모형 적용) 때문에 자원문제가 악화되고 있다. 여러 원조 단체는 아프리카 사헬 지대[8]에서 곤경에 처한 유목민들을 도와주려 했지만, 그곳 유목 시스템의 복잡성을 이해하지 못해 오히려 문제를 악화시켰다(Walker와 Sinclar, 1990). 그들의 논문에는 가난한 사람들의 자원을 대상으로 욕심 많은 외부 사람들의 고의적인 유용과 소비사례가 가득 담겨있다. 리질리언스에 기반을 둔 접근방식은 세계관에 대한 '잘못된 모형'과 관련된 자원고갈의 요인을 다룰 뿐만 아니라 욕심과 가난의 요인들과 관련된 난제들을 해결하는 데 도움을 줄 것이다.

우리는 이것이 사회 윤리적 의식의 전환을 포함해야 하는 점진적 과정임을 인지하고 있다(사회 윤리 자체는 어느 순간 확 바뀔 것이다). 하지만 이것이 순진한 전망은 아니라 많은 사람들이 변해야 한다는 사실을 인식하고 있다. 그리고 많은 사람들은 이런 방식을 이미 생각하고 있다. 리질리언스 사고방식 같은 틀만이 전환의 가능성을 증가시킬 것이다.

리질리언스 사고

1장에서 리질리언스 사고로 가는 여러 가지 길이 있다는 사실을 발견했으

---

8 사헬 지대(Sahel) : 아프리카 사하라 사막 남쪽 가장자리의 지역이다. 건조한 사하라 사막에서 열대 아프리카로 넘어가는 천이지대로 식생은 스텝 또는 사바나가 나타난다.

며 리질리언스라는 틀의 세부 사항이 잘 이해되지 않더라도 크게 걱정하지 말 것을 주장했다. 그리고 리질리언스 틀을 밑바탕으로 한, 좀 더 광범위한 주제를 이해하는 일이 더 중요하다고 강조했다. 폭넓은 주제들은 사회·생태 시스템에 존재하는 인간을 주로 다룬다. 사회·생태 시스템은 복잡적응계이므로, 시스템 일부를 통제하거나 최적화를 시도하면서 전체 시스템에서 나타날 반응을 고려하지 않는다면 위험천만한 상황이 벌어진다. 이 책의 많은 지면을 할애하여 그러한 접근법이 적용될 때 나타날 수 있는 결과들을 살펴보았다.

넓은 의미에서 전체 시스템을 고려하지 않고 시스템 일부 구성요소를 최적화하고 통제하는 것은, 결과적으로 리질리언스의 감소, 선택의 감소, 우리가 안전하게 활동할 수 있는 공간 수축을 야기한다. 리질리언스 사고는 우리를 다른 길로 안내하고 있다.

이러한 기본 전제를 납득한 독자들이 리질리언스 사고방식 때문에 발생할 수밖에 없는 결과들을 탐구하기를 간절히 바란다. 독자 여러분이 안정상태, 문턱, 적응주기를 완벽히 이해하지 못해도, 만약 생태적 리질리언스과 동적 사회·생태 시스템이라는 개념에 공감했다면 주변 세상에서 일어나는 일들을 더욱 깊이 이해할 수 있는 위치에 서 있는 것이다.

'의도가 좋았는데도 세계의 여러 생산성 높은 지역이나 세계인들에게 사랑받는 생태계들의 상황이 나빠지는 이유는 무엇일까?'라는 질문을 제기하면서 이 책은 시작했다. 그리고 이야기가 진행되면서 이 질문은 사회 시스템, 기업체, 사회·생태 시스템으로 확대되었다. 이 질문에 대한 통찰력을 이 책이 제공했길 바란다.

리질리언스 사고는 세계에서 발생하는 모든 문제를 치유할 수 있는 만병통치약은 아니다. 하지만 인간이 지속가능한 방식으로 자원을 사용하는데 리질리언스 사고가 중요한 밑바탕이 된다. 리질리언스 사고의 골자는 자원을 최적상태로 통제하고 관리하여 최대 수익을 거둔다는 지배적 패러다임과 크게 다르다. 리질리언스 사고 덕분에, 우리들이 자원을 관리하는 방식에 대한 일련의 다른 질문을 하게 되고 그로 인해 스스로에게 색다른 질문을 하게 한다. 리질리언스 사고는 인간 행동의 밑바탕이 되는 여러 가지 가정에 이의를 제기한다.

리질리언스 사고에 대한 연구는 계속 진행 중이다. 리질리언스 사고가 성공하려면 지역 시스템을 다루는 사람들과 함께해야 한다. 마지막 6장에서 우리는 리질리언스를 갖춘 사회·생태 시스템의 속성 아홉 가지를 간략하게 서술했다. 이 목록은 완벽하지 않다. 한 가지 속성을 추가해 10개로 이 목록을 마무리하려 했지만 독자 여러분이 스스로 이 목록을 완성하는 편이 더 매력적이라고 생각하여 그만두었다.

그래서 여러분의 의견을 기다리면서 이 책을 마무리하려 한다. 그럼 이제 여러분의 이해력을 바탕으로 생각해보자. 여러분은 시스템을 리질리언스하게 지속성 있게 만드는지에 대한 열번째 속성으로 무엇을 덧붙이겠는가?

진심으로 독자 여러분의 생각을 알아보고 싶다. 브라이언 워커의 이메일 Brian.Walker@csiro.au로 여러분의 의견을 보내주길 바란다.

지은이 후기 :

『리질리언스 사고』를 집필하는 동안 세계는 연속적으로 엄청난 자연재해를 겪었다. 이 책의 사례연구에서 다룬 바와 같이 2004년 9월에 역사적으로 강력한 네 개의 허리케인이 카리브 해와 미국을 강타하였다. 같은 해 12월에는 인도양 연안의 많은 나라들이 쓰나미로 엄청난 피해를 입었다. 수십만 명이 생명을 잃었다. 2005년 8월 말에는 허리케인 카트리나가 뉴올리언스의 중심은 물론이고 주변을 강타하면서 지역의 심장과 머리를 뒤흔들어 놓았을 뿐만 아니라 9월에 허리케인 리타, 10월에 허리케인 윌마가 연달아 날아들었다.

지면이 부족하기도 하고, 대규모 교란에 따른 영향은 수년 간 이어지므로 대규모 교란의 본질에 대해 여기서 자세히 언급하기는 어렵다. 그렇지만 사회·생태 시스템의 리질리언스를 다루는 책에서는 대규모 교란으로부터 무엇을 배울 수 있는지 간단하게 언급하는 것이 의미가 있다고 생각한다.

쓰나미와 허리케인 카트리나에 의한 피해는 맹그로브 숲, 습지, 방어벽 기능을 하던 모래섬, 산호초 등과 같은 천연 방호지대가 없어진 곳에서 더 크게 발생하였다. 방호기능을 가진 생태계가 주거지, 관광지, 상업지구, 물 이용을 위한 부적절한 수리수문의 변경 등으로 사라진 것이다. 천연의 방호생태계가 살아있었던 곳은 그렇지 않은 곳에 비해 피해가 훨씬 낮았다.

지역사회가 자신들의 터전에서 생태적 변화를 끌어내는 요인들에 대하여 더 많이 알았더라면, 단기간의 이익을 위해 자연을 다스리기보다는 자연의 변화를 포용했을 것이고, 자신들의 지역을 발전시키기 위한 적합한 개발방식의 선택이 더 큰 힘을 얻었을 것이며, 자신들을 둘러싸고 발생하는 변화에 대해 적응하는 것을 배우는 데 힘썼을 것이다. 그렇게 자신들에게 닥친 교란에 대해 훨씬 더 잘 준비할 수 있었을 것이다.

수많은 '만약'을 가정하는 것이지만, 이러한 면모들은 사회·생태 시스템의 리질리언스를 갖추는 데 필요한 것들이며, 우리가 익숙한 복잡계 세상에서 살아가는 데에 필요한 것들이다.

대규모 교란을 겪은 후에 사회·생태 시스템이 어떻게 진화해 가는지를 관찰하는 데에 흥미를 가질 만하다. (문턱을 넘어서 새로운 체제로 옮겨간다면) 교란 전후 시스템의 구성요소들은 동일하지 않다. 지역사회나 그 사회를 지배하는 방식을 올바르게 재구축할 기회가 있고 또 희망한다고 해도, 문턱을 넘은 스케일로 인해 생기는 변화에 대한 저항이 생기게 될 것이다.

책을 집필하는 동안에 아시아에서 시작된, 사람에게 전이될 수 있도록 변이된 신종 조류바이러스H5N1의 발생확률과 전염결과에 대한 급박한 논쟁이 일어났다. 신종 조류바이러스 문제가 발생하면 독감이 전 세계를 강타할 것이다. 조류독감의 창궐은 리질리언스 사고의 중요한 일면을 부각시킨다. 시스템의 리질리언스를 구축하면 체제를 변환시키지 않는 충격의 크기를 증가시킨다. 그러나 쓰나미의 모든 충격을 받은 인도네시아의 아체 지방처럼 시스템이 가질 수 있는 모든 리질리언스를 갖추었다고 하여도 어떤 충격들은 그 범위를 넘어선다. 뉴올리언스에 닥친 허리케인 카트리나는 리질리언스 범위를 넘지 않았지만, 2004년 말 아체 지방의 맹그로브 숲은 엄청난 해일 파도의 피해를 막을 수 없었다.

시스템의 리질리언스를 넘어서는 충격을 받을 때, 우리가 고려해야 하는 것은 시스템의 적응능력과 가변적 능력이다. 우리들의 관점에서 이는 피해를 최소화하고 인류의 복지를 증진시키는 방식을 인식하는 시스템의 능력을 뜻한다. 카트리나 공습 후에 굳게 자리 잡은 리질리언스와 지속가능성의 한 면모이며, 더 많은 관심을 기울여야 하는 과제이다.

용어설명

가변성 transformability
생태적, 경제적, 사회적 조건 때문에 기존 시스템이 유지될 수 없을 때 본질적으로 새로운 시스템을 만들어내는 능력(새로운 시스템에는 새로운 상태변수는 포함되지만, 한 가지 이상의 기존 상태변수들은 배제되며, 흔히 다양한 스케일에서 작동한다).

관계망 network
시스템의 모든 관계자 사이에 존재하는 결합 상태(결합수와 결합 양상)를 말한다.

관계자 actors
사회·생태 시스템에서 역할을 수행하거나 영향을 미치는 사람들이다. 행위자agents라고 일컬어지기도 한다.

다양성 diversity
시스템을 구성하는 다양한 구성요소를 말한다. 리질리언스라는 관점에서 보면 특별히 중요한 다양성은 두 가지이다.

기능 다양성 functional diversity
시스템이 의존하고 있는 기능집단functional group의 범위를 의미한다. 시스템의 기능집단에는 나무, 풀, 사슴, 늑대, 토양 등 다양한 생물종이 포함될 수 있다. 기능 다양성은 생태계 성능의 토대이다.

반응 다양성 response diversity
동일한 기능집단 내에 존재하는 다양한 반응 유형의 범위를 의미한다. 특정한 기능집단의 반응 다양성이 커지면 리질리언스도 늘어난다.

동인 driver
시스템을 달라지게 하는 외부 힘이나 상황을 말한다.

리질리언스 resilience
시스템이 겪어내고(교란을 흡수하고) 동일한 체제 내에서 남아 있을 수 있는, 즉 본질적으로 동일한 기능, 구조, 피드백을 유지할 수 있는 변화의 양amount이다.

문턱 thresholds

시스템의 나머지 부분에 대한 피드백이 변화하는, 시스템의 기본적 통제변수의 값을 의미한다.

변수 varibles

빠른 변수와 느린 변수 fast and slow variables

흔히 생태적 통제변수(퇴적물 농도, 인구의 연령 구조)는 서서히 변화하는 경향을 보이는 반면, 사회적 통제변수는 (유행과 같이) 빠르게 변할 수도 있고 (문화와 같이) 서서히 변할 수도 있다. 느린 변수는 관리자에게 직접적으로 이해관계가 있는 빠른 변수들의 동태를 결정한다. 빠른 생물물리학적 변수들은 인간의 시스템 이용(이라는 느린 변수)에 근거를 둔 변수들이며 빠른 사회적 변수들은 최근 관리자의 결정이나 정책과 관련된 변수들이다.

상태변수 state variables

시스템의 상태를 참조한다.

통제변수 controlling variables

(조류 밀도나 토양 비옥도 같은) 다른 변수들의 값을 결정하는(호수의 영양염 농도, 지하수면의 높이 같은) 시스템의 변수들이다.

부영양화 eutrophication

물에 질소나 인 같은 영양염이 많아져 조류를 비롯한 식물들이 빠르게 성장하는 상태를 말한다.

사회 · 생태 시스템 social-ecological systems

인간사회와 자연환경이 통합 연결된 시스템이다.

생태계 서비스 ecosystem services

사회에 가치 있는 기능들을 수행하는 생태계 생물종의 복합 작용(종자식물의 수분, 수질 정화, 홍수 조절 등)을 말한다.

시스템 system

상호작용하는 상태변수들과 이러한 변수들을 통제하는 과정과 메커니즘이다.

시스템의 상태 state of a system

시스템의 상태는 시스템을 구성하는 상태변수 값으로 정의된다. 예를 들어, 방목장 시스템이 풀, 관목, 가축이라는 변수의 양으로 정의된다면 상태 공간state space은 이 세 가지 변수의 양의 모든 가능한 조합으로 이루어지는 3차원 공간이다. 시스템의 동태는 이 상태 공간을 통한 시스템의 움직임으로 나타난다.

안정상태 또는 끌개 구덩이 basin of attraction

끌개attractor란 시스템의 안정된 상태이며 교란이 닥쳐오지 않으면 변하지 않는 평형상태이다. 끌개 구덩이는 새로운 끌개로 바뀌려고 하는 시스템의 모든 안정된 상태이다. 그림3과 그림4에 끌개 구덩이가 나와 있다.

적응성 adaptability

리질리언스를 관리할 수 있는 시스템 관계자의 능력이다. 이 적응성은 바람직하지 못한 체제로 바뀌지 않게 대비하거나 바람직한 체제로 바뀌는데 성공하는 시스템 관계자의 능력일 수도 있다.

적응주기 adaptive cycles

사회·생태 시스템이 여러 단계를 거치면서 그 구조와 기능이 달라지는 상황을 나타내는 방식이다. 현재 빠른 성장, 보존, 방출, 재구성이라는 네 가지 단계가 확인되고 있다. 각 단계마다 시스템의 내부 연결 상태, 유연성, 리질리언스가 다르기 때문에 그에 따라 시스템의 행동방식도 달라진다.

빠른 성장 단계(r 단계)

자원이 쉽게 이용될 수 있고 기업 행위자entrepreneur agents가 지위niches, 사회적·생태적 지위와 기회를 활용하는 단계이다.

보존 단계(K 단계)

자원이 점점 묶이고, 시스템은 점점 유연성을 잃어가고 교란에 잘 대응하지 못하게 된다.

해체 단계(Ω 단계)

교란 때문에 시스템의 동태가 헝클어지고 자원이 방출된다.

재구성 단계(α 단계)

새로운 관계자(생물종, 집단)와 새로운 아이디어가 강성해질 수 있는 단계이다. 대개 시스템은 이 단계에서 제2의 빠른 성장 단계(r 단계)로 넘어간다.

새로운 r 단계는 이전 r 단계와 아주 유사할 수도 있고 전혀 다를 수도 있다. r 단계와 K 단계를 **전방 순환**fore loop이라 하며 해체 단계와 재구성 단계를 **후방 순환**back loop라고 한다. 시스템들은 대개 이 순서대로 적응주기를 거쳐 가지만 다른 순서로 거쳐 갈 수도 있다.

지속가능성 sustainability

기존 자원 사용 시스템의 자원 기반이나 시스템에 의해 창출되는 사회적 복지가 줄어드는 일 없이 그 시스템이 오래도록 지속될 가능성이다.

체제 regime

시스템이 이전과 동일한 방식으로 존재하고 행동할 수 있는, 즉 이전과 다름없이 동일한 정체성(동일한 구조와 기능)을 지니는 상태의 집합이다. '구덩이 속의 공'이라는 비유를 적용한다면 체제는 시스템의 끌개 구덩이라고 생각할 수 있다. 사회 생태 시스템들은 하나 이상의 체제를 지니며 그 속에서 존재한다.

체제전환 regime shifts

사회 생태적 시스템이 문턱 값을 건너 그 시스템의 대안 체제alternate regime로 넘어갈 경우를 말한다.

파나키 panarchy

사회 생태적 시스템의 다양한 스케일에 존재하는 적응주기의 계층적 집합과 여러 스케일에 걸쳐서 나타나는 그러한 적응주기들의 여러 스케일에 걸쳐 나타나는 영향(한 스케일에 존재하는 시스템의 상태가 다른 스케일에 존재하는 시스템의 상태에 미치는 영향)을 의미한다. 작은 스케일에서 큰 스케일에 이르는 적응주기의 이러한 중첩과 여러 스케일에 걸쳐서 나타나는 영향을 파나키라고 한다('여러 스케일에 걸친 연결connecting across scales'을 참조).

평형 equilibrium

모든 변수(예를 들어 생물종) 사이의 상호 작용이 아주 커서 모든 힘이 평형상태에 놓여 있고 바뀌는 변수가 전혀 없는, 동적 시스템의 정적 상태steady-state condition를 말한다.

피드백 feedbacks

한 변수가 다른 변수에 직접 영향을 미칠 때 발생하는 파생 효과로 그러한 효과의 크기를 바꾸어놓는다. 즉, 긍정적 피드백positive feedback은 효과를 높이지만 부정적 피드백 negative feedback은 효과를 약화시킨다.

심화자료

최근의 리질리언스 생태학과 파나키의 분석이나 논의에 관한 대부분의 연구들은 학술 잡지와 서적들에 의해 학술적으로 다루어지고 있다. 어떤 것들은 기술적인 주제들을 다루지만 리지리언스 사고를 더 깊게 알아보고자 하는 독자들을 위해 아래의 참고문헌들을 제시한다. 독자들의 선택에 도움을 주고자 참고 서적에 짧은 설명을 달았다.

꾸준하게 리질리언스 연구를 살펴보려면 리질리언스 얼라이언스의 전자 저널인 「Ecology and Society」(구 Conservation Ecology)가 좋다 (www.ecologyandsociety.org). 「Ecology and Society」는 지금 독자들이 읽고 있는 이 책과 관련된 많은 논문들을 게재하는 무료 학술지로, 논문을 PDF 파일로 내려 받을 수 있다.

리질리언스 얼라이언스의 웹사이트도 찾아볼 만하다(www.resalliance.org). 이 사이트에는 확장된 문헌 목록과 용어집을 사회·생태 시스템에 대한 문턱의 사례에 대한 데이터 베이스를 포함하는 수많은 주요 논문과 최근의 활동과 마찬가지로 찾아볼 수 있다.

Adger, W., Hughes, T., Folke, C., Carpenter, S., and Rockstrom, J. 2005. Social-ecological resilience to coastal disasters. Science 309:1036-1039.
거대한 쓰나미와 허리케인 같은 변화와 예기치 못한 충격이 찾아왔을 때 리질리언스를 갖춘 사회·생태 시스템이 그로부터 배우고 살아가기 위해서 갖추어야 하는 태생적 성질들에 대한 시의 적절한 고찰을 보여준다.

Berkes, F., Colding, J., and Folke, C., eds. 2003. Navigating social-ecological systems: Building resilience for complexity and change. Cambridge University Press, Cambridge, UK.
복잡계 이론에 대해 설명하는 이 책은 연결된 사회·생태 시스템의 변화에 대해 인간사회가 어떻게 적응하는 능력을 만들고 다루고 있는지를 서술한다.

Carpenter, S. R., 2003. Regime shifts in lake ecosystems. Ecology Institute, Oldendorf/Luhe, Germany.
호수지역의 체재 변환, 문턱, 리질리언스에 대해 자세하지만 그리 어렵지 않게 읽을 수 있는 책이다. 호수 생태계의 동태에 대한 이해를 바탕으로 리질리언스 사고 구조에 가치 있는 강력한 사례를 제공하고 있다.

Carpenter, S. R., Walker, B., Anderies, J. M., and Abel, N. 2001. From metaphor to measurement: Resilience of what to what? Ecosystems 4:765-781.
이 논문은 호수지역과 사냥터라는 두 가지 대비적인 사회·생태 시스템에서의 리질리언스 특성을 비교한다. 다양한 스케일에서의 생물다양성과 실험, 발견, 혁신의 주체들의 존재에 대해 고찰한다.

Folke, C., Carpenter, S. R., Walker, B., Scheffer, M., Elmqvist, T., Gunderson L., Holling, C. S. 2004. Regime shifts, resilience and biodiversity in ecosystem management. Annual Review in Ecology, Evolution and Systematics 35:557-581.
복잡적응계의 리질리언스와 관련해 육상 및 수상생태계에서의 체제변환의 증거를 살펴고 이런 맥락에서의 생물다양성의 기능 역할을 논의한다.

Gunderson, L. H. and Holling, C. S., eds. 2002. Panarchy: Understanding transformations in human and natural systems. Island Press, Washington, D.C.
500쪽이 넘는 책으로 리질리언스 사고의 틀을 구성하는 사고, 내용, 결과에 대한 기초를 만드는 여러 저자들이 공저한 일련의 챕터를 담고 있다. 사회·생태 시스템의 동적 특성에 대한 이론적 경험적 측면에서의 도전들을 모아 놓았다.

Gunderson, L. H. and Pritchard, L., Jr., eds. 2002. Resilience and the behavior of large-scale systems. SCOPE Series vol. 60, Island Press, Washington, D.C.
여러 가지 다양한 종류의 생태계가 교란에 닥쳐서 발달시키는 다양한 리질리언스 메커니즘의 사례연구집이다.

Holling, C. S. 1973. Resilience and stability of ecological systems. Annual Review of Ecology and Systematics 4:1-23.
생태계의 리질리언스와 동적 안정성에 대하여 처음으로 정의하고 설명한 학술논문이다.

Holling, C. S. and Meffe, G. 1996. Command and control, and the pathology of natural resource management. Conservation Biology 10:328-337.
하향식, 지휘통제방식 자연자원관리에 의한 결과를 추적하고 리질리언스 사고가 포함하고 있는 의미를 제시한다.

Holling, C. S. 2004. From complex regions to complex worlds. Ecology and Society 9(1):11. Online at www.ecologyandsociety.org/vol9/isst/artlt/
이 논문은 많은 스케일에 걸쳐서 작용하는 적응주기와 후방 순환의 공간 창출과 새로운 기회에 대한 중요성 살피고 있다. 리질리언스 사고의 틀을 만든 C.S. "Buzz" Holling의 세계의 상태와 지구적 해체단계의 우울한 가능성에 대한 개인적인 코멘트로 이루어져 있다. 비교적 짧고(10쪽 정도) 쉽게 다가갈 수 있기(인터넷에서 다운 받을 수 있음) 때문에, 이 책에 이어서 읽기에 좋다.

Jen, E., ed. 2005. Robust design: A repertoire of biological, ecological and engineering case studies. Santa Fe Institute, Studies in the Science of Complexity, Oxford University Press.
시스템이 교란을 받았을 때 특정한 특성을 시스템이 유지하는 능력에 초점을 맞춘 견고성 연구이다. 리질리언스와 견고성은 서로 초점과 내용에서 차이가 있지만 관련이 있다. 이 책은 그러한 차이와 모든 형태와 크기의 복잡계에서의 견고성에 대해 고찰하고 있다.

Levin, S. 1999. Fragile dominion. Perseus Books Group, Cambridge, Massachusetts.
복잡적응계의 특징과 이들 특징과 진화와 종다양성과의 관련성을 다루고 있다.

Millennium Ecosystem Assessment. 2005. Ecosystems and human well-being. Island Press, Washington, D.C. Online at www.millenniumassessment.org
인류가 생태계 서비스에 어떤 영향을 미쳤는지, 그리고 그 영향이 인류의 복지에는 미친 것은 무엇인지에 초점을 둔 새천년 생태계 평가의 종합판. 집필 당시의 세계 상황을 잘 반영한 걸작이다.

Scheffer, M., Carpenter, S., Foley, J. A., Folke, C., and Walker, B. 2001. Catastrophic shifts in ecosystems. Nature 413:591-596.
예기치 않은 스위치에 의하여 호수, 산호, 바다, 산림, 육상 생태계가 대비되는 상태로 느리게 변화되는 데 대한 연구이다. 이 논문은 리질리언스의 상실이 어떻게 대안 상태로 가는 스위치로 작동하여 길을 닦는지 논의하고 있다.

Waldrop M. M. 1992. Complexity: The emerging science at the edge of order and chaos. Simon and Schuster, New York.

샌타페이 연구소의 설립에 주도적인 역할을 했던 주요 과학자들에 초점을 맞추어 복잡계 과학의 발전과정을 다룬다. 복잡적응계의 본질과 중요성에 대한 재미있고 읽기 좋은 책이다.

Walker, B., Carpenter, S., Anderies, A., Abel, N., Cumming, G., Janssen, M., Lebel, L., Norberg, J., Peterson, G. D., and Pritchard, L. 2002. Resilience management in social-ecological systems: A working hypothesis for a participatory approach. Conservation Ecology 6(1):14. Online at www.consecol .org/volVissl/art14.
사회 · 생태 시스템에서의 리질리언스 분석과 이해의 방법 및 틀의 초기 개발과정을 다룬다.

Walker, B., Holling, C. S., Carpenter, S., and Kinzig, A. 2004. Resilience, adaptability and transformability in social-ecological systems. Ecology and Society 9(2):5. Online at www.ecologyandsociety.org/vol9/iss2/art5/.
리질리언스 사고 틀의 논리와 용어에 대한 간결한 최신 설명이다.

참고문헌

Adger, W. N., Hughes, T. P., Folke, C., Carpenter, S. R., and Rockstrom, J. 2005. Social-ecological resilience to coastal disasters. Science 309: 1036-1039.

Anderies, J. M. 2005. Minimal models and agroecological policy at the regional scale: An application to salinity problems in south-eastern Australia. Regional Environmental Change 5:1-17.

Anderies, J. M., Ryan, P., and Walker, B. H. 2005. Loss of resilience, crisis and institutional change-lessons from an intensive agricultural system in south-eastern Australia. Ecosystems.

Bellwood, D. R., Hughes, T. P., Folke C., and Nystrom M. 2004. Confronting the coral reef crisis. Nature 429:827-833.

Burke, L. and Maidens, J. 2004. Reefs at risk in the Caribbean. World Resources Institute. Online at http://marine.wri.org/pubs_description.cfm?PubID = 3944.

Carpenter, S. R. 2003. Regime shifts in lake ecosystems. Ecology Institute, Oldendorf/ Luhe, Germany.

Carpenter, S. R. In press. Seeking adaptive change in Wisconsin's ecosystems. In Waller, D. M. and Rooney, T. P., eds., The vanishing present: Ecological change in Wisconsin. University of Wisconsin Press, Madison.

Carpenter, S. R. and Brock, W. A. 2004. Spatial complexity, resilience, and policy diversity: Fishing on lake-rich landscapes. Ecology and Society 9(1):8. Online at www.ecologyandsociety.org/vol9/issI/art8/main.html

Carpenter, S. R., Levitt, E. A., Peterson, G. D., Bennett, E. M., Beard, T. D., Cardille, J. A., and Cumming, G. S. 2002. Future of the Lakes. Illustrations by B. Feeny. Center for Limnology, University of Wisconsin, Madison. Online at http://Iakefutures. wisc.edu.

Cumming, D. 1999. Living off biodiversity: Whose land, whose resources and where? Environment and Development Economics 4:220-226.

Diamond, J. 2005. Collapse: How societies choose to fail or succeed. Viking, New York.

Dietz, T., Ostrom, E., and Stern, P. C. 2003. The struggle to govern the commons. Science 303:1907-1911.

Elmqvist, T., Folke, C., Nystrom, M., Peterson, G., Bengtsson, J., Walker, B., and Norberg, J. 2003. Response diversity and ecosystem resilience. Frontiers in Ecology and the Environment 1(9):488-494.

Folke C., Carpenter S., Walker B., Scheffer M., Elmqvist T, Gunderson L., Holling C.

S. 2004. Regime shifts, resilience and biodiversity in ecosystem management. Annual Review in Ecology, Evolution and Systematics 35:557-581.

Gardner, T. A., Cote, I. M., Gill, J. A., Grant, A., and Watkinson, A. R. 2003. Long-term region-wide declines in Caribbean corals. Science 301:958-960.

Godden, D. 1997. Agriculture and resource policy. Oxford University Press, Melbourne, Australia.

Gunderson, L. H. 2001. Managing surprising ecosystems in Southern Florida. Ecological Economics 37:371-378.

Gunderson, L. H. and Holling, C. S., eds. 2002. Panarchy: Understanding transformations in human and natural systems. Island Press, Washington, D.C.

Heal, G., Walker, B., Levin, S., Arrow, K., Dasgupta, P., Daily, G., Ehrlich, P., Maler, K., Kautsky, N., Lubchenco, J., Schneider, S., and Starrett, D. 2004. Genetic diversity and interdependent crop choices in agriculture. Resource and Energy Economics 26:175-184.

Hilborn, R. and Waters, C. 1992. Quantitative fisheries stock assessment: Choice, dynamics and uncertainty. Chapman and Hall, New York.

Holling, C. S. 1973. Resilience and stability of ecological systems. Annual Review of Ecology and Systematics 4:1-23.

Holling, C. S. 1996. Engineering resilience versus ecological resilience. In Schulze, P. C., ed., Engineering within ecological constraints. National Academy Press, Washington, D.C.

Holling, C. S. 2004. From complex regions to complex worlds. Ecology and Society 9(1):11. Online at www.ecologyandsociety.org/vol9/issl/artll/

Holling, C. S. and Meffe, G. 1996. Command and control, and the pathology of natural resource management. Conservation Biology 10:328-337.

Levin, S. A. 1998. Ecosystems and the biosphere as complex adaptive systems. Ecosystems 1:431-436.

Levin, S. A. 1999. Fragile dominion. Perseus Books Group, Cambridge, Massachusetts. McNeely, J. 1988. Economics and biological diversity: Developing and using economic incentives to conserve biological resources. IUCN, Gland, Switzerland.

Olsson, P. and Folke, C. 2001 Local ecological knowledge and institutional dynamics for ecosystem management: A study of Lake Racken watershed, Sweden. Ecosystems 4:85-104.

Olsson, P., Folke, C., and Hahn, T. 2004. Social-ecological transformation for ecosystem management: The development of adaptive co-management of a wetland landscape in southern Sweden. Ecology and Society 9(4):2. Online at www.ecologyandsociety.org/vol9/iss4/art2/

Ostrom, E. 1999. Coping with the tragedies of the commons. Annual Review of Political Science 2:493-535.

Palmer, M., Bernhardt, E., Chornesky, E., Collins, S., Dobson, A., Duke, C., Gold, B., Jacobson, R., Kingsland, S., Kranz, R., Mappin, M., Martinez, M., Micheli, F., Morse, J., Pace, M., Pascual, M., Palumbi, S., Recihman, O. J., Simons, A., Townsend, A., and Turner, M. 2004. Ecology for a crowded planet. Science 304:1251-1252.

Peterson, G. D, Beard, T. D., Jr., Beisner, B. E., Bennett, E. M., Carpenter, S. R., Cumming, G. S., Dent, C. L., and Havlicek, T. D. 2003a. Assessing future ecosystem services: A case study of the Northern Highlands Lake District, Wisconsin. Conservation Ecology 7(3):1. Online at www.consecol.org/vol7/iss3f/art1/.

Peterson, G. D., Cumming, G. S., and Carpenter, S. R. 2003b. Scenario planning: A tool for conservation in an uncertain world. Conservation Biology 17:358-366.

Schumpeter, P. 1950. Capitalism, socialism and democracy. Harper and Row, New York.

Scheffer, M., Carpenter, S., Foley, J. A., Folke, C., and Walker, B. 2001. Catastrophic shifts in ecosystems. Nature 413:591-596.

Tainter, J. 1988. The collapse of complex societies New studies in archaeology, Cambridge University Press, UK.

Walker, B., Holling, C. S., Carpenter, S. R., and Kinzig, A. 2004. Resilience, adaptability and transformability in social-ecological systems. Ecology and Society 9(2):5. Online at www.ecologyandsociety.org/vol9/iss2/art5/

Walker, B. and Meyers, J. A. 2004. Thresholds in ecological and social-ecological systems: A developing database. Ecology and Society 9(2):3. Online at www.ecologyandsociety.org/vol9/iss2/art3/.

Walker, B. H. and Sinclair, A. R. E. 1990. Problems of development aid. Nature 343:587.

Weatherstone, J. 2003. Lyndfield Park: Looking back, moving forward. Land and Water Australia. Online at www.lwa.gov.au/

Wood, S., Sebastian, K., and Scherr, S. 2000. Pilot analysis of global Ecosystems: Agroecosysterns. International Food Policy Research Institute and World Resources Institute, Washington, D.C.

참고문헌(옮긴이 주)

김은순, 류문현, 이제일, 호주의 환경용수 배분 정책,『환경정책』21권 4호, pp. 21-43, 2013.
박형택, 위게임을 활용한 공군 지휘관들의 전투력 강화 방안에 관한 연구, 2005, 중앙대학교 산업
    경영대학원 석사논문.
변종영, 이석순, 최관삼, 강성모 공저, 신고 작물생리학, pp.450, 향문사, 2008.
신의순, 한국의 환경정책과 지속가능한 발전, p.100, 연세대학교 출판부, 2005.

A.K. Shrivastava, Encyclopaedia of Environmental Pollution, Agriculture and Health
    Hazards: Nature Conservation, 2004, p.18, APH Publishing.
Anthony W.D. Larkum, Robert J. Orth, Carlos M. Duarte, Seagrasses: Biology, Ecology
    and Conservation, p.560, 2007, Springer, Dordrecht, The Netherlands.
Assessing and managing resilience in social-ecological systems: A practitioners
    workbook version 1.0, June 2007, p. 6, Resilience Alliance.
Assessing resilience in social-ecological systems: workbook for practitioners (revised
    version 2.0), Resilience Alliance.
B. Walker, J. A. Meyers, Thresholds in ecological and social-ecological systems - a
    developing database, 2004, Ecology and Society 9(2).
Bellwood, D.R., Hughes T.P., Folke. C., Nystrom M. 2004. Confronting the coral reef
    crisis. Nature 429:827-833.
Benjamin F. McPherson, The Environment of South Florida: A Summary Report, 1976,
    p.26, U.S. Department of the Interior.
Brian Walker, David Salt, Resilience Practice: Building Capacity to Absorb Disturbance
    and Maintain Function, p.83-84, 2012, Island Press, Washington.
Burke, L. & Maidens, J. 2004. Reefs at risk in the Caribbean.
C. S. Holling, Engineering Resilience versus Ecological Resilience, In Schulze, P.C.,
    ed., Engineering within Ecological Constraints. 1996, National Academy Press,
    Washington, D.C.
Craft C.B., J. Vymazal, and C.J. Richardson, Response of Everglades plant communities
    to nitrogen and phosphorus additions, 1995, Wetlands 15, p. 258-271.
E. Ostrom, Coping with the Tragedies of the Commons, 1999, Annual Review of
    Political Science, 2:493-535.
Ernst von Weizs cker, Amory. B. Lovins, L. Hunter Lovins, Factor Four: Doubling
    Wealth, Halving resource use, Preface(pp.xv). 1998.
Fikret Berkes, Johan Colding, and Carl Folke, Navigating Social-Ecological Systems
    : Building Resilience for Complexity and Change, 2008, p.189-209, Cambridge

University Press, Cambridge, UK.

Fred Hal Sklar, Arnoud van der Valk, Tree Islands of the Everglades, 2002, p.504, Springer / Peter C. Frederick, George V.N. Powell, Nutrient transport by wading birds in Everglades, 1994, ST. Lucie Press, Boca Raton, p.571-583, FL(USA).

Graeme S. Cumming, Spatial Resilience in Social-Ecological Systems, p.18, 2011, Springer Dordrecht Heidelberg London New York.

Heal, G., Walker, B., Levin, S., Arrow, K., Dasgupta, P., Daily, G., Ehrlich, P., Maler, K., Kautsky, N., Lubchenco, J., Schneider, S., and Starrett, D., Genetic Diversity and Interdependent Crop Choices in Agriculture, 2004, Resource and Energy Economics 26:175-184.

Holling C.S, Adaptive Environmental Assessment and Management, 1978, Wiley, London.

Joseph C. Zieman, James W. Fourqurean, Thomas A. Frankovich, Seagrass Die-off in Florida Bay: Long-term Trends in Abundance and Growth of Turtle Grass, Thalassia testudinum, 1999, Estuaries 22(2B) : 460-470.

Karen McLeod, Heather Leslie, Ecosystem-Based Management for the Oceans, p.65, 2009, Islandpress.

Lance H. Gunderson,(2002), Panarchy Synopsis-Understanding Transformations in Human and Natural System, p.9, Island Press, Washington DC.

Louis Lebel, John M. Anderies, Bruce Campbell, Carl Folke, Steve Hatfield-Dodds, Terry P. Hughes, James Wilson, Governance and the Capacity to Manage Resilience in Regional Social-Ecological Systems, 2006, Ecology and Society 11(1):19.

Mark. B. Bush, Ecology of a changing planet, 2003, p.215, Tsinghua University Press, China.

Michael Grunwald, The Swamp: The Everglades, Florida, and the Politics of Paradise, 2007, p 56, Simon & Schuster.

Michael L. Schoon, Michael E. Cox, Understanding disturbances and responses in social-ecological systems, p. 1-15, 2011, Society and Natural Resources.

P. Bohman, F. Nordwall, L. Edsman, The Effect of the large-scale introduction of signal crayfish on the spread of crayfish plague in Sweden, 2006, Bulletin Francais de La Peche et de la Pisciculture, 380-381:1291-1302.

Pahl-Wostl, Transitions towards adaptive management of water facing climate and global change, Water Resource Management, 2007, 21:49-62.

Peter M. Senge, The Fifth Discipline: The Art & Practice of The Learning Organization, pp. 71, 2010.

Peter Olsson, Carl Folke, Thomas Hahn, Social-Ecological Transformation for Ecosystem Management-The Development of Adaptive Co-Management of a Wetland Landscape in Southern Sweden, 2004, Ecology and Society 9(4):2.

Peter W. Gynn, Bioerosion and Coral Reef Growth-A Dynamic Balance, In: Birkeland C, Editor, Life and Death of Coral Reefs, New York: Chapman and Hall, p. 69-98.

Statement on Signing the Everglades National Park Protection and Expansion Act of 1989, December 13, 1989,

Steward T.A.Pickett, P.S.White, The Ecology of Natural Disturbance and Patch Dynamics, 1985, p.7, Academic Press.

William Hodding Carter. Stolen Water: Saving the Everglades from its friends, Foes, and Florida, 2004, p. 68-69, Atria Books.

Diamond, J. Collapse: How societies choose to fail or succeed, 2005, Viking, New York.

http://archive.agric.wa.gov.au/objtwr/imported_assets/content/lwe/salin/sman/fn053_2004.pdf

http://blog.naver.com/koempr

http://en.wikipedia.org/wiki/Eucalyptus_camaldulensis

http://en.wikipedia.org/wiki/Social_vulnerability

http://en.wikipedia.org/wiki/Sustainable_Table

http://en.wikipedia.org/wiki/Urban_runoff

http://marine.wri.org/pubs_description.cfm?PubID=3944

http://resalliance.org/srv/file.php/261

http://www.ecologyandsociety.org/vol11/iss1/art19

http://www.ecologyandsociety.org/vol9/iss4/art2/

http://www.evergladesplan.org/about/restudy_csf_devel.aspx

http://www.gbcma.vic.gov.au/downloads/wshop_resilience_presentations/Resilience_intro_and_application.pdf

http://www.healthyreefs.org/cms/coral-cover

http://www.nps.gov/archive/ever/presskit/legislat.htm

http://www.presidency.ucsb.edu/ws/index.php?pid=17941

http://www.sustainabletable.org/432/talking-turkey

http://www.theevergladesstory.org/history/history.php

찾아보기

리질리언스 사고
Resilience Thinking

초판 1쇄 발행	2015년 5월 7일
초판 2쇄 발행	2015년 11월 5일

지은이	브라이언 워커, 데이비드 솔트
옮긴이	고려대학교 오정에코리질리언스연구원
번역 참여	김정규, 조기종, 현승훈, 권정환,
	김대경, 김민석, 민현기, 이병주, 장석윤

펴낸곳	지오북(**GEOBOOK**)
펴낸이	황영심
편집	전유경, 유지혜, 이지영
디자인	김진디자인

주소	서울특별시 종로구 사직로8길 34, 오피스텔 1321호
	Tel_02-732-0337
	Fax_02-732-9337
	eMail_book@geobook.co.kr
	www.geobook.co.kr
	cafe.naver.com/geobookpub

출판등록번호	제300-2003-211
출판등록일	2003년 11월 27일

ISBN 978-89-94242-36-1 93400

이 책은 저작권법에 따라 보호받는 저작물입니다.
이 책의 내용과 사진 저작권에 대한 문의는 지오북(**GEOBOOK**)으로 해주십시오.

이 도서의 국립중앙도서관 출판시도서목록(CIP)은
서지정보유통지원시스템 홈페이지(http://seoji.nl.go.kr)와
국가자료공동목록시스템(http://www.nl.go.kr/kolisnet)에서 이용하실 수 있습니다.
(CIP제어번호: CIP2015012172)